普通高等院校计算机基础教育“十三五”规划教材

计算机基础及MS Office应用实训教程

主　编　郑　俊
副主编　李　妍　沈寅斐
主　审　顾顺德

内 容 简 介

本书为实训教程，软件环境要求：Windows 7 操作系统，MS Office 2010 办公软件。

本书共 6 章，除第 1 章和第 6 章外，每章均由单选题、填空题、案例讲解及综合练习 4 部分组成，通过细化知识点的方式指导读者掌握计算机基础知识及基于 MS Office 2010 的文档、电子表格、演示文稿的使用和编辑。

本书适合作为高等院校非计算机专业“计算机文化基础”课程的实训教程，也可作为其他各类计算机培训班学习 MS Office 2010 的教材，也是计算机爱好者较实用的自学参考书。

图书在版编目（CIP）数据

计算机基础及 MS Office 应用实训教程/郑俊主编．—北京：中国铁道出版社，2016.8（2019.7 重印）
普通高等院校计算机基础教育“十三五”规划教材
ISBN 978-7-113-22077-8

Ⅰ．①计…　Ⅱ．①郑…　Ⅲ．①电子计算机－高等学校－教材 ②办公自动化－应用软件－高等学校－教材　Ⅳ．①TP3

中国版本图书馆 CIP 数据核字(2016)第 187566 号

书　　名：计算机基础及 MS Office 应用实训教程
作　　者：郑　俊　主编
　　　　　李　妍　沈寅斐　副主编

策　　划：曹莉群　　　　　　读者热线：（010）63550836
责任编辑：周海燕　包　宁
封面设计：刘　颖
封面制作：白　雪
责任校对：汤淑梅
责任印制：郭向伟

出版发行：中国铁道出版社有限公司（100054，北京市西城区右安门西街 8 号）
网　　址：http://www.tdpress.com/51eds/
印　　刷：三河市航远印刷有限公司
版　　次：2016 年 8 月第 1 版　　2019 年 7 月第 4 次印刷
开　　本：787mm×1 092 mm　1/16　印张：15.75　字数：385 千
书　　号：ISBN 978-7-113-22077-8
定　　价：39.80 元

前　言

根据教育部高等学校计算机科学与技术教学指导委员会、非计算机专业计算机基础课程教学指导分委员会发布的《高等学校非计算机专业计算机基础课程教学基本要求（一）》的相关规定及要求，我国高等院校的非计算机专业在大学一年级需开设计算机文化基础课程，这也是非计算机专业学生学习计算机基础知识、信息技术、培养计算思维的重要途径。

主要内容

本书为实训教材，主要通过知识点细化的案例讲解及综合练习的方式，指导读者掌握计算机基础知识及基于 MS Office 2010 的文档、电子表格、演示文稿的使用和编辑。全书共有 6 章：

第 1 章　计算机基础，内容包含计算机的发展、特点、分类及应用，计算机中的数据信息和字符编码，多媒体技术的基本知识，计算机病毒的概念和防治等。

第 2 章　计算机系统，内容包含计算机硬件系统和软件系统两部分，以及 Windows 7 操作系统的基本操作。

第 3 章　Word 2010 的使用，内容包含 Word 2010 的基本概念，以及使用 Word 2010 编辑文档、排版、页面设置、表格制作及编辑、图形绘制等操作。

第 4 章　Excel 2010 的使用，内容包含 Excel 2010 的基本概念，以及使用 Excel 2010 创建电子表格，插入图表，对数据进行各种汇总、排序、筛选、统计和处理等操作。

第 5 章　PowerPoint 2010 的使用，内容包含 PowerPoint 2010 的基本概念，以及使用 PowerPoint 2010 进行演示文稿的创建、幻灯片的基本制作和编辑、主题和幻灯片背景的使用等操作。

第 6 章　因特网基础与简单应用，内容包含计算机网络的基本概念，TCP/IP 协议、C/S 体系结构、IP 地址等。

本书特色

1. 实用、可操作性。每部分内容都配有相关的实例讲解与练习，将知识点细化，由浅入深，通过实例讲解中具体详细的操作步骤来介绍各个软件的应用，每步操作还配有对应的图解，使读者学习起来更加直观、容易。

2. 系统、全面性。本书通过案例讲解全面、系统地介绍了计算机文化基础的理论与操作知识。

3. 综合、拓展性。除第 1 章和第 6 章外，每章都配有单选题、填空题、案例讲解和综合练习，贯穿整章的知识点。

读者对象

本书可作为“计算机文化基础”实训指导课程教材，在使用时可采用案例讲解结合上机练习的形式。建议在多媒体机房授课，可以采用边讲授边练习的方式，讲授理论知识，演示“实训”，学生做“综合练习”，效果会更佳。

本书适合作为高等院校非计算机专业“计算机文化基础”课程的实训教程用书，也可作为其他各类计算机培训班 MS Office 2010 的培训用书，也是计算机爱好者较实用的自学参考书。

编写分工

本书由郑俊任主编，李妍、沈寅斐任副主编，全书由顾顺德主审。

本书编写工作分工如下：郑俊负责编写第 1 章，第 2 章综合练习 2-1，第 3 章案例讲解、综合练习 3-1，第 4 章单选题、填空题、综合练习 4-7～4-14，第 5 章综合练习 5-7～5-13；李妍负责编写第 2 章单选题、填空题、综合练习 2-2，第 3 章单选题、填空题、综合练习 3-8～3-13，第 4 章综合练习 4-1～4-6，第 5 章案例讲解；沈寅斐负责编写第 2 章实训 2-1，第 3 章综合练习 3-2～3-7，第 4 章案例讲解，第 5 章单选题、填空题、综合练习 5-1～5-6，第 6 章。全书的筹划、编写组织由郑俊负责。

致谢

在本书的出版过程中，中国铁道出版社的编辑给予了大力的支持和鼓励，在此表示感谢，还要感谢顾顺德教授对本书的写作所提出的建议。此外，在本书的编写过程中，还参阅了大量的教材和文献，在此向这些教材和文献的作者表示衷心感谢。

由于计算机文化基础是一门发展迅速的新兴技术，新的思想、方法不断涌现，加之作者的学识水平有限，书中难免有不足和疏漏之处，敬请读者批评指正。

编　者

2016 年 5 月于上海杉达学院

目　　录

第1章

计算机基础

自20世纪50年代第一台计算机诞生以来，短短几十年间，计算机被广泛应用于各个领域，并对人们的生活、娱乐、学习和工作产生了巨大的影响。这也标志着人类社会进入信息时代的高速发展时期。

计算机是一门科学，也是一种可以自动、高速、精确地对信息进行存储、传输与处理的电子设备。掌握计算机基础知识和应用能力，是信息时代必备的基本素质。读者通过本章的学习，应熟练掌握以下内容：

1. 计算机的发展（四个阶段）、特点、分类及应用领域；
2. 计算机中数据、字符和汉字编码；
3. 多媒体技术的基本知识；
4. 计算机病毒的概念和防治。

一、单选题

1. 不属于计算机在人工智能方面应用的是________。

A. 语音识别　　B. 手写识别

C. 自动翻译　　D. 人事档案系统

2. 计算机在气象预报、地震探测、导弹卫星轨迹等方面的应用都属于________。

A. 过程控制　　B. 数据处理

C. 科学计算　　D. 人工智能

3. ________主要应用在机器人（robots）、专家系统、模拟识别（pattern recognition）、智能检索（intelligent retrieval）等方面。

A. 过程控制　　B. 数据处理

C. 科学计算　　D. 人工智能

4. 工厂利用计算机系统实现温度调节、阀门开关，该应用属于________。

A. 过程控制　　B. 数据处理

C. 科学计算　　D. CAD

5. 多媒体信息不包括________。

A. 影像、动画　　B. 文字、图形

C. 音频、视频　　D. 声卡、光盘

6. 计算机的发展阶段通常是按计算机所采用的________来划分的。
A. 内存容量　　B. 电子器件
C. 程序设计语言　　D. 操作系统

7. 世界上第一台计算机诞生于________。
A. 1971 年　　B. 1981 年
C. 1991 年　　D. 1946 年

8. 第一代计算机采用的基本逻辑元器件是________。
A. 电子管　　B. 晶体管
C. 集成电路　　D. 大规模集成电路

9. 计算机能够自动地按照人们的意图进行工作的最基本思想是程序存储，这个思想是由________提出来的。
A. 布尔　　B. 图灵
C. 冯•诺依曼　　D. 爱因斯坦

10. 在汉字库中查找汉字时，输入的是汉字的机内码，输出的是汉字的________。
A. 交换码　　B. 信息码
C. 外码　　D. 字形码

11. 人们通常用十六进制而不用二进制书写计算机中的数，是因为________。
A. 十六进制的书写比二进制方便　　B. 十六进制的运算规则比二进制简单
C. 十六进制数表达的范围比二进制大　　D. 计算机内部采用的是十六进制

12. 在科学计算时，经常会遇到“溢出”，这是指________。
A. 数值超出了内存容量　　B. 数值超出了机器的位所表示的范围
C. 数值超出了变量的表示范围　　D. 计算机出故障了

13. 在计算机中信息的最小单位是________。
A. 位　　B. 字节
C. 字　　D. 字长

14. 计算机存储器中的 1 GB 单位相当于________KB 单位。
A. 1000000　　B. 1024
C. 1000　　D. 1024^2

15. 在计算机应用中，“计算机辅助教学”的英文缩写是________。
A. CAD　　B. CAE
C. CAI　　D. CAM

16. 下面 4 个数中最小的是________。
A. 十进制数 217　　B. 八进制数 332
C. 十六进制数 DB　　D. 二进制数 11011100

17. 通常用后缀字母来标识某数的进位制，字母 B 代表________。
A. 十六进制　　B. 十进制
C. 八进制　　D. 二进制

18. 下列哪项不属于计算机内部采用二进制的好处________。
A. 便于硬件的物理实现　　B. 运算规则简单

C. 可用较少的位数表示大数　　D. 可简化计算机结构

19. 计算机最初的发明是为了________。
A. 过程控制　　B. 信息处理
C. 计算机辅助制造　　D. 科学计算

20. 第 3 代电子计算机使用的电子元件是________。
A. 晶体管　　B. 电子管
C. 中、小规模集成电路　　D. 大规模和超大规模集成电路

21. 汉字国标码规定的汉字编码每个汉字用________字节表示。
A. 1　　B. 2
C. 3　　D. 4

22. 计算机网络的应用越来越普遍，它的最大好处在于________。
A. 节省人力　　B. 存储容量扩大
C. 可实现资源共享　　D. 使信息存取速度提高

23. 1983 年，我国第一台亿次巨型电子计算机诞生了，它的名称是________。
A. 东方红　　B. 神威
C. 曙光　　D. 银河

24. 下列关于计算机病毒的叙述中，正确的选项是________。
A. 计算机病毒只感染.exe 或.com 文件
B. 计算机病毒可以通过读/写 U 盘、光盘或 Internet 进行传播
C. 计算机病毒是通过电力网进行传播的
D. 计算机病毒是由于软盘片表面不清洁而造成的

25. 计算机病毒是指能够侵入计算机系统并在计算机系统中潜伏、传播，破坏系统正常工作的一种具有繁殖能力的________。
A. 流行性感冒病毒　　B. 特殊小程序
C. 特殊微生物　　D. 源程序

26. 若已知一汉字的国标码是 5E38，则其内码是________。
A. DEB8　　B. DE38
C. 5EB8　　D. 7E58

27. 下列关于计算机病毒的叙述中，正确的是________。
A. 反病毒软件可以查、杀任何种类的病毒
B. 计算机病毒是一种被破坏了的程序
C. 反病毒软件必须随着新病毒的出现而升级，提高查、杀病毒的功能
D. 感染过计算机病毒的计算机具有对该病毒的免疫性

28. 一个汉字的内码与它的国标码之间的差是________。
A. 2020H　　B. 4040H
C. 8080H　　D. A0A0H

29. 已知三个字符为：a、X 和 5，按它们的 ASCII 码值升序排序，结果是________。
A. 5，a，X　　B. a，5，X
C. X，a，5　　D. 5，X，a

30. 下列关于计算机病毒的叙述中，错误的是________。
A. 计算机病毒具有潜伏性
B. 计算机病毒具有传染性
C. 感染过计算机病毒的计算机具有对该病毒的免疫性
D. 计算机病毒是一个特殊的寄生程序

31. 已知汉字“家”的区位码是 2850D，则其国标码是________。
A. 4870D　　　　B. 3C52H
C. 9CB2H　　　　D. A8D0H

32. 计算机感染病毒的可能途径之一是________。
A. 从键盘上输入数据
B. 随意运行外来的、未经杀病毒软件严格审查的优盘上的软件
C. 所使用的光盘表面不清洁
D. 电源不稳定

33. 下列叙述中，正确的是________。
A. 所有计算机病毒只在可执行文件中传染
B. 计算机病毒可通过读/写移动存储器或 Internet 进行传播
C. 只要把带毒 U 盘设置成只读状态，此盘上的病毒就不会因读盘而传染给其他计算机
D. 计算机病毒是由于光盘表面不清洁而造成的

34. 以下关于流媒体技术的说法中，错误的是________。
A. 实现流媒体需要合适的缓存
B. 媒体文件全部下载完成才可以播放
C. 流媒体可用于在线直播等方面
D. 流媒体格式包括 asf、rm、ra 等

35. 下列叙述中，正确的是________。
A. 用高级程序语言编写的程序称为源程序
B. 计算机能直接识别并执行用汇编语言编写的程序
C. 机器语言编写的程序执行效率最低
D. 高级语言编写的程序的可移植性最差

36. 把用高级语言编写的程序转换为可执行程序，要经过的过程称为________。
A. 汇编和解释　　　　B. 编辑和连接
C. 编译和连接装配　　D. 解释和编译

37. 在保证密码安全方面，以下措施不正确的是________。
A. 用生日作密码
B. 不要使用少于 5 位的密码
C. 不要使用纯数字
D. 将密码设得非常复杂并保证在 10 位以上

38. 多媒体技术不具有的特性是________。
A. 集成性　　　　B. 实时性

C. 智能性　　D. 交互性

39. 键盘和显示器属于表现媒体，图形和图像属于________媒体。

A. 表示　　B. 感觉

C. 传输　　D. 存储

40. 媒体是指________。

A. 存储信息的物理媒体　　B. 计算机内部的存储器

C. 外部存储器　　D. 传播信息的载体

41. 在计算机领域，媒体分为________这几类。

A. 感觉媒体、表示媒体、表现媒体、存储媒体和传输媒体

B. 动画媒体、语言媒体和声音媒体

C. 硬件媒体和软件媒体

D. 信息媒体、文字媒体和图像媒体

42. 在多媒体系统中，内存和光盘属于________媒体。

A. 感觉　　B. 传输

C. 表现　　D. 存储

43. 在下列媒体中，属于传输媒体的是________。

A. 光盘　　B. 光纤

C. 显示器　　D. 图像编码

44. 一般来说，要求声音的质量越高，则________。

A. 量化级数越低和采样频率越低　　B. 量化级数越高和采样频率越高

C. 量化级数越低和采样频率越高　　D. 量化级数越高和采样频率越低

45. 位图与矢量图比较，可以看出________。

A. 对于复杂的图形，位图比矢量图成像更快

B. 对于复杂的图形，位图比矢量图成像更慢

C. 位图和矢量图占用空间相同

D. 位图比矢量图占用的空间少

46. 矢量图形文件是用________描述图像的。

A. 文本　　B. 矩阵

C. 线段与曲线　　D. 数组

47. JPG也可以表示为JPEG，是一种图像的________。

A. 传输标准　　B. 存储标准

C. 压缩标准　　D. 显示标准

48. 在冯诺依曼型体系结构的计算机中引进了两个重要的概念，它们是________。

A. 引入CPU和内存储器的概念　　B. 采用二进制和存储程序的概念

C. 机器语言和十六进制　　D. ASCII编码和指令系统

49. 国际通用的ASCII码的码长是________。

A. 7　　B. 8

C. 12　　D. 16

50. 存储 24×24 点阵的一个汉字信息，需要的字节数是________。

A. 48　　B. 72

C. 144　　D. 192

二、填空题

1. 计算机辅助设计的英文缩写是________。
2. 根据计算机的性能、规模和处理能力，可将计算机分为大型通用计算机、________、微型计算机、工作站和服务器等。
3. 根据计算机用途，计算机可分为________和专用计算机。
4. 信息技术主要包括计算机技术、通信技术等，其中________被很多人认为是信息技术的核心。
5. 信息技术包含三个层次的内容：信息基础技术、________和信息应用技术。
6. 十进制数 85.625 转换成二进制数是(________)B。
7. 二进制整数右起第 10 位上的 1 相当于________。
8. GB 2312—1980 国标码最高位为 0，为防止与 ASCII 码混淆，因此，在机内处理时采用________码。
9. 用 1 字节表示的非负整数，最小值为 0，最大值为________。
10. 在微型计算机中，信息的基本存储单位是字节，每个字节内含________个二进制位。

计算机系统 «‹

计算机是一堆精密设备组成的机器，但是却能根据人的需求和要求完成数据存储、数据处理、结果输出等功能。因此，了解计算机的系统和结构是非常重要的。计算机系统分为硬件系统和软件系统两部分。硬件系统是计算机执行工作的载体，是物理部件的整合；而软件系统则是计算机的“大脑”，可以控制和安排计算机程序的运行、完成数据的处理。用户可以通过计算机软件完成对计算机硬件的控制和协调，达到完成指定要求的目的。读者通过本章的学习，应熟练掌握以下内容：

1. 计算机硬件系统与软件系统；
2. 计算机的性能和主要技术指标；
3. 操作系统的概念；
4. Windows 7 的基本操作。

一、单选题

1. 计算机系统组成主要包括________。

   A. 软件系统和硬件系统　　B. 系统软件和应用软件

   C. 运算器和控制器　　D. 内存和外存

2. 计算机硬件系统是由________组成的。

   A. 运算器、控制器、存储器、输入和输出设备

   B. CPU、显示器、键盘和鼠标

   C. CPU、操作系统和应用软件

   D. 其他都不对

3. 当计算机关机断电时，以下存储设备所存储的数据会丢失的是________。

   A. 光盘　　B. RAM

   C. ROM　　D. 其他都对

4. 下列选项中不属于系统总线的是________。

   A. 控制总线　　B. 通信总线

   C. 数据总线　　D. 地址总线

5. 计算机内存中每个存储单元都被赋予唯一的编号，这个编号称为________。

   A. 序号　　B. 地址

   C. 容量　　D. 字节

6. 与外存相比，RAM 具有________的优点。
A. 速度快 B. 容量大
C. 不怕断电 D. A、B、C 都正确
7. 下列说法正确的是________。
A. 在微型计算机中，同系列的 CPU 主频越高，运算速度越快
B. 存储器具有记忆功能，其存储的数据任何时候都不会丢失
C. 两个相同尺寸的显示器，它们的分辨率一定一样
D. 针式打印机的针数越多，它能够打印的字体就越多
8. U 盘是现在主要的移动存储设备，它比硬盘具有更强的________。
A. 灵活性 B. 便携性
C. 抗震性 D. A、B、C 都正确
9. 用高级语言编写的程序称为________。
A. 编译程序 B. 可执行程序
C. 源程序 D. 汇编程序
10. 光盘驱动器通过激光束来读取光盘中的信息，这时的激光头和光盘盘面________。
A. 直接接触 B. 不直接接触
C. 有时接触有时不接触 D. 其他都不正确
11. Cache 可以提高计算机的性能，主要是因为它________。
A. 提高了 CPU 的倍频 B. 提高了 CPU 的主频
C. 提高了 RAM 的容量 D. 缩短了 CPU 访问数据的时间
12. 操作系统是________。
A. 计算软件 B. 应用软件
C. 系统软件 D. 字表处理软件
13. 操作系统是对计算机系统的硬件和软件资源进行管理和控制的程序，它是________的接口。
A. 主机与外设 B. 源程序和目标程序
C. 用户和计算机 D. 硬件和软件
14. 在微型计算机系统中，视频适配器为________。
A. CPU B. ROM
C. VGA D. RAM
15. 扩展键盘上小键盘区既可当光标键移动光标，也可作为数字输入键，在二者之间切换的命令键是________。
A. Ctrl B. KeyLock
C. Num Lock D. Caps Lock
16. CPU 主要技术性能指标有________。
A. 字长、运算速度和时钟主频 B. 可靠性和精度
C. 耗电量和效率 D. 冷却效率
17. 计算机中指令的执行主要由________完成的。
A. 存储器 B. 控制器

C. CPU　　D. 总线

18. 汇编语言是一种________。

A. 依赖于计算机的低级程序设计语言

B. 计算机能直接执行的程序设计语言

C. 独立于计算机的高级程序设计语言

D. 面向对象的程序设计语言

19. 下列术语中，属于显示器性能指标的是________。

A. 速度　　B. 可靠性

C. 分辨率　　D. 精度

20. 删除程序的正确操作是________。

A. 直接删除桌面上程序的快捷图标

B. 找到程序的安装文件夹，直接将文件夹删除

C. “控制面板”|“程序和功能”，选择相应的程序，单击“卸载”按钮

D. “开始”菜单|“所有程序”列表，选择相应的程序，按【Del】键即可

21. 下列不是图像文件扩展名的是________。

A. .bmp　　B. .gif

C. .exe　　D. .png

22. 下列关于文件和文件夹的说法中不正确的是________。

A. 在同一个文件夹中可以存在 MYFILE.txt 和 myfile.txt 两个文件

B. 在不同的文件夹中可以存在 MYFILE.txt 和 myfile.txt 两个文件

C. 在同一个文件夹中可以存在 MYFILE.doc 和 myfile.txt 两个文件

D. 在不同的文件夹中可以存在 myfile.txt 和 myfile.txt 两个文件

23. 文件名为“A.B.C.txt.docx”的扩展名是________。

A. .txt　　B. .docx

C. .B.C.txt.docx　　D. .C.txt.docx

24. 在某个文件夹中选择多个不连续的文件，使用________键。

A. Shift　　B. Ctrl

C. Alt　　D. Tab

25. 下列说法中不正确的是________。

A. 应该定期进行整理磁盘碎片和磁盘清理操作

B. 整理磁盘碎片就是将磁盘上不需要的文件删除

C. 磁盘清理是将磁盘上不需要的文件删除，以释放磁盘空间

D. 磁盘碎片是文件没有存储在连续的磁盘空间

26. 选择________显示方式，使文件和文件夹在文件列表窗格中显示名称、修改日期、类型、大小等信息。

A. 列表　　B. 详细信息

C. 平铺　　D. 内容

27. 以下不属于操作系统主要功能的是________。

A. 作业管理　　B. 存储器管理

C. 处理器管理　　D. 文档编辑

28. 同时选择某一目标位置下全部文件和文件夹的快捷键是________。
A. Ctrl+V　　B. Ctrl+A
C. Ctrl+X　　D. Ctrl+C

29. 直接永久删除文件或文件夹而不是先将其移动到回收站的快捷键是________。
A. Ctrl+Delete　　B. Alt+Delete
C. Shift+Delete　　D. Esc+Delete

30. 在 Windows 中，“画图”文件默认的扩展名是________。
A. .png　　B. .txt
C. .rtf　　D. .jpg

31. 当一个应用程序窗口被最小化后，该应用程序的状态是________。
A. 继续在前台运行　　B. 被终止运行
C. 被转入后台运行　　D. 保持最小化前的状态

32. 在 Windows 7 中选取某一菜单后，若菜单项后面带有省略号“…”，则表示________。
A. 将弹出对话框　　B. 已被删除
C. 当前不能使用　　D. 该菜单项正在起作用

33. 以下________不是 Windows 7 的默认库。
A. 文档　　B. 图片
C. 音乐　　D. 表格

34. 关闭应用程序窗口应按________组合键。
A. Alt+F4　　B. Alt+Tab
C. Alt+Esc　　D. Alt+F

35. 在 Windows 7 中，以下叙述正确的是________。
A. “记事本”程序是一个文字处理软件，它可以处理大型而且格式复杂的文档
B. “记事本”程序中无法在文本中插入图片
C. “画图”程序中无法在图片上添加文字
D. “画图”程序最多可使用 256 种颜色画图，所以无法处理真彩色的图片

36. Windows 7 窗口常用的“复制”命令的功能是，把选定内容复制到________。
A. 回收站　　B. 库
C. Word 文档　　D. 剪贴板

37. Windows 7 中的用户账户 Administrator 是________。
A. 来宾账户　　B. 受限账户
C. 无密码账户　　D. 管理员账户

38. 在 Windows 7 中不能完成窗口切换的方法是________。
A. Ctrl+Tab
B. Win+Tab
C. 单击要切换窗口的任何可见部位
D. 单击任务栏上要切换的应用程序按钮

39. 在 Windows 7 中，通常文件名是由________组成。

A. 文件名和基本名
B. 主文件名和扩展文件名
C. 扩展名和后缀名
D. 扩展名和名称

40. 下列关于“回收站”的叙述中，错误的是________。

A. “回收站”可以暂时或永久存放硬盘上被删除的信息
B. 放入“回收站”的信息可以被恢复
C. “回收站”所占据的空间是可以调整的
D. “回收站”可以存放 U 盘上被删除的信息

41. Windows 7 文件的属性有________。

A. 只读、隐藏、存档
B. 只读、存档、系统
C. 只读、系统、共享
D. 只读、隐藏、系统

42. 对“库”的描述正确的是________。

A. 删除“图片库”，则图片库的图片也被删除
B. “库”中只包含视频库、图片库、文档库和音乐库，不能增加其他库
C. 一个文件夹只能包含在一个库中，不能被其他库所包含
D. 用户可以将硬盘上不同位置的文件夹添加到库中

43. 将高级语言源程序编译成目标程序，完成这种翻译过程的程序是________。

A. 编译程序
B. 编辑程序
C. 解释程序
D. 汇编程序

44. 计算机要执行一条指令，CPU 首先所涉及的操作应该是________。

A. 指令译码
B. 取指令
C. 存放结果
D. 执行指令

45. 下列关于配置文件类型与应用程序之间关联的说法，不正确的是________。

A. 将文件类型与程序关联是针对不同类型文件来决定哪个程序打开该类型文件
B. 设置默认程序功能是决定这个程序可以用来打开哪些类型的文件
C. 直接通过文件属性可以更改与文件关联的程序
D. 将文件类型或协议与特定程序关联和设置默认程序功能本质上是相同的

46. 语言处理程序的发展经历了________三个发展阶段。

A. 机器语言、BASIC 语言和 C 语言
B. 机器语言、汇编语言和高级语言
C. 二进制代码语言、机器语言和 Fortran 语言
D. 机器语言、汇编语言和 C++语言

47. 桌面图标实际上是________。

A. 程序
B. 文本文件
C. 快捷方式
D. 文件夹

48. Java 是一种________。

A. 计算机语言　　B. 计算机设备

C. 数据库　　D. 应用软件

49. 若要快速查看桌面小工具和文件夹，而又不希望最小化所有打开的窗口，可以使用________。

A. Aero Snap　　B. Aero Shake

C. Aero Peek　　D. Flip 3D

50. 如果要新增或删除程序，可以在控制面板中选用________功能。

A. 系统和安全　　B. 硬件和声音

C. 程序　　D. 外观和个性化

二、填空题

1. 计算机软件系统包括________软件和应用软件。
2. 计算机编程语言可分为机器语言，________和高级语言三大类。
3. 为了完成某一项特定任务而编写的程序称为________软件。
4. 按照传输方式来分类，总线可以分为并行总线和________。
5. 单击________按钮，可以将桌面上所有窗口最小化。
6. 在 Windows 7 操作系统中文件和文件夹的显示方式有超大图标、大图标、中等图标、小图标、________、详细信息、平铺和内容。
7. 文件和文件夹可以按名称、________、类型和大小等进行排列。
8. 操作系统具有处理机管理、________、存储器管理、设备管理和作业管理五大功能。
9. 在 Windows 7 中使用的 Aero 特效具有窗口透视、________和窗口晃动功能。
10. 文件的类型可以根据文件的________来识别。
11. 扩展名为.txt 的文件的类型是________。
12. Windows 7 的文件和文件夹组织结构是属于________状结构。
13. 汇编语言是利用________表达机器指令，其优点是易读/写。
14. Cache 是一种介于 CPU 和________之间的可高速存取数据的芯片。
15. Windows 7 启动后，系统进入全屏幕区域，整个屏幕区域称为________。

三、案例讲解

【实训】

●涉及的知识点

文件夹的创建、复制、移动、删除、隐藏，设置文件的打开方式，帮助和支持查找，保存当前活动窗口图片。

●操作要求

1. 打开 win 素材/SC，在文件夹 SC 下，创建名为 A、B 和 C 的三个文件夹；复制文件夹 B 至文件夹 A 中；移动文件夹 C 至文件夹 A 中；删除文件夹 SC 下的文件夹 B。

2. 将文件夹 A 中的文件夹 C 设置为隐藏。

3. 在文件夹 SC 下新建文本文档 new.txt，设置其始终使用写字板打开。

4. 在 Windows 的帮助和支持中心查找关于“密码过期”的相关内容，将查找结果的窗口以图片形式保存在 SC 文件夹下，保存的文件名为“mima.jpg”。

● 具体步骤

1. 操作要求 1 步骤：

（1）打开文件夹 SC，单击“新建文件夹”按钮，出现新建的文件夹后，在文件夹名称框内输入“A”，按【Enter】键确认输入；以同样的方法创建文件夹 B 和 C。

（2）方法一：右击文件夹 B，在弹出的快捷菜单中选择“复制”命令，然后打开文件夹 A，在文件夹内空白处右击，在弹出的快捷菜单中选择“粘贴”命令；方法二：按住【Ctrl】键的同时，按住鼠标左键将文件夹 B 拖动到文件夹 A 上，鼠标指针右下角出现“复制到 A”字样后，先松开鼠标左键，再松开【Ctrl】键。

（3）方法一：右击文件夹 C，在弹出的快捷菜单中选择“剪切”命令，然后打开文件夹 A，在文件夹内空白处右击，在弹出的快捷菜单中选择“粘贴”命令；方法二：按住鼠标左键将文件夹 C 拖动到文件夹 A 上，鼠标指针右下角出现“移动到 A”字样后，松开鼠标左键。

（4）方法一：打开文件夹 SC，右击文件夹 B，在弹出的快捷菜单中选择“删除”命令，弹出“删除文件夹”对话框，单击“是”按钮确认将文件夹 B 放入回收站；方法二：打开文件夹 SC，选中文件夹 B，单击【Delete】键，弹出“删除文件夹”对话框，单击“是”按钮。

2. 操作要求 2 步骤：打开文件夹 A，右击文件夹 C，在弹出的快捷菜单中选择“属性”命令，弹出“C 属性”对话框，如图 2-1 所示，在“属性”区域选择“隐藏”复选框，单击“确定”按钮。

3. 操作要求 3 步骤：在文件夹 SC 中的空白处右击，在弹出的快捷菜单中选择“新建”→“文本文档”命令（见图 2-2），出现新建的文本文档后，在名称框内将文件名修改为 new.txt；右击 new.txt，在弹出的快捷菜单中选择“打开方式”→“选择默认程序”命令，弹出“打开方式”对话框，如图 2-3 所示，选中“写字板”程序（如“推荐的程序”中未显示“写字板”程序，可单击“其他程序”右侧的下拉按钮，在下面显示的程序中寻找“写字板”程序并选中），选中“始终使用选择的程序打开这种文件”复选框，单击“确定”按钮。

4. 操作要求 4 步骤：打开“Windows 帮助和支持”窗口，在“搜索帮助”文本框中输入“密码过期”并按【Enter】键进行搜索，搜索结果如图 2-4 所示；以搜索结果窗口为当前活动窗口，按【Alt+Print Screen】组合键复制当前活动窗口，打开“画图”软件，单击“粘贴”按钮，可以看到复制的窗口被粘贴进画布，然后将图片以文件名“mima.jpg”保存在 SC 文件夹下。

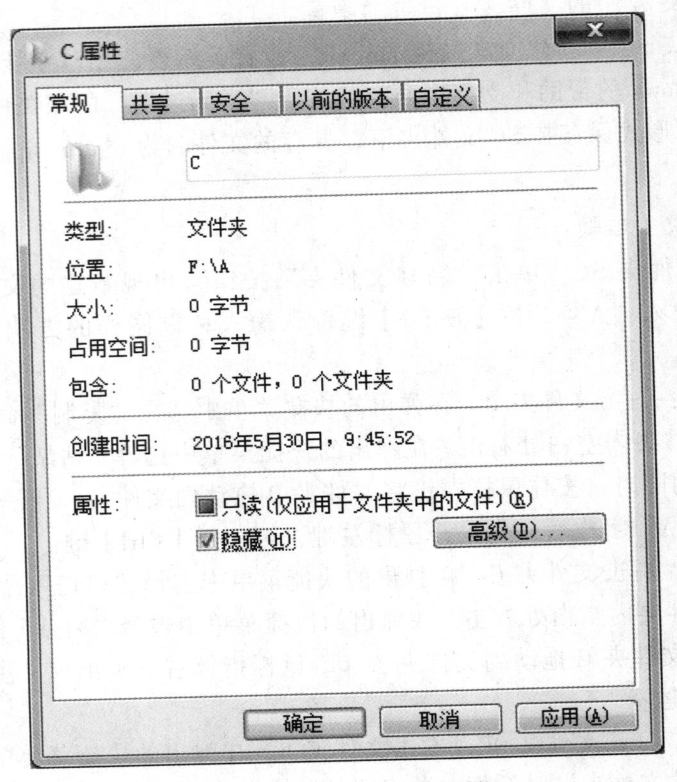

图 2-1 “C 属性”对话框

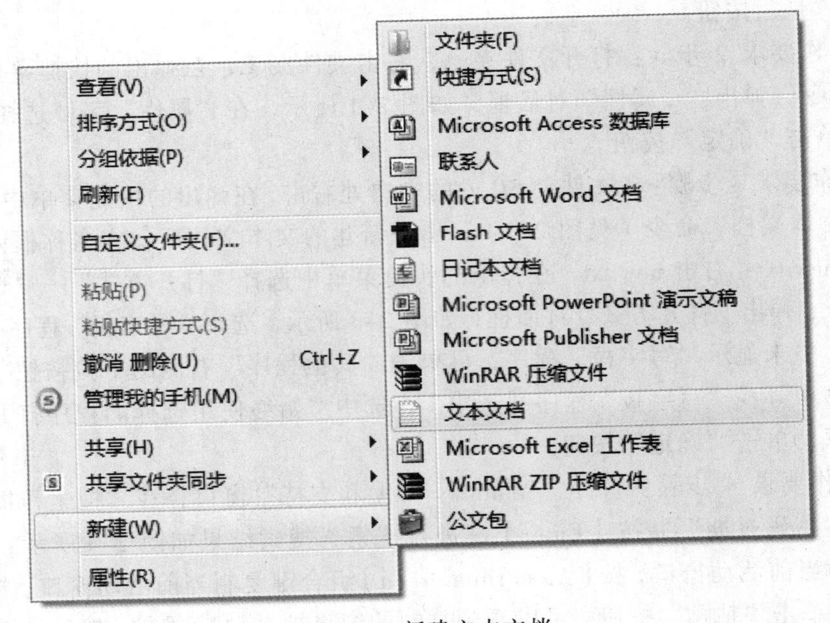

图 2-2 新建文本文档

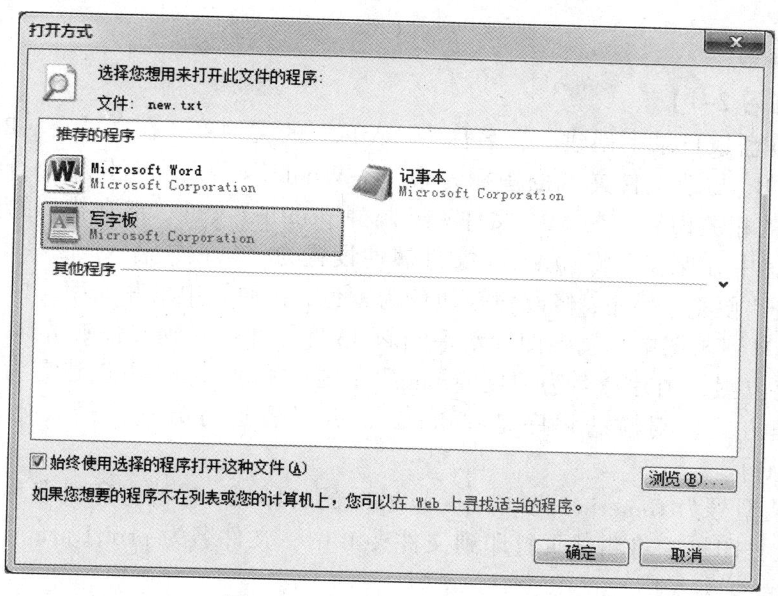

图 2-3 “打开方式”对话框

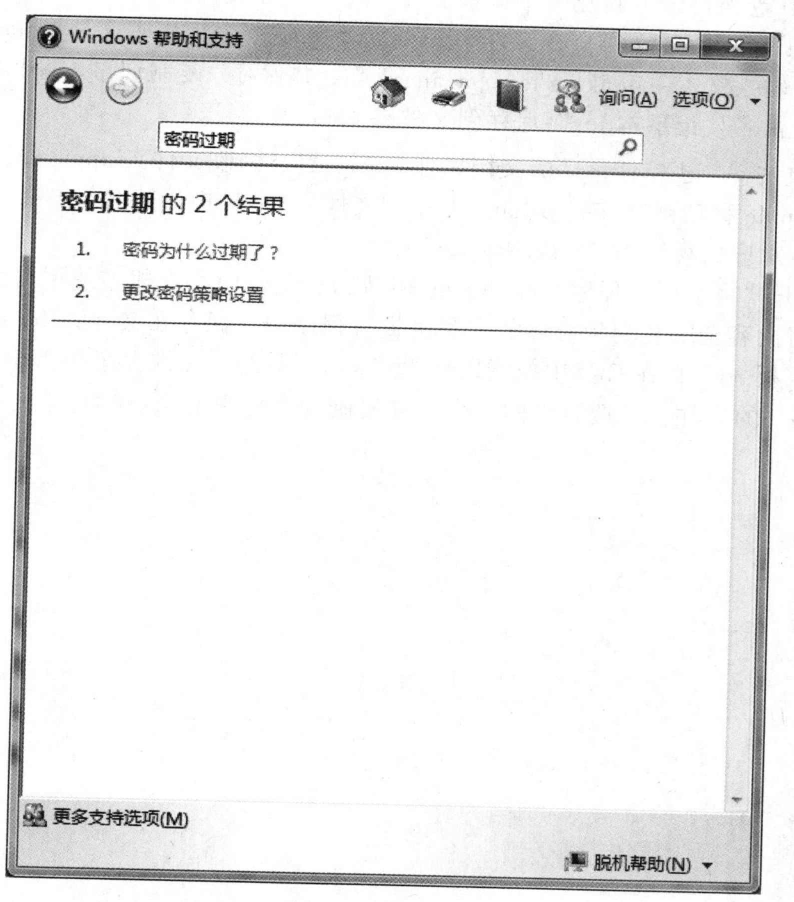

图 2-4 “Windows 帮助和支持”窗口

四、综合练习

【综合练习 2-1】

1. 在 D 盘根目录下创建一个名称为“ABC”的文件夹，在文件夹 ABC 中创建一个子文件夹 B，更改文件夹 B 的图标为❓；在 Windows 帮助和支持中心查找关于“安装打印机”的相关内容，在 ABC 文件夹下新建 print.txt 文件，把查找到的内容复制到文件 print.txt 中并保存，将 print.txt 文件属性设置为“只读”。

2. 打开“便笺”程序，修改便笺颜色为紫色，在便笺中书写文字“14:00 会议”，复制便笺窗口到画图中，调整图片水平倾斜 45 度，并保存到文件夹 ABC 中，保存格式为 256 色位图，图片命名为“便笺.bmp”；在文件夹 ABC 下创建名为“我的计算器”的快捷方式，对应的程序是 calc.exe，并设置运行方式为最大化，快捷键为【Ctrl+Shift+C】。

3. 安装型号为 Generic IBM Graphics 9pin 的打印机，修改打印机名称为 print，并设置为默认打印机，将测试页打印到文件夹 B 中，文件名为 print1.prn。

【综合练习 2-2】

1. 在 D 盘根目录上新建一个文件夹“fruits”，在文件夹“fruits”中新建两个文件夹“apple”和“banana”；在文件夹 banana 下新建一个记事本文件“monkey.txt”，在新文件中输入文本“Monkeys love bananas！”，并保存；复制记事本窗口到画图中，并将其以文件名“记事本.jpg”保存到文件夹 apple 中。

2. 修改文件“记事本.jpg”的文档属性为“只读”，修改文件夹 apple 的图标为 ；将文件夹 apple 移动到文件夹 banana 下；在文件夹 fruits 中创建名为“我的便笺”的快捷方式，对应的程序为“StikyNot.exe”。

3. 打开“写字板”程序，在 Windows 帮助和支持中心查找“使用写字板”的相关内容，将内容全部复制到打开的“写字板”程序中，保存在文件夹 fruits 中，文件名为“写字板.rtf”；在 C 盘中搜索以字母“w”开头的、文件大小小于 10 KB、扩展名为“.png”的文件，将搜索出的一个文件复制到文件夹 fruits 中。

Word 2010 的使用 ‹‹‹

第 3 章

Word 2010 是 Microsoft 公司开发的 Office 2010 办公组件之一，旨在向用户提供最上乘的文档格式设置工具，利用它还可轻松进行文字处理、图、文、表格混排，高效地组织和编写文档。目前，Word 2010 作为文字处理软件深受广大用户欢迎。

本章主要通过知识点细化的案例讲解及强化练习方式介绍 Word 2010 的基本概论以及使用 Word 2010 编辑文档、排版、页面设置、表格制作及编辑、图形绘制等基本操作。读者通过本章的学习，应熟练掌握以下知识点：

1. 文档的新建、打开、存储、文档类型转换；

2. 文档搜索的基本操作，设置文档选项，文本的基本编写（输入、修改、删除、选择、移动、复制、粘贴、剪切）、格式刷、查找和替换，插入符号、日期和时间、脚注和尾注；

3. 文字格式的设置（字体、字号、字形、颜色、字符间距、字符宽度和水平位置等）、拼音指南、带圈字符，段落的设置（对齐方式、段落缩进、行距、间距、制表位等）、项目符号和编号，边框和底纹；

4. 页面设置（页边距、纸张方向、纸张大小、页面颜色和背景等）、水印，插入页眉、页脚、页码，首字下沉和分栏，文档部件的创建和使用；

5. 插入表格，文档与表格转换，表格的格式设置、表格内容的编辑、公式计算、排序；

6. 插入公式、艺术字对象；

7. 绘制图形、图形格式设置，插入剪贴画，插入图片、图片格式设置，插入文本框（横排、竖排）、文本框格式设置，插入 SmartArt 图形、图表、插入分隔符；

8. 打印机属性设置、打印预览、打印；

9. 文档的比较、文档的修订、批注、文档密码和限制编辑。

一、单选题

1. 在 Word 2010 中打开并编辑了 5 个文档，单击快速访问工具栏中的“保存”按钮，则_________。

   A. 保存当前文档，当前文档仍处于编辑状态

   B. 保存并关闭当前文档

   C. 关闭除当前文档外的其他 4 个文档

   D. 保存并关闭所有打开的文档

2. 在 Word 2010 中，要选定任意块文本时，通过________操作方式实现。
   A. Alt 键+拖动
   B. Shift 键+拖动
   C. Ctrl 键+拖动
   D. 直接拖动鼠标
3. 下面不属于段落缩进方式的是________。
   A. 首行缩进
   B. 悬挂缩进
   C. 两端缩进
   D. 右缩进
4. 在 Word 中无法实现的操作是________。
   A. 在页眉中插入分隔符
   B. 在页眉中插入剪贴画
   C. 建立奇偶页内容不同的页眉
   D. 在页眉中插入日期
5. 一位同学正在撰写毕业论文，并且要求只用 A4 规格的纸输出，在打印预览中，发现最后一页只有一行，她想把这一行提到上一页，最好的办法是________。
   A. 改变纸张大小
   B. 增大页边距
   C. 减小页边距
   D. 把页面方向改为横向
6. 在编辑 Word 2010 文档时，若要插入文本框，可以通过单击________选项卡中的相关按钮完成。
   A. “文件”
   B. “编辑”
   C. “视图”
   D. “插入”
7. 段落标记是在按________键后产生的。
   A. Esc
   B. Ins
   C. Enter
   D. Shift
8. Word 2010 进行强制分页的方法是按________组合键。
   A. Ctrl+Shift
   B. Ctrl+Enter
   C. Ctrl+Space
   D. Ctrl+Alt
9. 在 Word 2010 中，单击文档左侧的文本选定区，则可选择________。
   A. 插入点所在行
   B. 插入点所在列
   C. 整篇文档
   D. 什么都不选
10. Word 2010 中的宏是________。
   A. 一种病毒
   B. 一种固定格式
   C. 一段文字
   D. 一段应用程序
11. Word 2010 具有分栏功能，下列关于分栏的说法正确的是________。
   A. 最多可以分 4 栏
   B. 各栏的宽度必须相同
   C. 各栏之间能插入分隔线
   D. 各栏之间的间距是固定的
12. Word 2010 中，现有前后两个段落且段落格式也不同，当删除前一个段落结尾结束标记时________。
   A. 两个段落合并为一段，原先格式不变
   B. 仍为两段，且格式不变
   C. 两个段落合并为一段，并采用前一段落格式
   D. 两个段落合并为一段，并采用后一段落格式

13. Word 2010 窗口中，利用________可方便地调整段落的缩进、页面上下左右的边距、表格的列宽。

A. 标尺 B. 格式工具栏

C. 常用工具栏 D. 表格工具栏

14. 要将插入点快速移动到文档开始位置，应按________键。

A. Ctrl+Home B. Ctrl+PgUp

C. Ctrl+↑ D. Home

15. 在 Word 2010 表格中，对当前单元格左边的所有单元格中的数值求和，应使用________公式。

A. SUM(RIGHT) B. SUM(BELOW)

C. SUM(LEFT) D. SUM(ABOVE)

16. 使用________可以进行快速格式复制操作。

A. 编辑组 B. 段落组

C. 格式刷 D. 格式组

17. 如果文档很长，那么用户可以用 Word 2010 提供的________技术，同时在两个窗口中滚动查看同一文档的不同部分。

A. 拆分窗口 B. 滚动条

C. 排列窗口 D. 帮助

18. 在 Word 2010 中，如果使用了项目符号或编号，则项目符号或编号在________时会自动出现。

A. 每次按【Enter】键 B. 一行文字输入完毕并按【Enter】键

C. 按【Tab】键 D. 文字输入超过右边界

19. 按________键可切换“改写”和“插入”状态。

A. Esc B. Ins

C. Enter D. Shift

20. 在 Word 2010 中，设置“标题 1”“标题 2”等样式时，用户应在________设置。

A. Web 版式视图 B. 大纲视图

C. 页面视图 D. 草稿视图

21. 如果在一篇文档中，所有的“大纲”两字都被录入员误输为“大刚”，如何最快捷地改正________。

A. 用“开始”选项卡“编辑”组中的“转到”按钮

B. 用“撤销”和“恢复”按钮

C. 用“开始”选项卡“编辑”组中的“替换”按钮

D. 用插入光标逐字查找，分别改正

22. 在 Word 2010 的表格中，当单元格中的内容发生变化时，可通过________键将计算结果更新。

A. F1 B. F3

C. F5　　D. F9

23. 艺术字对象实际上是________。

A. 文字对象　　B. 图形对象

C. 特殊对象　　D. 链接对象

24. 在 Word 2010 中，若要计算表格中某行数值的总和，可使用的统计函数是________。

A. SUM()　　B. TOTAL()

C. COUNT()　　D. AVERAGE()

25. 在 Word 2010 文档编辑区中，把鼠标光标放在某一字符处连续单击 3 次，将选取该字符所在的________。

A. 一个词　　B. 一个句子

C. 一行　　D. 一个段落

26. 当前插入点在表格中某行的最后一个单元格右边（外边），按【Enter】键后，________。

A. 对表格没起作用　　B. 在插入点所在的行的下边增加了一行

C. 插入点所在的列加宽　　D. 插入点所在的行加宽

27. 在 Word 2010 的编辑状态下，当前文档中有一个表格，选定表格，按【Delete】键后，________。

A. 表格中插入点所在的行被删除

B. 表格被删除，但表格中的内容未被删除

C. 表格和内容全部被删除

D. 表格中的内容全部被删除，但表格还在

28. 如果文档中某一段与其前后两段之间要求留有较大的间隔，最好的解决方法是________。

A. 在每两行之间用按【Enter】键的办法添加空行

B. 用段落格式设定来增加段间距

C. 在每两段之间用按【Enter】键的办法添加空行

D. 用字符格式设定来增加间距

29. 在 Word 2010 中要显示分页效果，应切换到________视图方式下。

A. 普通　　B. 大纲

C. 页面　　D. 主控文档

30. 在 Word 2010 的编辑状态下，当前文档中有一个表格，当鼠标在表格的某一个单元格内变成向右的箭头时，双击鼠标后，________。

A. 整个表格被选中　　B. 鼠标所在的一行被选中

C. 鼠标所在的一个单元格被选中　　D. 表格内没有被选择的部分

31. 在 Word 2010 的编辑状态中，当光标位于文中某处，输入字符有哪两种工作状态？________。

A. 插入和改写　　B. 插入和移动

C. 改写和复制　　D. 复制和移动

32. 打印预览可以预览的页数是________。

A. 只能预览 1 页　　B. 只能预览 2 页

C. 只能预览 3 页　　D. 可以预览多页

33. 选定一段文本最快捷的方式是________。

A. 双击该段的任意位置

B. 鼠标指针在该段左侧变成右向箭头时双击

C. 鼠标指针在该段左侧变成右向箭头时单击

D. 鼠标指针在该段左侧变成右向箭头时连击 3 次

34. 一般情况下，输入了错误的英文单词时，Word 2010 会________。

A. 自动更正　　B. 在单词下加绿色波浪线

C. 在单词下加红色波浪线　　D. 无任何措施

35. 在 Word 2010 中，为把文档中的一段文字转换为表格，要求这些文字每行里的各部分________。

A. 必须用逗号分开

B. 必须用空格分开

C. 必须用制表符分开

D. 可以用其他选项的任意一种符号或其他符号分隔开

36. Word 的替换功能无法实现________的操作。

A. 将所有的字符变成蓝黑色黑体

B. 将所有的字母 A 变成 B、所有的 B 变成 A

C. 删除所有的字母 A

D. 将所有的数字自动翻倍

37. Word 的“格式刷”可用于复制文本或段落的格式，若要将选中的文本或段落格式重复引用多次，应________格式刷。

A. 单击　　B. 双击

C. 右击　　D. 拖动

38. 在 Word 2010 中，每页都要出现的一些信息放在________。

A. 文本框　　B. 脚注

C. 第一页　　D. 页眉/页脚

39. 选定 Word 表格中的一行，再单击“开始”选项卡“剪贴板”组中的“剪切”按钮，则________。

A. 将该行各单元格的内容删除，变成空白

B. 删除该行，表格减少一行

C. 将该行的边框删除，保留文字

D. 在该行合并表格

40. 在 Word 文档窗口编辑区中，当前输入的文字被显示在________。

A. 文档的尾部　　B 鼠标指针的位置

C. 插入点的位置　　D. 当前行的行尾

41. 移动到文件末尾的快捷键是________。

A. Ctrl+PgDn　　B. Ctrl+PgUp

C. Ctrl+Home　　D. Ctrl+End

42. 当前插入点在表格中某行的最后一个单元格内，按【Enter】键后________。

A. 插入点所在的行加宽　　B. 插入点所在的列加宽

C. 在插入点下一行增加一行　　D. 对表格不起作用

43. 在 Word 2010 中，“更改样式”按钮在________的“样式”组中。

A. “插入”选项卡　　B. “开始”选项卡

C. “引用”选项卡　　D. “审阅”选项卡

44. 设定打印纸张大小时，应当单击________“页面设置”组中的“纸张大小”按钮。

A. “开始”选项卡　　B. “页面布局”选项卡

C. “插入”选项卡　　D. “视图”选项卡

45. 选定整个文档，应按________组合键。

A. Ctrl+A　　B. Ctrl+Shift+A

C. Shift+A　　D. Alt+A

46. 下列________不属于 Word 2010 文档视图。

A. Web 版式视图　　B. 浏览视图

C. 大纲视图　　D. 草稿视图

47. 在 Word 2010 文档中，默认的字体是________。

A. 黑体　　B. 楷体

C. 宋体　　D. 仿宋体

48. 将一页从中间分成两页，正确的操作是单击________按钮。

A. “格式”选项卡中的“字体”　　B. “开始”选项卡中的“分隔符”

C. “插入”选项卡中的“分页”　　D. “插入”选项卡中的“自动图文集”

49. 在 Word 2010 中，打开一个文档后，想用新的文件名保存该文档应当________。

A. 选择“文件”→“保存”命令或“文件”→“另存为”命令

B. 单击快速访问工具栏中的“保存”按钮

C. 只能选择“文件”→“保存”命令

D. 只能选择“文件”→“另存为”命令

50. 表格框架是用虚线表示的，实际打印出来的表格________。

A. 也是虚线　　B. 没有任何虚线

C. 只有 4 个周边线　　D. 带有全部实边线

二、填空题

1. 在 Word 2010 中编辑文本时，如果输错了字，可按【Backspace】键删除光标前的一个字符，按________键删除光标后一个字符。
2. 在 Word 2010 环境下，可以通过选择________选项卡“校对”组中的“字符统计”按钮来统计全文的字符数。
3. Word 2010 文档的默认扩展名为________。
4. Word 2010 具有页面、大纲、阅读版式、Web 版式和________5 种视图方式。
5. 当文档中的某段文字被误删后，可单击快速访问工具栏中的________按钮将其恢复。
6. 对于长文档，如果希望对其内容进行快速浏览、标题检索和内容查找，可显示________窗格进行操作。
7. 对已经分栏的段落，如果要取消分栏，可在“分栏”对话框中选择________即可。
8. 如果要使用椭圆工具画正圆，使用矩形工具画正方形，需要同时按下________键。
9. 对于跨多页的表格，希望后续页面上都重复显示表格的标题，可将光标置于标题行，切换到表格工具的________选项卡，单击“数据”组中的“重复标题行”按钮。
10. Word 2010“开始”选项卡“字体”组中的 B、*I*，代表字符的粗体、________。

三、案例讲解

【实训 3-1】

● 涉及的知识点

文字格式的设置，段落的设置，查找和替换，插入日期和时间，插入脚注和尾注。

● 操作要求

1. 设置正文字体格式为楷体、小四，段落格式设置为两端对齐，段前、段后间距为 0.5 cm，悬挂缩进两个字符，行距为固定值 24；

2. 将正文中的“无线”设置成红色、加着重号、突出显示（鲜绿）；

3. 在文档最后分别输入文字“制作人：张三”及日期，日期自动更新，格式如样张，段落格式设置为右对齐；

4. 在文档的结尾处插入尾注“本段文字截自《蓝牙技术名字的由来》。”

● 样张（见图 3-1）

"蓝牙"(Bluetooth)原是 10 世纪统一了丹麦的国王的名字，现取其"统一"的含义，用来命名意在统一无线局域网通信标准的蓝牙技术。

蓝牙技术是爱立信、IBM 等 5 家公司在 1998 年联合推出的一项无线网络技术。随后成立的蓝牙技术特殊兴趣组织（SIG）来负责该技术的开发和技术协议的制定，如今全世界已有 1800 多家公司加盟该组织，最近微软公司也正式加盟并成为 SIG 组织的领导成员之一。

蓝牙的名字来源于10世纪丹麦国王Harald Blatand一英译为Harold Bluetooth。在行业协会筹备阶段,需要一个极具有表现力的名字来命名这项高新技术。行业组织人员，在经过一夜关于欧洲历史和未来无线技术发展的讨论后，有些人认为用Blatand 国王的名字命名再合适不过了。Blatand 国王将现在的挪威、瑞典和丹麦统一起来；就如同这项即将面世的技术，技术将被定义为允许不同工业领域之间的协调工作，例如计算机、手机和汽车行业之间的工作。名字于是就这么定下来了。

由于蓝牙采用无线接口来代替有线电缆连接，具有很强的移植性，并且适用于多种场合，加上该技术功耗低、对人体危害小，而且应用简单、容易实现，所以易于推广。[1]

制作人：张三

2016 年 7 月 27 日星期三

[1]本段文字截自《蓝牙技术名字的由来》。

图 3-1　实训 3-1 样张

●具体步骤

1. 操作要求 1 步骤：

（1）按【Ctrl+A】组合键选中全文，单击"开始"选项卡"字体"组中的"字体"下拉按钮，在展开的列表中选择"楷体"，单击"字号"下拉按钮，在展开的列表中选择"小四"。

（2）单击"段落"组右下方的"对话框启动器"按钮，弹出"段落"对话框，在"对齐方式"下拉列表框中选择"两端对齐"，分别在"段前""段后"间距列表框中输入“0.5 厘米”，在“特殊格式”下拉列表框中选择“悬挂缩进”，在“磅值”列表框中输入“2 字符”，在“行距”下拉列表框中选择“固定值”，修改“设置值”为“24”。

2. 操作要求 2 步骤：

（1）单击“开始”选项卡“字体”组中的“以不同颜色突出显示文本”下拉按钮，在展开的列表中选择“鲜绿”，设置效果如图 3-2 所示。

图 3-2 “鲜绿颜色突出显示文本”设置界面

（2）将光标定位到文档开始，单击“开始”选项卡“编辑”组中的“替换”按钮，弹出“查找和替换”对话框，单击“更多”按钮展开对话框，在“搜索”下拉列表框中选择“向下”；参照图 3-3 设置查找和替换格式：在“查找内容”列表框中输入文本“无线”，在“替换为”列表框中输入文本“无线”，单击“格式”按钮（注意此时光标停在“替换为”列表框中），在展开的列表中选择“字体”选项，弹出“替换字体”对话框，单击“字体颜色”下拉按钮，选择“标准色”→“红色”，单击“着重号”下拉按钮，选择“·”，单击“确定”按钮返回到“查找和替换”对话框，再次单击“格式”按钮（注意此时光标停在“替换为”列表框中），在展开的列表中选择“突出显示”选项，单击“全部替换”按钮完成替换。

图 3-3 “查找和替换”对话框

3. 操作要求 3 步骤：将插入点移至文档最后，按【Enter】键生成新的段落，输入文字“制作人：张三”，再按【Enter】键生成新的段落，单击“插入”选项卡“文本”组中的“日期和时间”按钮，弹出“日期和时间”对话框，按图 3-4 所示选择“可用格式”，选中“自动更新”复选框，单击“确定”按钮；按住鼠标左键选中最后两段，单击“开始”选项卡“段落”组右下方的“对话框启动器”按钮，弹出“段落”对话框，在“对齐方式”下拉列表框中选择“右对齐”，单击“确定”按钮。

4. 操作要求 4 步骤：单击“引用”选项卡“脚注”组右下角的“对话框启动器”按钮，弹出“脚注和尾注”对话框，选中“尾注”单选按钮，单击“编号格式”下拉按钮，按图 3-5 所示选择格式“1,2,3,…”，单击“插入”按钮，在文档结尾尾注处输入“本段文字截自《蓝牙技术名字的由来》。”

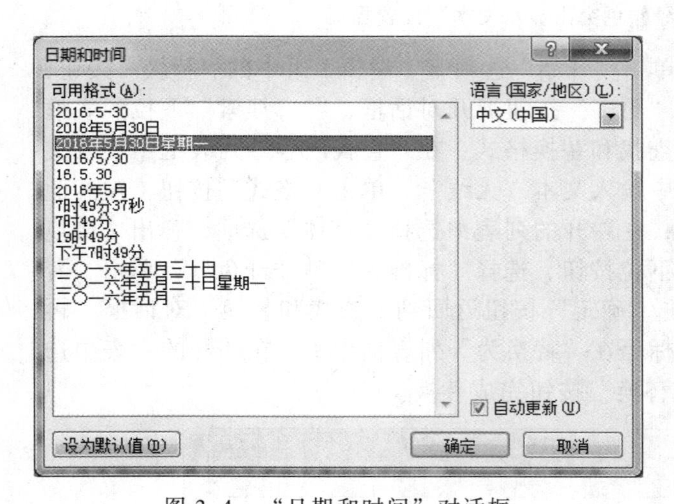

图 3-4 “日期和时间”对话框

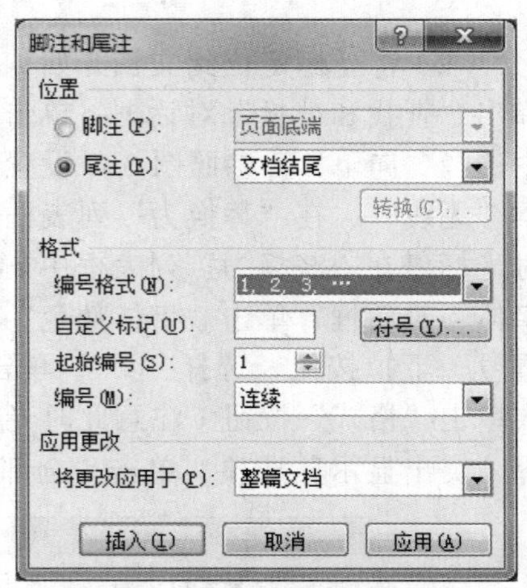

图 3-5 “脚注和尾注”对话框

【实训 3-2】

●涉及的知识点

首字下沉和分栏，边框和底纹，插入页眉、页脚、页码。

●操作要求

1. 设置最后一段距离正文 1 cm、首字下沉 2 行并作偏右分栏，加分隔线；

2. 将第 2 段段首的“蓝牙技术”四字加上点横线、深蓝、1 磅方框和样式为 12.5%、颜色为浅蓝的图案底纹；

3. 将正文第 3 段添加阴影、红色、1.5 磅边框；添加如样张所示的艺术型、宽度为 20 磅的页面边框；

4. 按样张添加页眉，内容为“蓝牙技术名字的由来”，居中对齐；在页脚插入页码，格式为“堆叠纸张 2”。

● 样张（见图 3-6）

蓝牙技术名字的由来

“蓝牙”(Bluetooth) 原是 10 世纪统一了丹麦的国王的名字，现取其“统一”的含义，用来命名意在统一无线局域网通信标准的蓝牙技术。

蓝牙技术是爱立信、IBM 等 5 家公司在 1998 年联合推出的一项无线网络技术。随后成立的蓝牙技术特殊兴趣组织（SIG）来负责该技术的开发和技术协议的制定，如今全世界已有 1800 多家公司加盟该组织，最近微软公司也正式加盟并成为 SIG 组织的领导成员之一。

蓝牙的名字来源于10世纪丹麦国王Harald Blatand—英译为Harold Bluetooth。在行业协会筹备阶段，需要一个极具有表现力的名字来命名这项高新技术。行业组织人员，在经过一夜关于欧洲历史和未来无线技术发展的讨论后，有些人认为用Blatand 国王的名字命名再合适不过了。Blatand 国王将现在的挪威、瑞典和丹麦统一起来；就如同这项即将面世的技术，技术将被定义为允许不同工业领域之间的协调工作，例如计算机、手机和汽车行业之间的工作。名字于是就这么定下来了。

由于蓝牙采用无线接口来代替有线电缆连接，具有很强的移植性，并且适用于多种场合，加上该技术功耗低、对人体危害小，而且应用简单、容易实现，所以易于推广。

图 3-6　实训 3-2 样张

● 具体步骤

1. 操作要求 1 步骤：

（1）设置分栏时容易出错的两种情况及解决方法：①需分栏的段落为最后一段：方法一，将插入点移至文档末尾，按【Enter】键产生新的段落，选择需要分栏的段落，注意不要选中最后一个段落标记，再进行分栏；方法二，选中段落时不选中最后的段落标记；②首字下沉与分栏：先分栏，再首字下沉。

（2）本题同时符合以上两种情况，需先将插入点移动到文档末尾，按【Enter】键产生新的段落，然后选择需要分栏的段落，注意不要选中最后一个段落标记；单击“页面布局”选项卡“页面设置”组中的“分栏”下拉按钮，在展开的列表中选择“更多分栏”，弹出“分栏”对话框，如图 3-7 所示，在“预设”区域选择“右”，选中“分隔线”复选框，单击“确定”按钮。

（3）分栏设置完成后再设置首字下沉：单击“插入”选项卡“文本”组中的“首字下沉”下拉按钮，在展开的列表中选择“首字下沉选项”，弹出图 3-8 所示的“首字下沉”对话框，单击“下沉”，设置下沉行数为“2”，距正文为“1 厘米”，单击“确定”按钮。

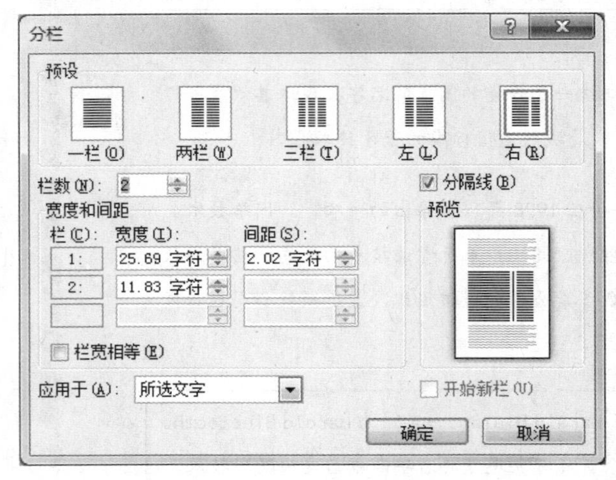

图 3-7 “分栏”对话框

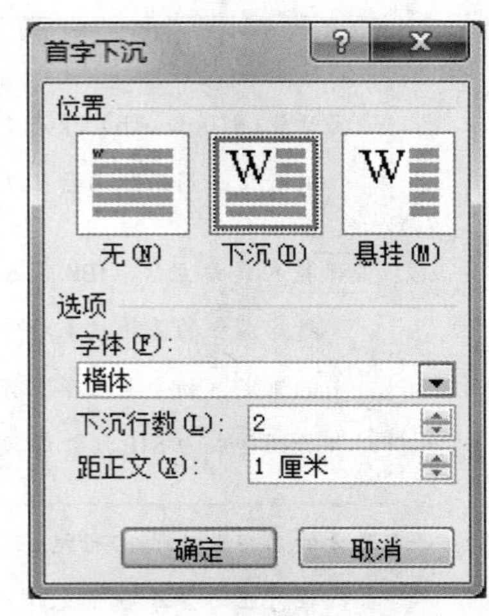

图 3-8 “首字下沉”对话框

2. 操作要求 2 步骤：选中第 2 段段首的“蓝牙技术”文字，单击“页面布局”选项卡“页面背景”组中的“页面边框”按钮，弹出“边框和底纹”对话框；选择“边框”选项卡，如图 3-9 所示进行边框设置，单击“方框”，设置样式为点横线、颜色深蓝、宽度为 1 磅，应用于“文字”；选择“底纹”选项卡，如图 3-10 所示进行底纹设置，设置“图案”的“样式”为“12.5%”，“颜色”为“浅蓝”，应用于“文字”，单击“确定”按钮。

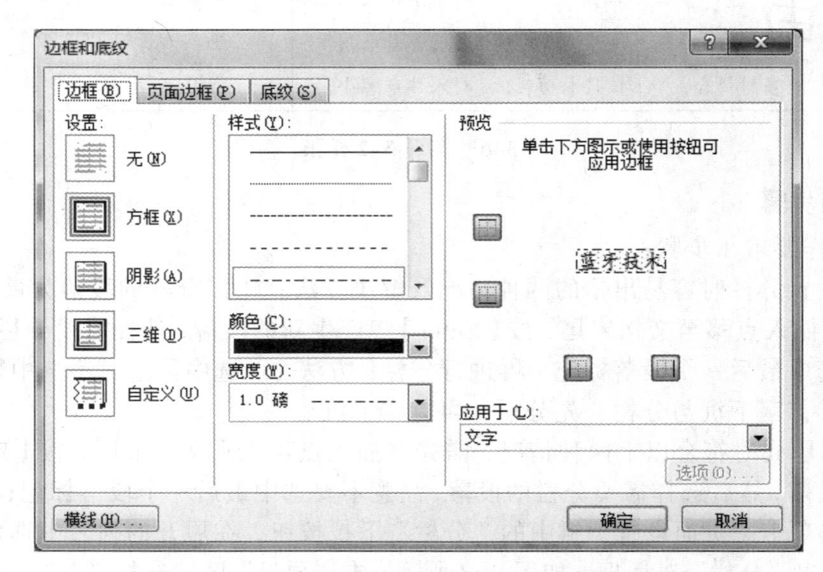

图 3-9 “边框和底纹”对话框—“边框”选项卡

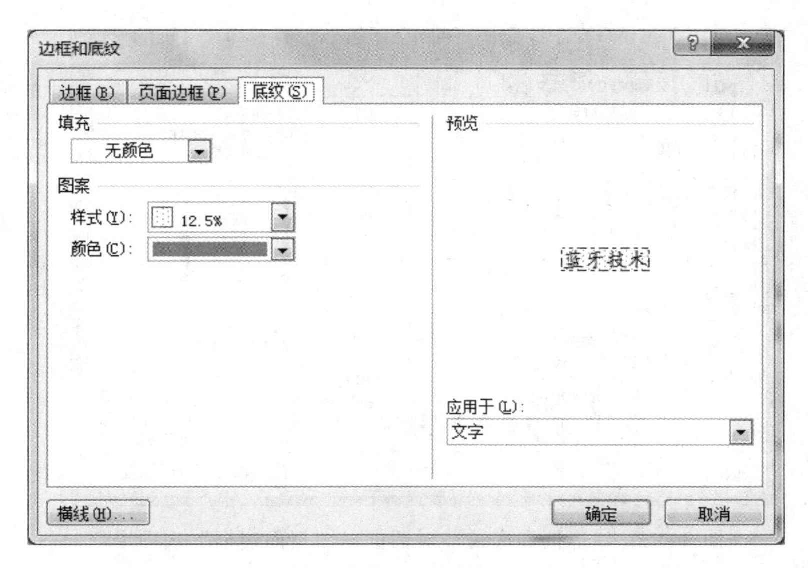

图 3-10 “边框和底纹”对话框—“底纹”选项卡

3. 操作要求 3 步骤：

（1）选中第 3 段，单击“页面布局”选项卡“页面背景”组中的“页面边框”按钮，弹出“边框和底纹”对话框，选择“边框”选项卡，如图 3-11 所示进行边框设置，单击“阴影”，设置“颜色”为“红色”，“宽度”为“1.5 磅”，应用于“段落”，单击“确定”按钮。

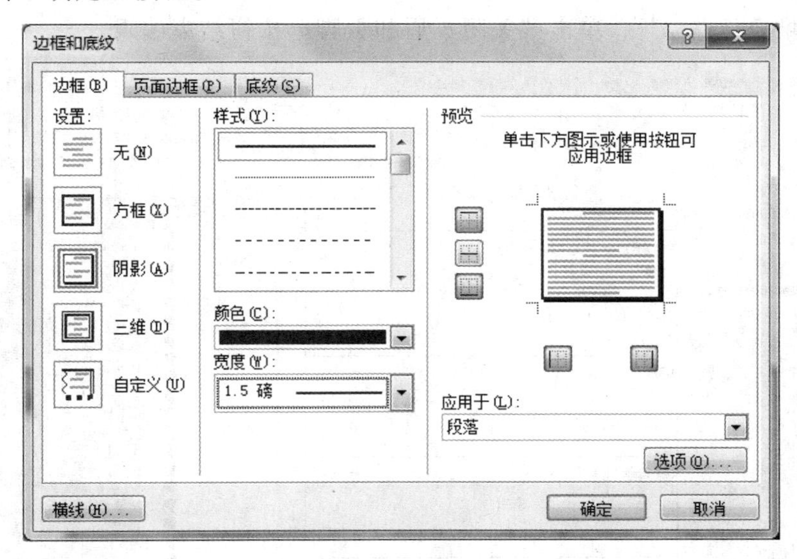

图 3-11 “边框和底纹”对话框

（2）单击“页面布局”选项卡“页面背景”组中的“页面边框”按钮，弹出“边框和底纹”对话框，如图 3-12 所示进行页面边框设置，单击“自定义”，设置 “艺术型”，“宽度”为“20 磅”，在右侧预览图的上、下边框位置分别单击去除上、下边框线，应用于“整篇文档”，单击“确定”按钮。

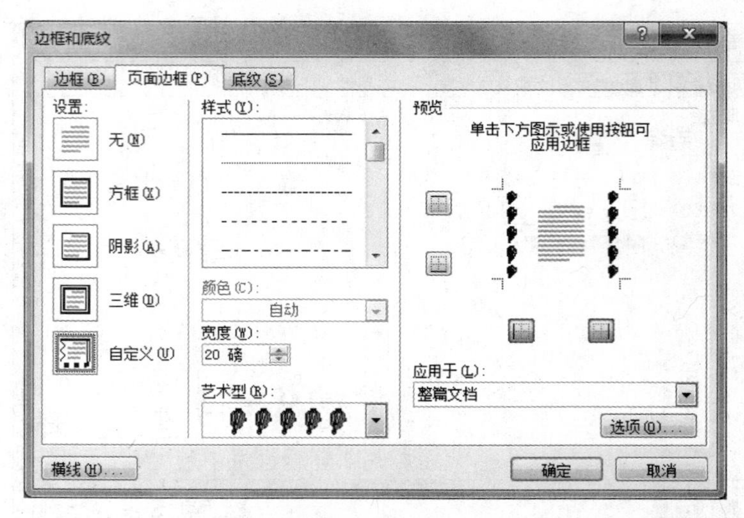

图 3-12 “边框和底纹”对话框—“页面边框”选项卡

4. 操作要求 4 步骤：单击“插入”选项卡“页眉和页脚”组中的“页眉”下拉按钮，在展开的列表中选择“编辑页眉”，切换到页眉编辑界面，在页眉区输入文字“蓝牙技术名字的由来”，单击“开始”选项卡“段落”组中的“居中”按钮，使文本居中对齐；单击“页眉和页脚工具-设计”选项卡“导航”组中的“转至页脚”按钮，切换到页脚编辑界面，如图 3-13 所示，单击“页眉和页脚工具-设计”选项卡“页眉和页脚”组中的“页码”下拉按钮，选择“页面底端”，将鼠标移动到右侧的列表区，选择“堆叠纸张 2”，单击“关闭页眉和页脚”按钮结束编辑。

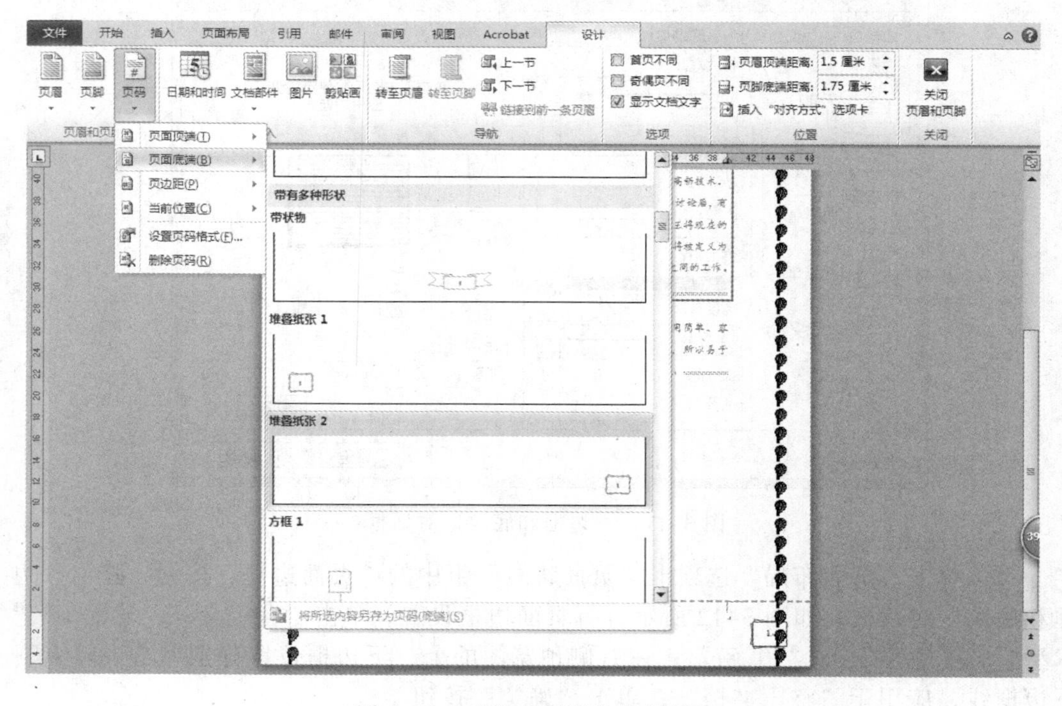

图 3-13 “插入页码”编辑界面

【实训 3-3】

● 涉及的知识点

拼音指南，带圈字符，页面设置，项目符号和编号。

● 操作要求

1. 设置纸张大小为 B5，纸张方向为横向，上、下、左、右边距均为 2 cm；

2. 设置首行居中作为文章标题，按照样张所示为“企业防毒”文字添加增大圈号的带圈字符，为文字“等到火烧房子才打水救火”添加拼音指南，字号为 8；

3. 按照样张所示，设置项目符号，项目符号格式为红色、加粗、四号，调整项目符号文本缩进 1.5 cm；将正文最后五段文字按照样张所示设置编号；

4. 设置文档的保护密码为“1234”。

● 样张（见图 3-14）

děngdàohuǒshāofángzicáidǎshuǐjiùhuǒ
企业防毒不能“等到火烧房子才打水救火”

趋势 EPS 系统——扼杀病毒于摇篮中

如果你是位企业网管员，你一定希望有一种杀毒软件，可以提前预知病毒的到来，并将其杀死，那么你就不会因电脑被病毒感染而弄得焦头烂额。近日，网络防毒及安全专家趋势科技在全球同步推出的企业安全防护战略 EPS 就可以办到。

EPS 的新型防毒策略全面通过中央控管系统在线更新病毒码，无论是各个节点的防毒软件，皆可以实时对抗与全世界联机的病毒。

防范于未然

如今，企业的 PC 都是联网的，只要有一台 PC 感染了病毒，整个网络就会瘫痪。而采用 EPS 的 PC 有预防大量病毒扩散处理策略，它可以在病毒来犯前就嗅到病毒的火药味，并将其扼杀在摇篮中。因为，趋势科技在全球 400 个地方设置了 5000 个电子匿名邮箱，一旦邮箱“中毒”，病毒码会被传送至技术中心加以分析，并会立即获得新策略部署配置，及时防范于未然。

自动调整防护策略

EPS 不仅可以防范病毒、预防大量病毒扩散，同时还可以依据病毒的威胁特性，自动调整防护策略。

目前常见的查毒软件有：

1） 腾讯电脑管家
2） 360 杀毒软件
3） 金山毒霸
4） 卡巴斯基
5） 瑞星

图 3-14 实训 3-3 样张

● 具体步骤

1. 操作要求 1 步骤：单击“页面布局”选项卡“页面设置”组中的“纸张大小”下拉按钮，在展开的列表中选择“B5（JIS）”，单击“纸张方向”下拉按钮，在展开的列表中选择“横向”，单击“页边距”下拉按钮，在展开的列表中选择“自定义边距”，弹出图 3-15 所示的“页面设置”对话框，在“页边距”选项卡中设置上、下、左、右边距均为“2 厘米”，单击“确定”按钮。

2. 操作要求 2 步骤：

（1）将光标移至首行，单击“开始”选项卡“段落”组中的“居中”按钮使其居中显示；选中文字“企”，单击“开始”选项卡“字体”组中的“带圈字符”按钮，弹出图 3-16 所示的“带圈字符”对话框，选中样式为“增大圈号”，圈号为“○”，单击“确定”按钮；按照上述步骤分别设置“业”“防”“毒”的带圈字符。

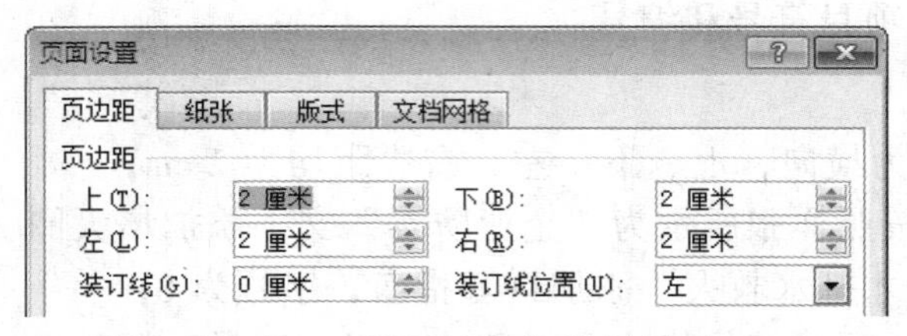

图 3-15 “页边距”设置界面

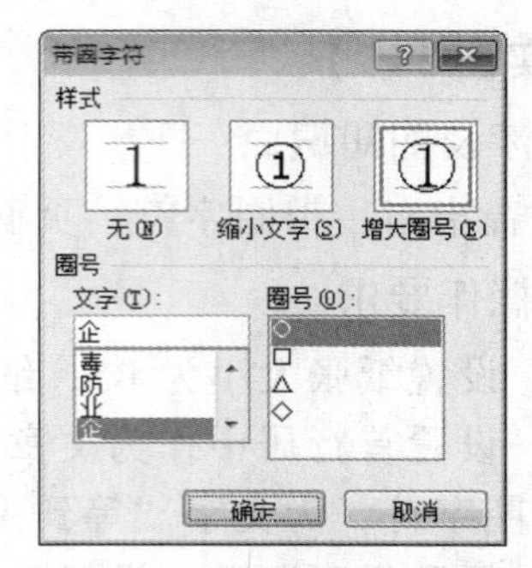

图 3-16 “带圈字符”对话框

（2）选中文字“等到火烧房子才打水救火”，单击“开始”选项卡“字体”组中的“拼音指南”按钮，弹出图 3-17 所示的“拼音指南”对话框，设置“字号”为 8，单击“确定”按钮。

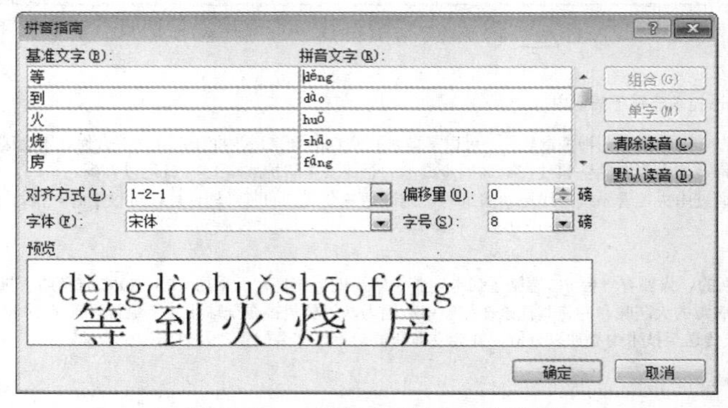

图 3-17 “拼音指南”对话框

3. 操作要求 3 步骤：

（1）按住【Ctrl】键的同时选中正文第 1、4、6、8 段，单击“开始”选项卡“段落”组中的“项目符号”下拉按钮，在展开的列表中选择“定义新项目符号”，弹出图 3-18 所示的“定义新项目符号”对话框，单击“符号”按钮，弹出“符号”对话框，找到图 3-19 所示的符号（字符代码 56），单击“确定”按钮，返回到“定义新项目符号”对话框，单击“字体”按钮，弹出“字体”对话框，设置“字体颜色”为红色、“字形”为加粗、“字号”为四号，单击“确定”按钮，返回到“定义新项目符号”对话框，单击“确定”按钮完成项目符号的设置。

（2）选中项目符号并右击，在弹出的快捷菜单中选择“调整列表缩进”命令，弹出“调整列表缩进量”对话框，在“文本缩进”微调框中输入“1.5 厘米”，单击“确定”按钮。

（3）选中正文最后五段文字，单击“开始”选项卡“段落”组中的“编号”下拉按钮，在展开的列表中选择样张所示的文档编号格式即可。

4. 操作要求 4 步骤：单击“文件”→“信息”→“保护文档”下拉按钮，在展开的列表中选择“用密码进行加密”，弹出图 3-20 所示的设置对话框，输入密码“1234”，单击“确定”按钮，再次输入密码即可。

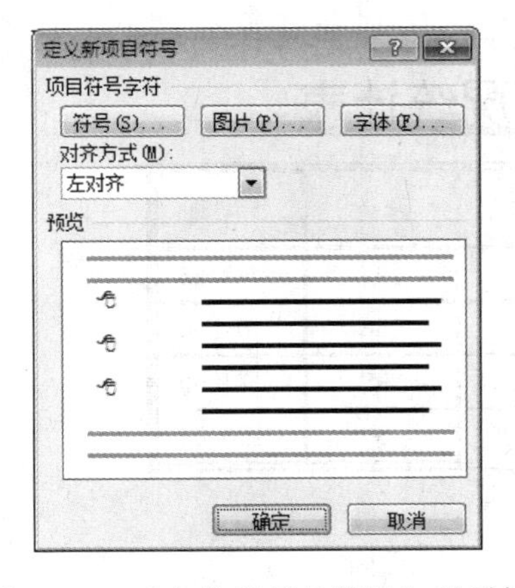

图 3-18 “定义新项目符号”对话框

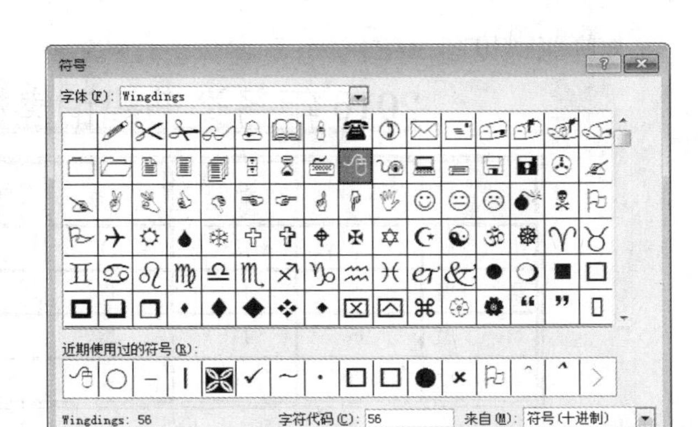

图 3-19 “符号”对话框

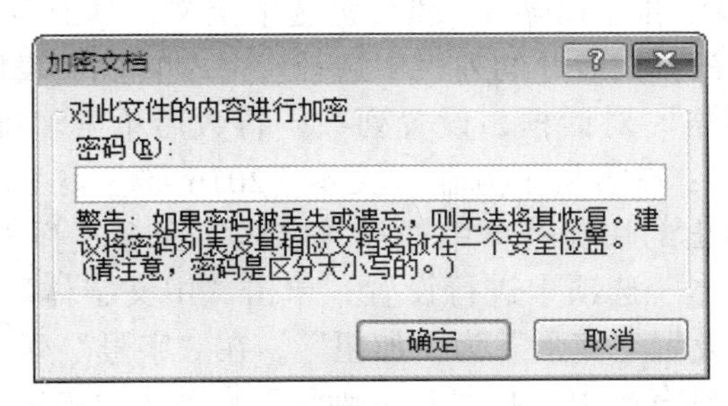

图 3-20 “加密文档”对话框

【实训 3-4】

●涉及的知识点

文本的基本编写，文档与表格转换，表格的格式设置、表格内容的编辑、公式计算、排序。

●操作要求

1. 将文本转换成 5 行 6 列表格（以逗号为分隔符）；

2. 添加标题：“2016 年各类书籍销售情况统计表”，幼圆、二号、加粗、居中、双下画线；

3. 在平均值列的前面增加 1 列，列标题为：合计；

4. 第 1 列根据内容设为最适合列宽，其余各列为 2.2 cm；

5. 第 1 行行高为 1 cm，其余各行均为 0.75 cm；

6. 整个表格于页面居中，表内容水平垂直方向均居中；

7. 设置斜线表头，行标题为：书籍，列标题为：季度；

8. 利用公式计算四个季度的合计和平均值（保留两位小数点）；

9. 按平均值升序排列整个表格；

10. 设置边框线（外框为 1.5 磅双线框，内框为 1.5 磅单线框）和第 1 行的底纹为图案填充（样式：20%，颜色：红色）。

● 样张（见图 3-21）

2016 年各类书籍销售情况统计表

书籍 季度	童话	漫画	科普	趣味数学	合计	平均值
第三季度	63	75	11	48	197	49.25
第二季度	88	101	47	20	256	64.00
第一季度	95	115	23	65	298	74.50
第四季度	120	205	57	98	480	120.00

图 3-21　实训 3-4 样张

● 具体步骤

1. 操作要求 1 步骤：按【Ctrl+A】组合键选中全文，单击“插入”选项卡“表格”组中的“表格”下拉按钮，在展开的列表中选择“文本转换成表格”，弹出图 3-22 所示的“将文字转换成表格”对话框，设置列数、行数后单击“确定”按钮即可。

2. 操作要求 2 步骤：在表格下方输入文本“2016 年各类书籍销售情况统计表”，选中文字并右击，在弹出的快捷菜单中选择“字体”命令，弹出图 3-23 所示的“字体”对话框，选择“字体”选项卡进行设置；单击“中文字体”下拉按钮，在展开的列表中选择“幼圆”，设置“字形”为“加粗”，在“字号”列表框中选择“二号”，在“下画线线型”下拉列表框中选择“双下画线”，单击“确定”按钮；单击“开始”选项卡“段落”组中的“居中”按钮设置段落居中；单击表格的任意位置，单击表格左上角的移动控制点，移动表格到文本下方。

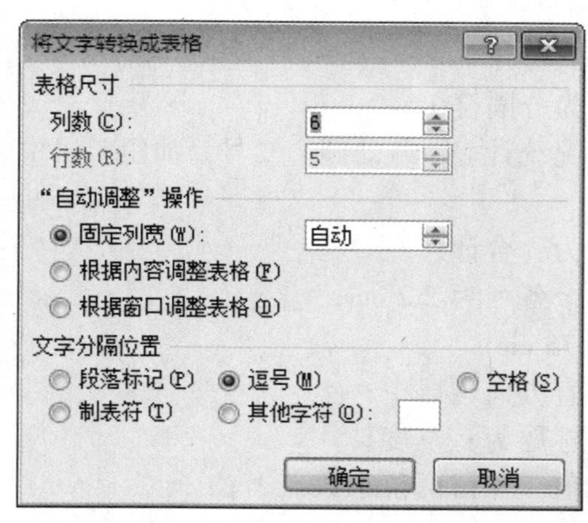

图 3-22　“将文字转换成表格”对话框

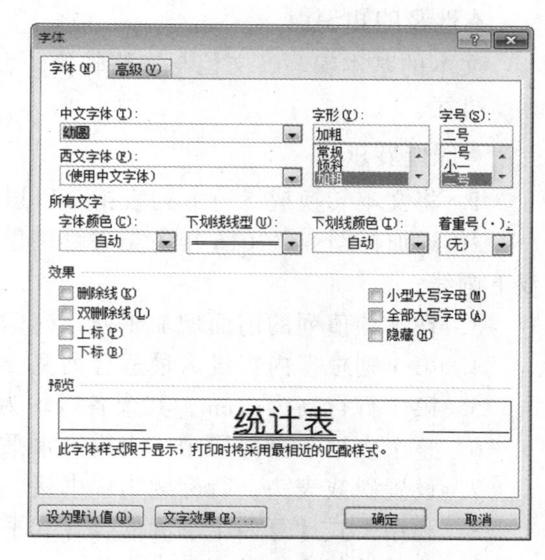

图 3-23　“字体”对话框

3. 操作要求 3 步骤：将光标定位到“平均值”列的任意位置并右击，选择“插入”→“在左侧插入列”命令，为新列的第 1 行添加列标题“合计”。

4. 操作要求 4 步骤：选中表格第 1 列，单击“表格工具–布局”选项卡“单元格大小”组中的“自动调整”下拉按钮，在展开的列表中选择“根据内容自动调整表格”；选中表格第 2～7 列，在“表格工具–布局”选项卡“单元格大小”组中的“列宽”列表框中输入“2.2 厘米”。

5. 操作要求 5 步骤：选中表格第 1 行，在“表格工具–布局”选项卡“单元格大小”组中的“行高”列表框中输入“1 厘米”；选中表格第 2～5 行，在“表格工具–布局”选项卡“单元格大小”组中的“行高”列表框中输入“0.75 厘米”。

6. 操作要求 6 步骤：选中整张表格，单击“表格工具–布局”选项卡“对齐方式”组中的“水平居中”按钮；选中表格，单击“开始”选项卡“段落”组中的“居中”按钮。

7. 操作要求 7 步骤：将光标移动到第 1 行第 1 列单元格，单击“表格工具–设计”选项卡“表格样式”组中的“边框”下拉按钮，在展开的列表中选择“斜下框线”；按照样张所示输入行标题“书籍”、列标题“季度”(可利用空格、【Enter】和【Backspace】键调整位置)。

8. 操作要求 8 步骤：

(1) 将光标动到至第 2 行第 6 列，单击“表格工具–布局”选项卡“数据”组中的“公式”按钮，弹出图 3–24 所示的“公式”对话框，公式为“=SUM(LEFT)”，单击“确定”按钮；复制第 2 行第 6 列的内容粘贴到“合计”列其他单元格；分别选中“合计”列的其他 3 个单元格并右击，在弹出的快捷菜单中选择“更新域”命令(见图 3–25)即可(或同时选择其他 3 个单元格，按【F9】键完成“更新域”的操作)。

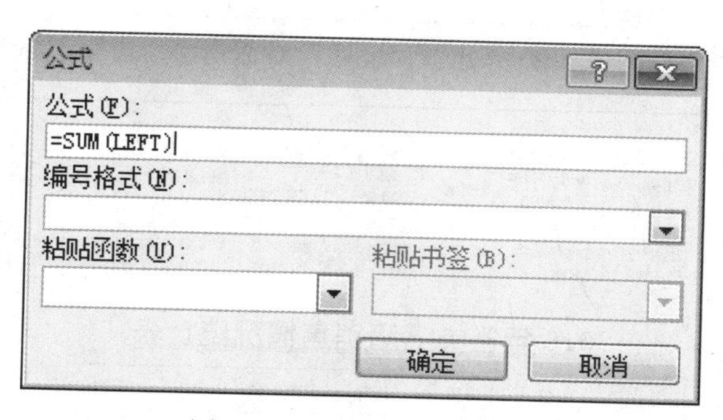

图 3–24 “公式”对话框

(2) 将光标移动到第 2 行第 7 列，参照上述步骤，在图 3–26 所示的“公式”对话框中输入公式“=F2/4”，单击“编号格式”下拉按钮，在展开的列表中选择“#,##0.00”，单击“确定”按钮；复制第 2 行第 7 列的内容粘贴到“平均值”列其他单元格；分别在“平均值”列其他 3 个单元格中右击，在弹出的快捷菜单中选择“切换域代码”命令，按图 3–27 所示的界面依次修改单元格中的公式，按【Alt+F9】组合键退出域代码编辑界面。分别选中“合计”列的其他 3 个单元格并右击，在弹出的快捷菜单中选择“更新域”命令即可。

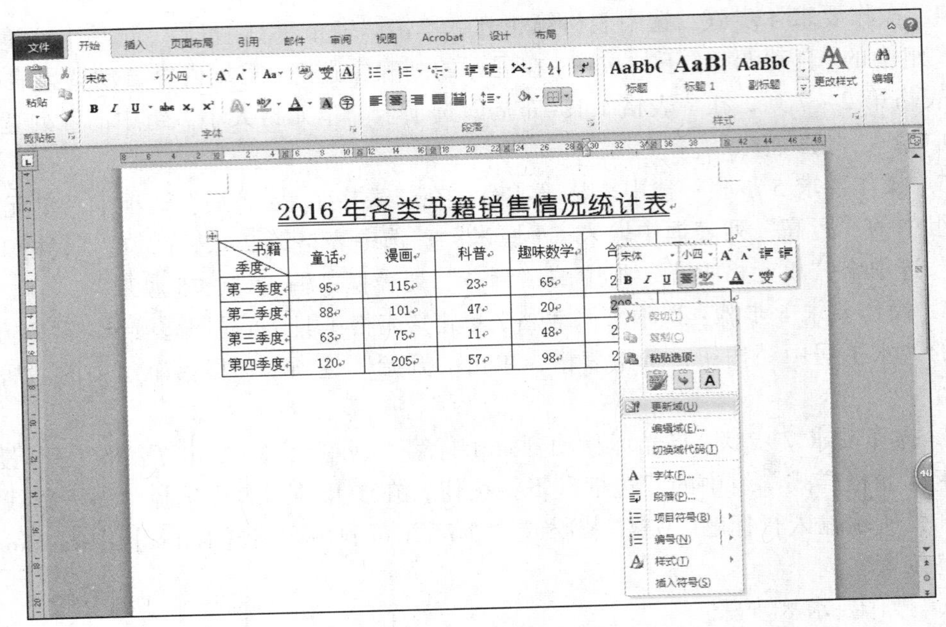

图 3-25 “更新域”设置界面

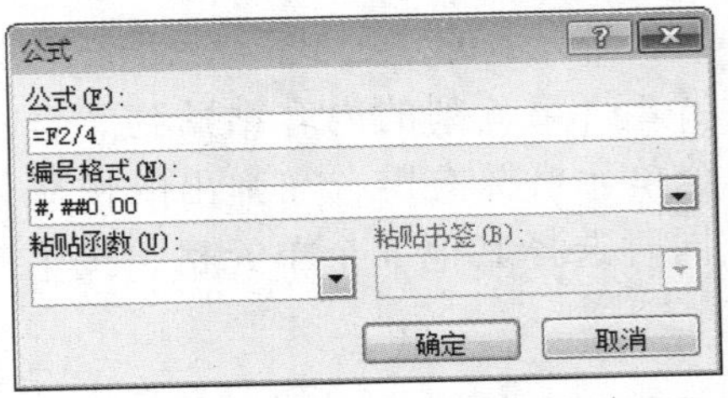

公式

公式(F):

=F2/4

编号格式(N):

#,##0.00

粘贴函数(U):　　粘贴书签(B):

确定　　取消

图 3-26 “公式”对话框

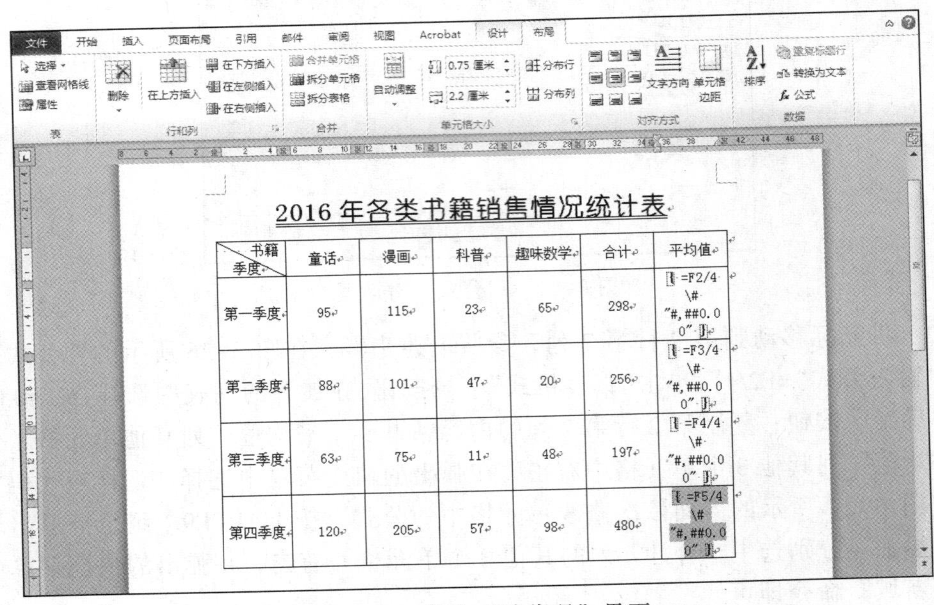

图 3-27 修改“域代码”界面

9. 操作要求 9 步骤：将光标移动到表格的任意位置，单击“表格工具-布局”选项卡“数据”组中的“排序”按钮，弹出图 3-28 所示的“排序”对话框，在“主要关键字”下拉列表框中选择“平均值”，类型为“数字”，选中“升序”单选按钮，单击“确定”按钮。

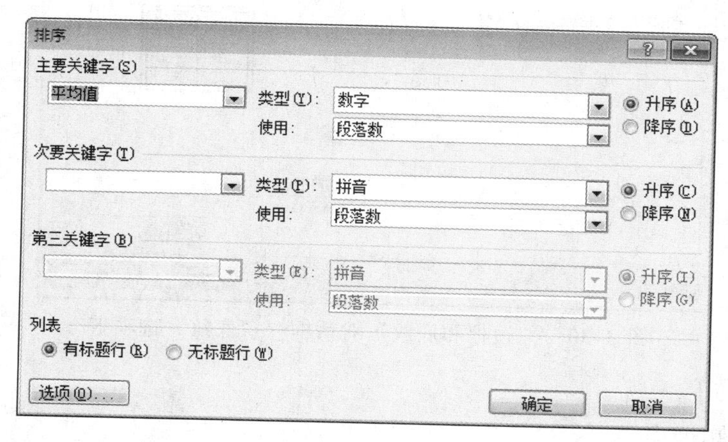

图 3-28 “排序”对话框

10. 操作要求 10 步骤：

（1）选中表格，单击“表格工具-设计”选项卡“表格样式”组中的“边框”下拉按钮，在展开的列表中选择“边框和底纹”，弹出图 3-29 所示的“边框和底纹”对话框，在“边框”选项卡中单击“自定义”，设置样式为双线，宽度为“1.5 磅”，在预览区分别单击上、下、左、右外框线应用以上设置；设置样式为单线，宽度为“1.5 磅”，在预览区分别单击内框线应用以上设置，单击“确定”按钮完成设置。

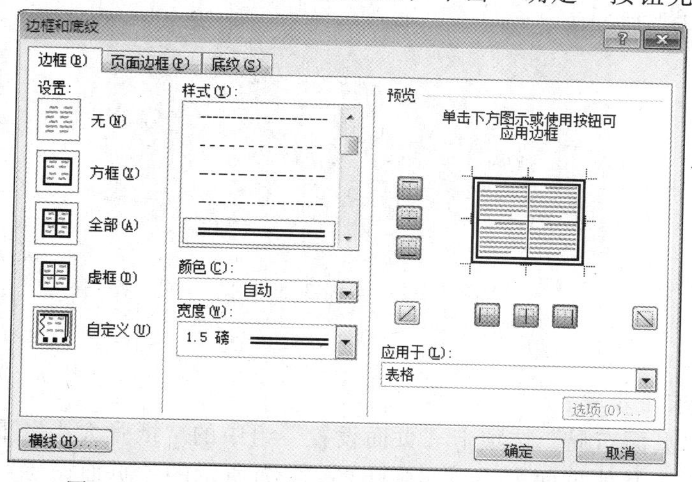

图 3-29 “边框和底纹”对话框—“边框”选项卡

（2）选中第 1 行，单击“表格工具-设计”选项卡“表格样式”组中的“边框”下拉按钮，在展开的列表中选择“边框和底纹”，弹出图 3-30 所示的对话框，在“底纹”选项卡中，单击“样式”下拉按钮，在展开的列表中选择“20%”，单击“颜色”下拉按钮，在展开的列表中选择“标准色”→“红色”，单击“确定”按钮完成设置。

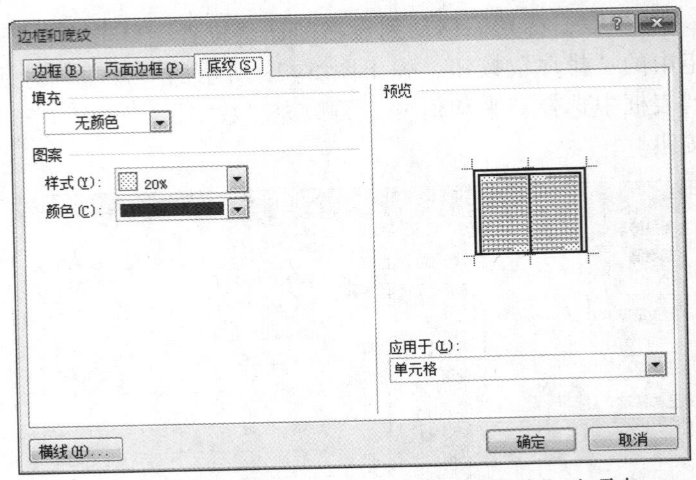

图 3-30 “边框和底纹”对话框—“底纹”选项卡

【实训 3-5】

● 涉及的知识点

页面设置、水印、插入公式。

● 操作要求

1. 设置纸张大小为：宽 15 cm、高 30 cm，横向，上、下页边距为 4 cm，左、右页边距为 3 cm，页面填充颜色：雨后初晴；

2. 添加文字水印“公式”：幼圆，80，黄色、半透明、倾斜；

3. 按照样张所示输入公式，设置字体大小为初号。

● 样张（见图 3-31）

$$(uv)^{(n)} = \sum_{k=0}^{n} C_n^k u^{(n-k)} v^{(k)}$$

图 3-31 实训 3-5 样张

● 具体步骤

1. 操作要求 1 步骤：

（1）单击“页面布局”选项卡“页面设置”组中的“纸张大小”下拉按钮，在展开的列表中选择“其他页面大小”，弹出图 3-32 所示的“页面设置”对话框，修改“宽度”为“15 厘米”、“高度”为“30 厘米”。

（2）在图 3-32 所示对话框中选择“页边距”选项卡，如图 3-33 所示，设置上、下边距为 4 cm，左、右边距为 3 cm；在“纸张方向”区域单击“横向”按钮，单击“确定”按钮。

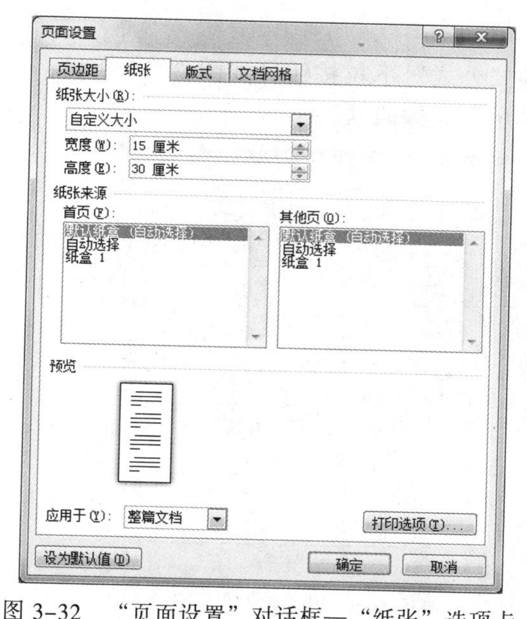

图 3-32 “页面设置”对话框—“纸张”选项卡

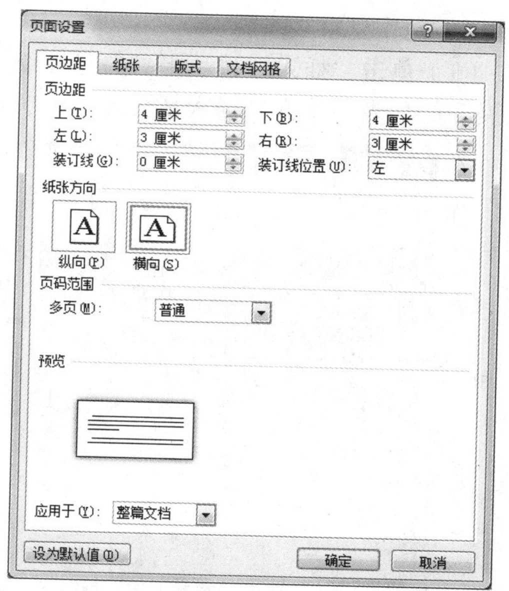

图 3-33 “页面设置”对话框—“页边距”选项卡

（3）单击“页面布局”选项卡“页面背景”组中的“页面颜色”下拉按钮，在展开的列表中选择“填充效果”，弹出图 3-34 所示的“填充效果”对话框，选择“颜色”区域的“预设”单选按钮，单击“预设颜色”下拉按钮，在展开的列表中选择“雨后初晴”，单击“确定”按钮完成页面设置。

2. 操作要求 2 步骤：单击“页面布局”选项卡“页面背景”组中的“水印”下拉按钮，在展开的列表中选择“自定义水印”，弹出图 3-35 所示的“水印”对话框，选择“文字水印”单选按钮，在“文字”组合框中输入文字“公式”，单击“字体”下拉按钮，设置字体为“幼圆”，在“字号”组合框中输入“80”，单击“颜色”下拉按钮，在展开的列表中选择“标准色”→“黄色”，选中“半透明”复选框，单击“确定”按钮完成水印设置。

图 3-34 “填充效果”对话框

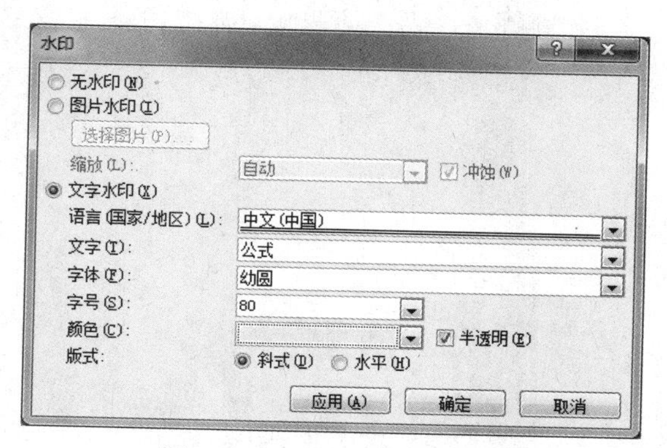

图 3-35 “水印”对话框

3. 操作要求 3 步骤：

（1）单击“插入”选项卡“符号”组中的“公式”下拉按钮，如图 3-36 所示，在展开的列表中选择“插入新公式”，文档显示公式编辑状态。

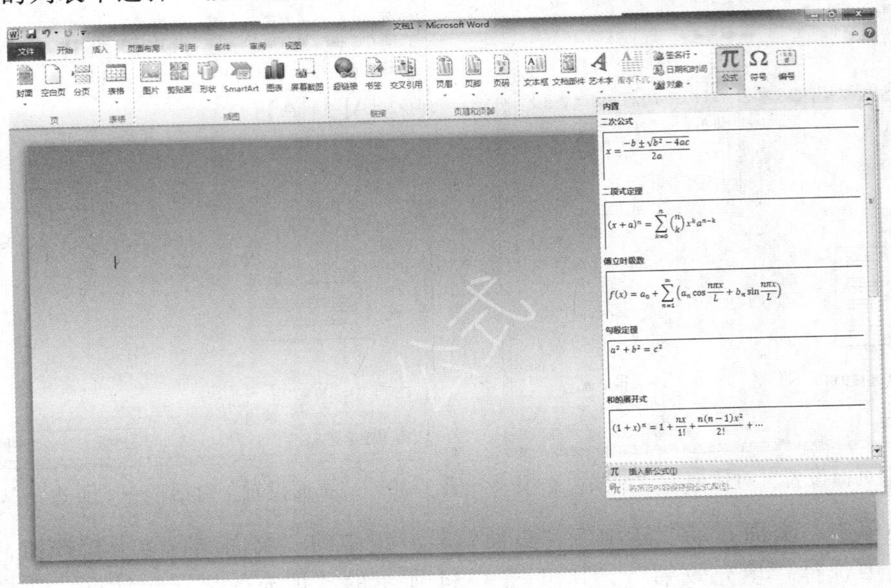

图 3-36　“插入新公式”界面

（2）选中文档公式编辑区域，切换为英文输入法，如图 3-37 所示，单击“公式工具-设计”选项卡“结构”组中的“上下标”下拉按钮，在展开的列表中选择“上标和下标”→“上标”，此时公式编辑区域出现上标结构，单击选中前部方框，输入字符“(uv)”，移动光标到上标方框，输入字符“(n)”，如图 3-38 所示，通过单击或利用键盘方向键将光标移出上标区，以便输入后续公式内容。

图 3-37　编辑公式-上标结构

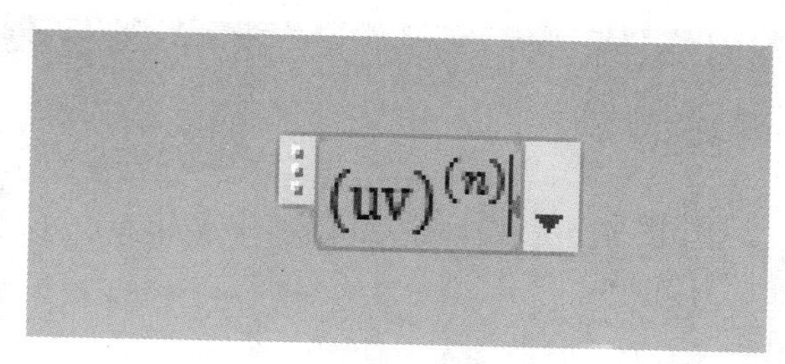

图 3-38　输入字符

（3）在光标后输入符号“=”；如图 3-39 所示，单击“公式工具-设计”选项卡“结构”组中的“大型运算符”下拉按钮，在展开的列表中选择“求和”→“求和”，此时公式编辑区域出现求和结构，在求和符号上部方框输入字符“n”，移动光标到求和符号下部方框，输入字符“k=0”。

图 3-39　输入公式-求和结构

（4）如图 3-40 所示，移动光标到求和符号右端方框，单击“公式工具-设计”选项卡“结构”组中的“上下标”下拉按钮，在展开的列表中选择“上标和下标”→“下标-上标”；单击选中前部方框，输入字符“C”，移动光标到上标方框，输入字符“k”，移动光标到下标方框，输入字符“n”，如图 3-41 所示，将光标移出下标区，以便输入后续公式内容。

（5）依次按照题目要求输入后续公式部分，步骤类似第（3）、（4）步。

（6）选中公式，单击“开始”选项卡“字体”组中的“字号”下拉按钮，在展开的列表中选择“初号”即可。

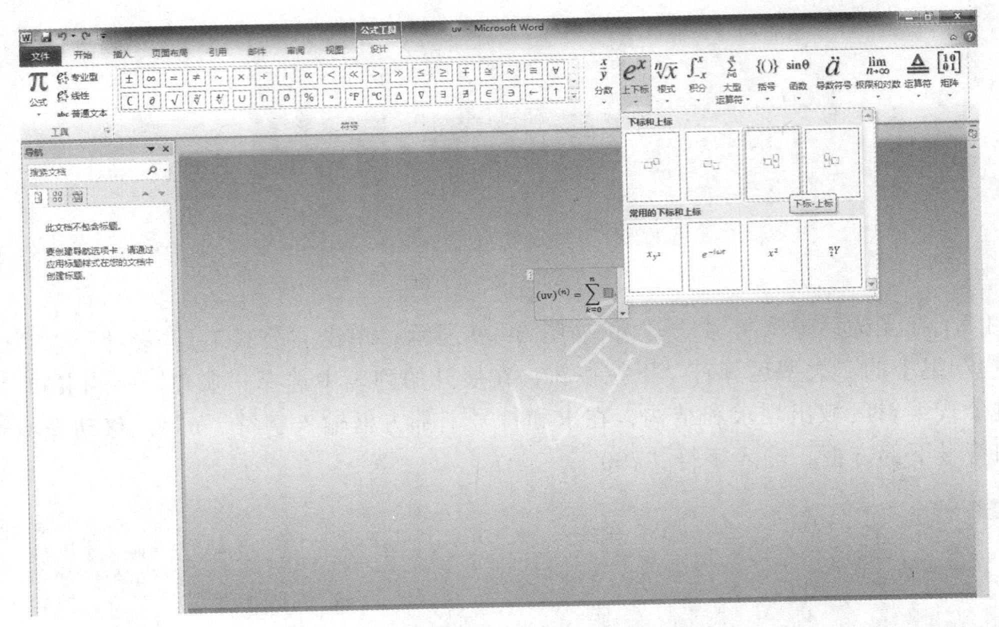

图 3-40 输入公式-上标-下标结构

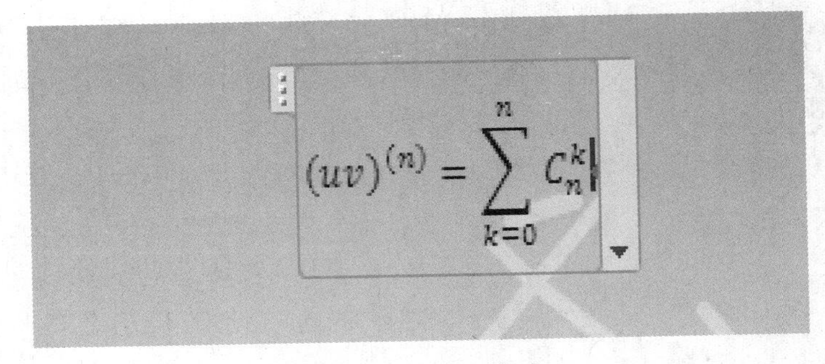

图 3-41 输入公式

【实训 3-6】

● 涉及的知识点

文字格式的设置，段落的设置，插入艺术字，插入剪贴画，绘制图形，图形格式设置。

● 操作要求

1. 按样张将标题“什么是 SUV”转换为艺术字，艺术字样式为“填充-橙色，强调文字颜色 6，渐变轮廓-强调文字颜色 6”（第 3 行第 2 列），中文字体为华文琥珀，西文字体为 Arial，字号为 28；文字填充为黄色、边框为红色、粗细 1 磅，加阴影：阴影样式为“外部/向右偏移”、颜色为深蓝色、角度为 320°、距离为 10 磅、虚化为 0 磅，文字方向为垂直，位置为“顶部居右，四周型文字环绕”；

2. 设置正文字体格式为：中文字体为楷体、西文字体为 Times New Roman、小四，段落格式设置为首行缩进 2 字符、行距为 1.5 倍行距；

3. 插入剪贴画（搜索“车”查找），参照样张修改剪贴画颜色（帽子、车身：红色，轮胎：黑色），水平翻转，紧密型环绕；

4. 插入图形“前凸带形”“椭圆”“五角星”，如样张所示在图形“前凸带形”中添加文字“运动型多用汽车”：黑体、四号、加粗，文字相对于图形底端对齐；设置“前凸带形”“椭圆”形状样式为“彩色轮廓-橙色，强调颜色 6”，“五角星”形状样式为“浅色 1 轮廓，彩色填充-水绿色，强调颜色 5”；按照样张调整图形的叠放次序，组合图形并设置图形上下型环绕。

● 样张（见图 3-42）

什么是 SUV

SUV 的全称是 Sport Utility Vehicle，即运动型多用汽车；另一说全称是 Suburban Utility Vehicle，即城郊多用途汽车。这是一种拥有旅行车般的空间机能，配以货卡车的越野能力的车型。按照 SUV 的功能性，通常分为城市型与越野型，现在的 SUV 一般指那些以轿车平台为基础、在一定程度上既具有轿车的舒适性，又具有一定越野性的车型。由于带有 MPV 的座椅多组合功能，适用范围广。SUV 的价位十分宽泛，路面上的常见度

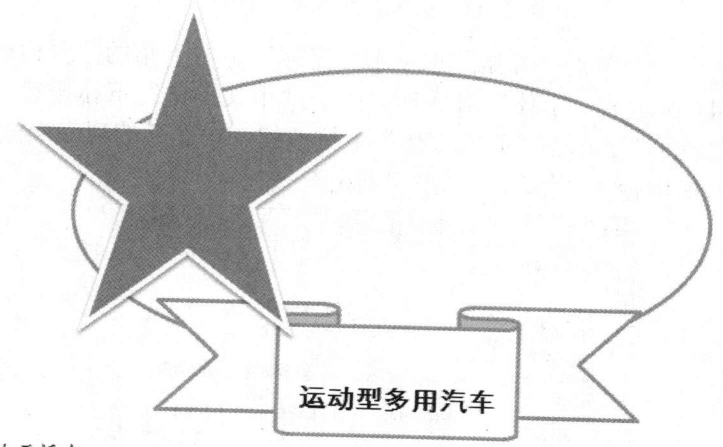

仅次于轿车。

SUV 乘坐空间表现比较出色，无论在前排还是后排，都能可以宽裕的坐在车里。前排座椅的包裹性与支撑性十分到位，此外车内的储物格比较多，日常使用方便。SUV 的热潮最早从美国延烧开来，不仅欧美地区在流行，连远在亚洲日本和韩国的汽车厂商也开始开发 SUV 的车款。由于受到 RV 休旅风气的影响，SUV 的高空间机能和越野能力，已经取代旅行车成了休闲旅游的主要车型。SUV 成了当时最受欢迎的车款。

图 3-42 实训 3-6 样张

● 具体步骤

1. 操作要求 1 步骤：

（1）选中文字“什么是 SUV”（注意：为了后续排版方便，此处仅选中文字部分，不要将段落标记选中），单击“插入”选项卡“文本”组中的“艺术字”下拉按钮，如图 3-43 所示，在展开的列表中选择“第 3 行第 2 列”的艺术字样式。

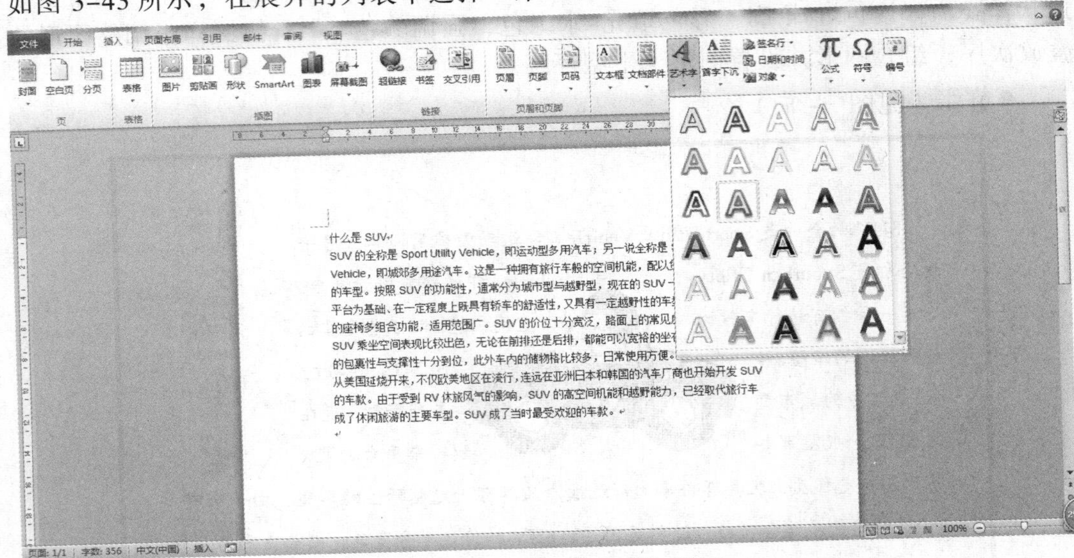

图 3-43　插入“艺术字”界面

（2）选中艺术字，单击“开始”选项卡“字体”组右下角的“对话框启动器”按钮，弹出图 3-44 所示的“字体”对话框，单击“中文字体”下拉按钮，在展开的列表中选择“华文琥珀”，单击“西文字体”下拉按钮，在展开的列表中选择“Arial”，在“字号”文本框中输入“28”，单击“确定”按钮。

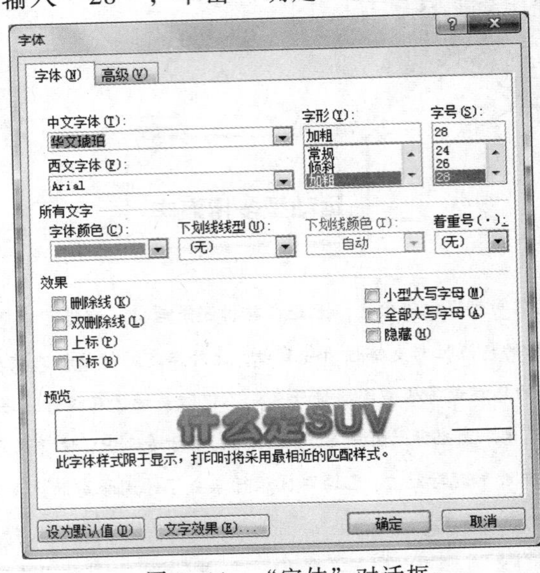

图 3-44　“字体”对话框

（3）选中艺术字，单击“绘图工具-格式”选项卡“艺术字样式”组中的“文本填充”下拉按钮，在展开的列表中选择“标准色”→“黄色”；单击“艺术字样式”组中的“文本轮廓”下拉按钮，在展开的列表中选择“标准色”→“红色”，单击“粗细”列表项，在右侧展开的选项中选择“1 磅”；单击“艺术字样式”组中的“文字效果”下拉按钮，在展开的列表中选择“阴影”→“阴影选项”，弹出图 3-45 所示的“设置文本效果格式”对话框，单击“预设”下拉按钮，在展开的选项中选择“外部”→“向右偏移”，单击“颜色”下拉按钮，在展开的选项中选择“标准色”→“深蓝”，修改“虚化”为“0 磅”，“角度”为“320°”，“距离”为“10 磅”。

（4）选中艺术字，单击“绘图工具-格式”选项卡“文本”组中的“文字方向”下拉按钮，在展开的列表中选择“垂直”，单击“排列”组中的“位置”下拉按钮，在展开的列表中选择“文字环绕”→“顶部居右，四周型文字环绕”。

2. 操作要求 2 步骤：选中正文，单击“开始”选项卡“字体”组右下角的“对话框启动器”按钮，弹出“字体”对话框，选择“字体”选项卡，单击“中文字体”下拉按钮，在展开的列表中选择“楷体”，单击“西文字体”下拉按钮，在展开的列表中选择“Times New Roman”，在“字号”列表框中选择“小四”，单击“确定”按钮；单击“开始”选项卡“段落”组右下角的“对话框启动器”按钮，弹出图 3-46 所示的“段落”对话框，单击“特殊格式”下拉按钮，在展开的列表中选择“首行缩进”，“磅值”为“2 字符”，单击“行距”下拉按钮，在展开的列表中选择“1.5 倍行距”，单击“确定”按钮。

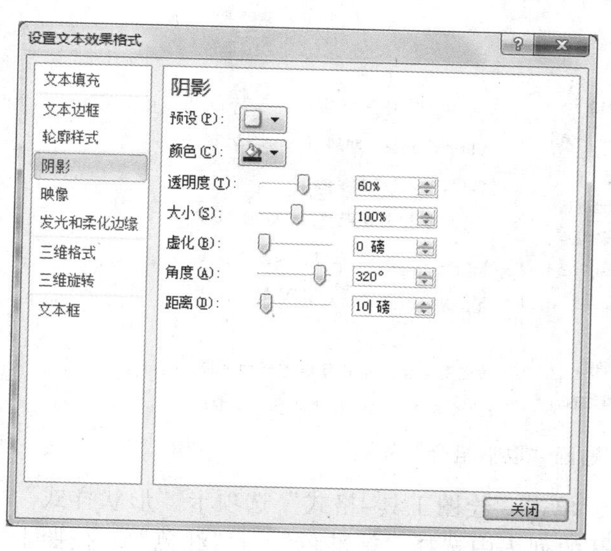

图 3-45 “设置文本效果格式”对话框

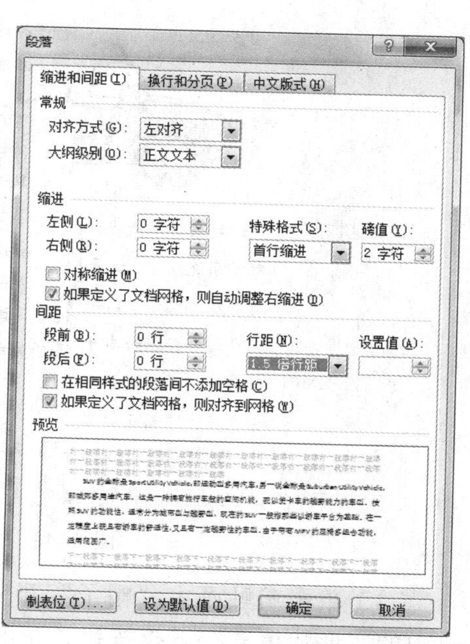

图 3-46 “段落”对话框

3. 操作要求 3 步骤：

（1）将光标移动到正文，单击“插入”选项卡“插图”组中的“剪贴画”按钮，在 Word 窗口工作区右侧弹出“剪贴画”任务窗格，在“搜索文字”文本框中输入“车”，单击“搜索”按钮，弹出图 3-47 所示界面，选择样张所示剪贴画，单击剪贴画右端的下拉按钮，在展开的列表中选择“插入”。

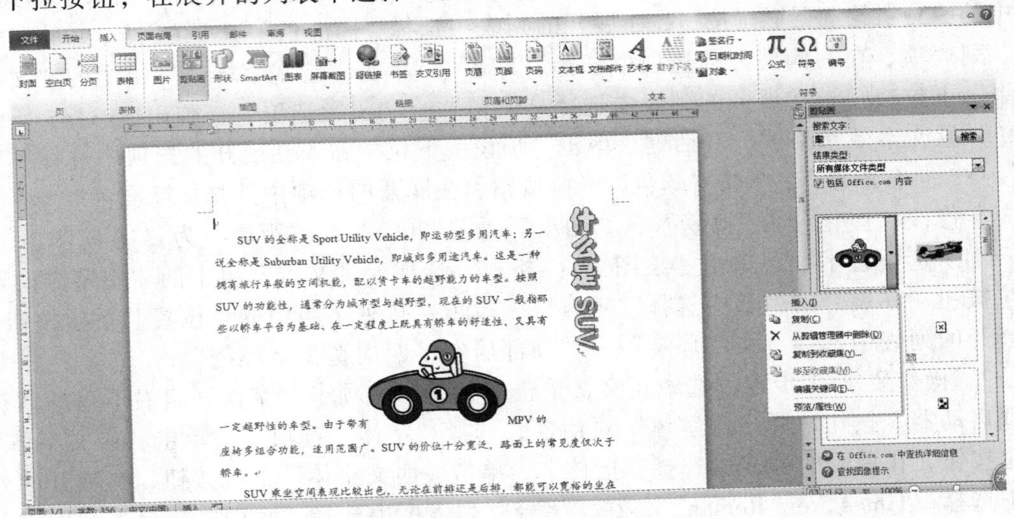

图 3-47　插入“剪贴画”界面

（2）选中剪贴画并右击，弹出图 3-48 所示的快捷菜单，选择“组合”→“取消组合”命令。

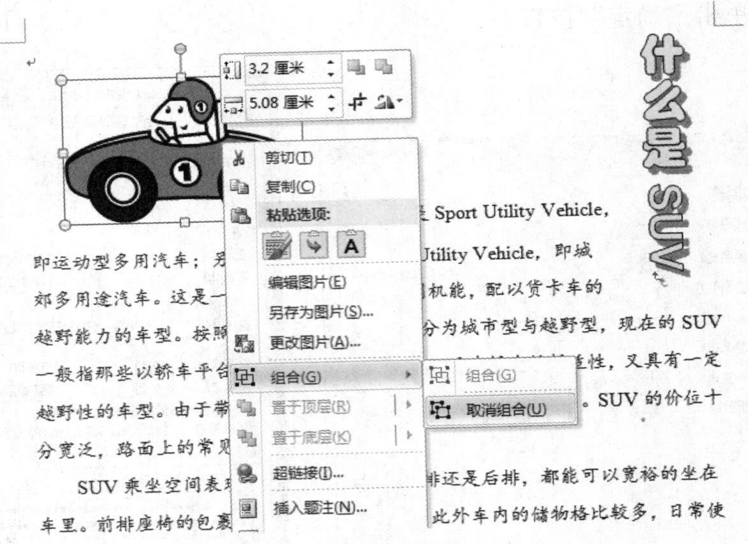

图 3-48　剪贴画“取消组合”界面

（3）单击剪贴画中“帽子”部分，单击“绘图工具-格式”选项卡“形状样式”组中的“形状填充”下拉按钮，在展开的列表中选择“标准色”→“红色”；按照上述步骤设置“车身”颜色为“红色”，“车轮”颜色为“黑色”。

（4）单击剪贴画，按【Ctrl+A】组合键，选中剪贴画中所有部分，然后右击，弹出图 3-49 所示的快捷菜单，选择“组合”→“组合”命令。

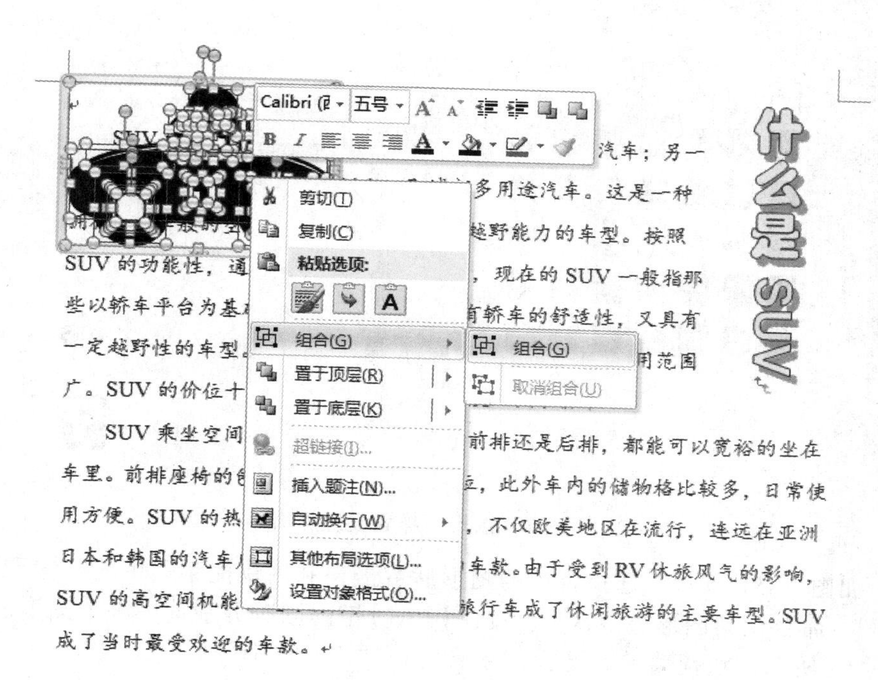

图 3-49 剪贴画“组合”界面

（5）单击“绘图工具-格式”选项卡“排列”组中的“旋转”下拉按钮，在展开的列表中选择“水平翻转”。

（6）选中剪贴画，（按照样张调整剪贴画位置）单击“绘图工具-格式”选项卡“排列”组中的“自动换行”下拉按钮，在展开的列表中选择“紧密型环绕”即可。

4. 操作要求 4 步骤：

（1）单击“插入”选项卡“插图”组中的“形状”下拉按钮，在展开的列表中选择“星与旗帜”→“前凸带形”，按住鼠标左键，在文档中沿对角线拖动绘制如样张所示“前凸带形”图形。

（2）选中图形并右击，在弹出的快捷菜单中选择“添加文字”命令，则可见到光标在图形内部闪动；在“开始”选项卡“字体”组中设置字体为“黑体”、字号为“四号”“加粗”，输入文字“运动型多用汽车”；单击“绘图工具-格式”选项卡“文本”组中的“对齐文本”下拉按钮，在展开的列表中选择“底端对齐”，调整图形大小使图形效果如样张所示。

（3）选中图形，如图 3-50 所示，单击“绘图工具-格式”选项卡“形状样式”组中预设样式右下端的“其他”按钮，显示所有形状或线条的外观形式，在展开的样式中选择“彩色轮廓-橙色，强调颜色 6”即可。

（4）分别重复以上 3 个步骤插入图形“椭圆”“五角星”，设置“椭圆”形状样式为“彩色轮廓-橙色，强调颜色 6”；“五角星”形状样式为“浅色 1 轮廓，彩色填充-水绿色，强调颜色 5”。

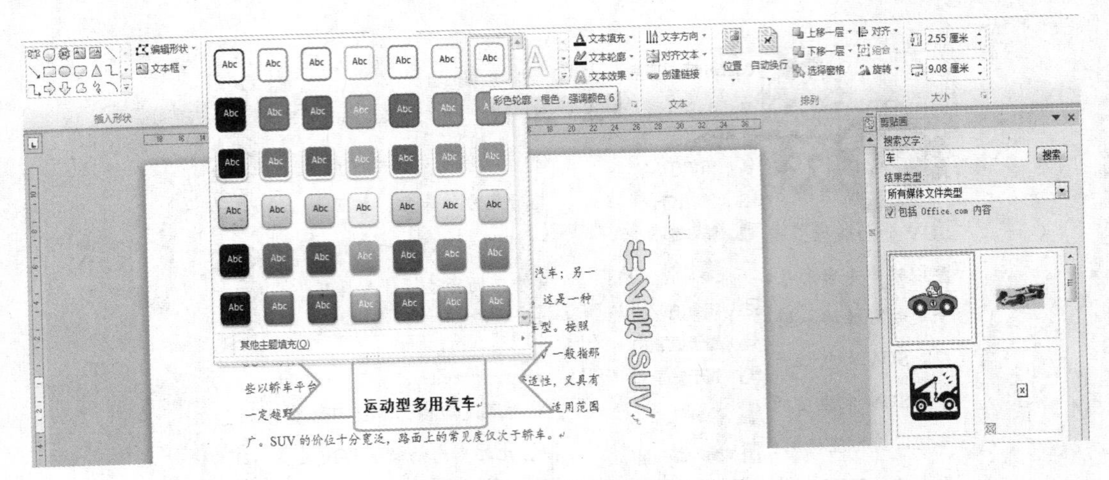

图 3-50 “图形”样式设置界面

（5）如图 3-51 所示，选择合适的图形后右击，利用快捷菜单中的“置于顶端”“置于底端”命令调整图形叠放次序；按住【Ctrl】键的同时分别选中 3 个图形后右击，弹出图 3-52 所示的快捷菜单，选择“组合”→“组合”命令。

图 3-51 “调整图形叠放次序”界面

（6）选中图形，单击“绘图工具-格式”选项卡“排列”组中的“自动换行”下拉按钮，在展开的列表中选择“上下型环绕”即可，按照样张调整剪贴画位置。

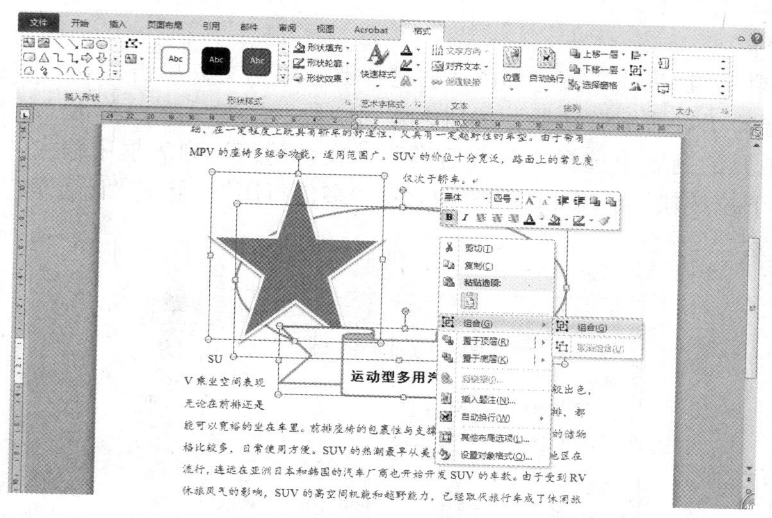

图 3-52　图形“组合”界面

【实训 3-7】

● 涉及的知识点

段落的设置，插入图片，图片格式设置，插入文本框，文本框格式设置。

● 操作要求

1. 将正文中所有段落首行缩进 2 字符，1.25 倍行距；

2. 插入文件名为“3-7.jpg”的图片，设置图片高度为 4 cm、宽度为 7 cm，按样张进行图文混排，并为图片添加 6 磅深蓝色双线边框；

3. 为正文第一段添加横排文本框，为文本框添加“细微效果-橄榄色、强调颜色 3”的样式，并设置文本框架阴影为右上斜偏移，距离为 10 磅。

● 样张（见图 3-53）

一只野狼卧在草上勤奋地磨牙，狐狸看到了，就对它说:天气这么好，大家在休息娱乐，你也加入我们队伍中吧!野狼没有说话，继续磨牙，把它的牙齿磨得又尖又利。狐狸奇怪地问道:森林这么静，猎人和猎狗已经回家了，老虎也不在近处徘徊，又没有任何危险，你何必那么用劲磨牙呢?野狼停下来回答说:我磨牙并不是为了娱乐，你想想，如果有 一天我被猎人或老虎追逐，到那时，我想磨牙也来不及了。而平时我就把牙磨好，到那时就可以保护自己了。

做事应该未雨绸缪，居安思危，这样在危险突然降临时，才不至于手忙脚乱。书到用时方恨少，平常若不充实学问，临时抱佛脚是来不及的。也有人抱怨没有机会，然而当升迁机会来临时，再叹自己平时没有积蓄足够的学识与能力，以致不能胜任，也只好后悔莫及。

图 3-53　实训 3-7 样张

● 具体步骤

1. 操作要求 1 步骤：按【Ctrl+A】组合键选中全文，单击“开始”选项卡“段落”组右下方的“对话框启动器”按钮，弹出“段落”对话框，单击“特殊格式”下拉按钮，在展开的列表中选择“首行缩进”，在“磅值”列表框中输入“2 字符”，单击“行距”下拉按钮，在展开的列表中选择“多倍行距”，修改“设置值”为“1.25”，如图 3-54 所示。

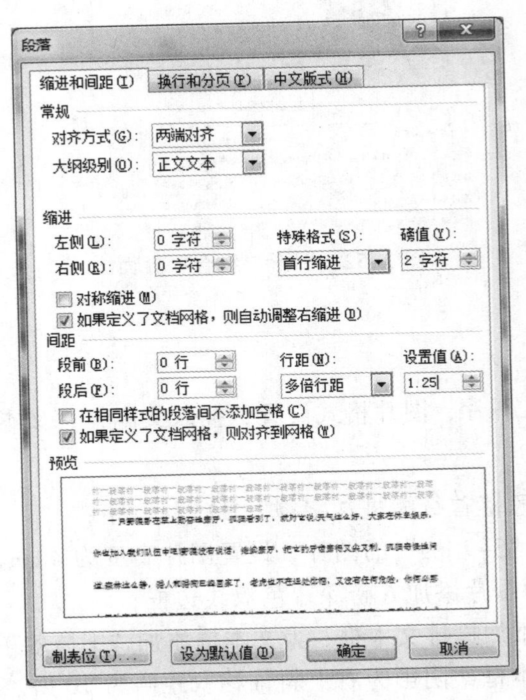

图 3-54 “段落”对话框

2. 操作要求 2 步骤：

（1）单击“插入”选项卡“插图”组中的“图片”按钮，弹出“插入图片”对话框，按照图片地址找到图片，单击“插入”按钮完成插入。

（2）选中图片，单击“图片工具-格式”选项卡“大小”组右下方的“对话框启动器”按钮，弹出图 3-55 所示的“布局”对话框，取消选择“锁定纵横比”复选框，在“高度”的“绝对值”微调框中输入“4 厘米”，在“宽度”的“绝对值”微调框中输入“7 厘米”；在“布局”对话框中选择“文字环绕”选项卡，设置“环绕方式”为“四周型”，单击“确定”按钮，如图 3-56 所示。

（3）选中图片，单击“图片工具-格式”选项卡“图片样式”组中的“图片边框”下拉按钮，在展开的列表中选择“标准色”-“深蓝”；在同一展开列表中，设置“粗细”→“6 磅”；选择上述同一展开列表的“虚线”→“其他线条”，弹出图 3-57 所示的“设置图片格式”对话框，单击“复合类型”下拉按钮，在展开的列表中选择“双线”，单击“关闭”按钮完成图片设置。

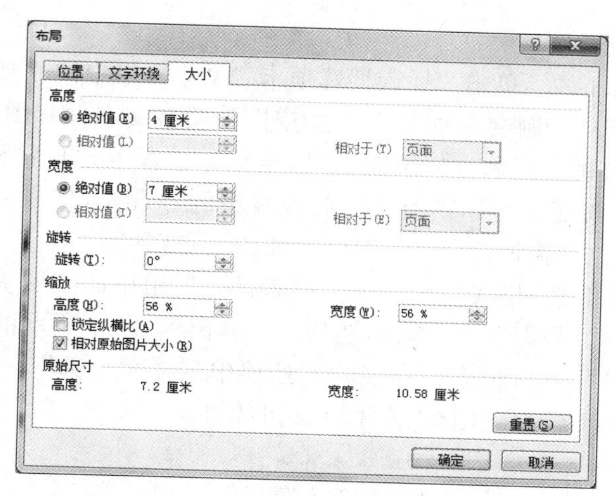

图 3-55 “布局”对话框—“大小”选项卡

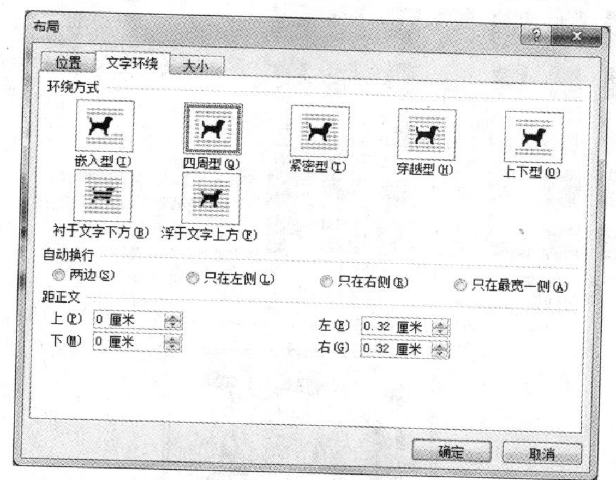

图 3-56 “布局”对话框—“文字环绕”选项卡

设置图片格式
填充
线条颜色
线型
阴影
映像
发光和柔化边缘
三维格式
三维旋转
图片更正
图片颜色
艺术效果
裁剪
文本框
可选文字
线型
宽度(W): 6 磅
复合类型(C):
短划线类型(D):
线端类型(A): 平面
联接类型(J): 圆形
箭头设置
前端类型(B):
后端类型(E):
前端大小(S):
后端大小(N):
关闭

图 3-57 “设置图片格式”对话框

3. 操作要求 3 步骤：

（1）选中正文第 1 段，单击“插入”选项卡“文本”组中的“文本框”下拉按钮，在展开的列表中选择“绘制文本框”（注意按样张调整文本框和图片的位置）。

（2）选中“文本框”，单击“绘图工具-格式”选项卡“形状样式”组中预设样式右下端的“其他”按钮，显示所有“形状或线条的外观样式”，在展开的列表中选择“细微效果-橄榄色、强调颜色 3”即可，如图 3-58 所示。

（3）单击“绘图工具-格式”选项卡“形状样式”组中的“形状效果”下拉按钮，在展开的列表中选择“阴影”→“阴影选项”，弹出图 3-59 所示的“设置形状格式”对话框，单击“预设”下拉按钮，在展开的选项中选择“外部”→“右上斜偏移”，修改“距离”为“10 磅”，单击“关闭”按钮即可。

图 3-58 “文本框”样式设置界面

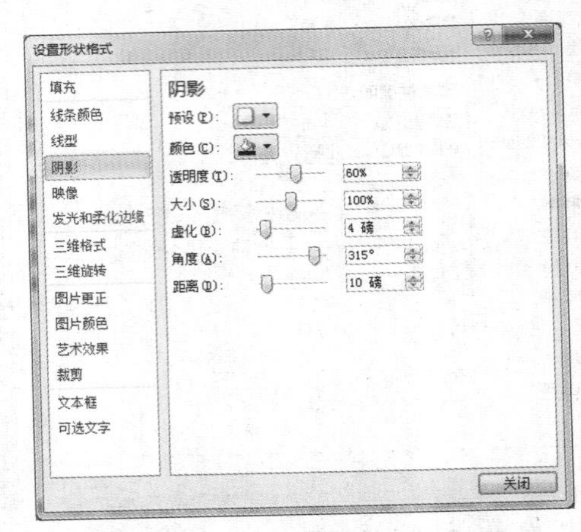

图 3-59 “设置形状格式”对话框

四、综合练习

【综合练习 3-1】

●涉及的知识点

插入表格，表格的格式设置，表格内容的编辑，公式计算，排序。

●操作要求

1. 将文本转换成 4 行 6 列表格（以空格为分隔符），将第 5 列移动到第 4 列；

2. 设置行高 1.5 cm，设置 1～4 列宽 2 cm，5～6 列宽大小根据内容调整；

3. 表格居中，表格内文字水平垂直居中；

4. 为表格设置边框底纹，外框线：绿色、2.25 磅、双实线；内框线：红色、0.75 磅、单实线，给标题行添加黑色底纹，其他行图案填充（样式：深色网格，颜色：浅绿）；

5. 利用公式计算合计金额，根据“合计金额”进行降序排序。

●样张（见图 3-60）

姓名	职称	年龄	绩效	基本工资	合计金额
曹禺	正高	55 岁	3000	20000	23000
王晓	讲师	30 岁	1000	8000	9000
刘文	助教	25 岁	500	4500	5000

图 3-60　综合练习 3-1 样张

●步骤提示

因排序会将已经设置完成的边框打乱，建议先完成操作要求 5 的计算和排序，再进行操作要求 4 的边框设置。

【综合练习 3-2】

●涉及的知识点

插入艺术字，段落设置，分栏，查找和替换，插入图片、图片格式设置，插入文本框，插入表格、表格格式设置。

●操作要求

1. 将标题“博闻广识要谨慎”转换为艺术字（样式为第 5 行第 3 列，“填充-红色，强调文字颜色 2，暖色粗糙棱台”），自动换行为“上下型环绕”，给艺术字添加“外部”→“右下斜偏移”的阴影样式，设置艺术字水平居中；

2. 设置第一、二、三段首行缩进 2 个字符，段前、段后间距均为 0.5 行；将第一段分为两栏，加分隔线，第一栏宽度 10 字符，间距 2 字符；

3. 将正文中的所有“人”字替换成楷体、加粗、红色、双波浪下画线且下画线颜色为红色的“人”字；

4. 插入文件名为“天鹅.jpg”的图片，图片大小修改为高度 5 cm，宽度 7 cm，自动换行为“四周型环绕”，混排效果如样张所示；

5. 将第四段文本转化为文本框，设置文本框填充“蓝色面巾纸”纹理效果，并添加阴影，阴影样式为“外部”→“向右偏移”、颜色为“紫色”、透明度为 0%、角度为 50°、距离为 5 磅，其余参数默认设置，适当调整文本框位置使其如样张所示；

6. 如样张所示，在文末插入表格并输入相应文本，表格水平居中；全部单元格文字水平垂直居中，行高 2 cm，列宽 7 cm；表格内框为 1 磅单线，外框为 1.5 磅双线。

● 样张（见图 3-61）

博闻广识要谨慎

人生在世，大半用于增益见闻。但亲自看到的事很少，其余都得靠他人才能得知。我们的双耳是把握真相的后门也是虚假的前门。大多数的真相往往有赖于眼见，很少仰仗耳闻。

耳目所接触的真相，很少是绝对货真价实的，来自远方的所谓真相则更加不纯。一旦经人传播，便每每会混入传播者的情绪。而情绪只要作用于事物，必会多一层颜色，使之可厌或可喜，使我们偏向于某种印象。

高唱赞歌者比批评者更值得引起我们的注意。要识破他居心何在，偏向何方，所图何事。要谨防虚伪不实的人与平时经常犯错误的人。

There is one language that is in us in every country in the world. The people who use it are young and old, short and tall, thin and fat. It's everybody's second language. It's easy to understand, although you can't hear it. It's sin language.

面对不幸，了解朋友。	赫尔德
知道危险而不说的人，是敌人。	歌德

图 3-61　综合练习 3-2 样张

● 步骤提示

1. 操作要求1选择标题转换为艺术字时，只需选中文字部分，而不能将标题后的段落标记一起选中后转换，如一起选中后转换，会影响第2题中对于第一段的分栏；

2. 操作要求2的分栏设置如图3-62所示，在“分栏”对话框中，取消选择“栏宽相等”复选框，选中“分隔线”复选框、第1栏的宽度输入10字符、间距输入2字符后，第2栏的宽度会自动变化为27.55字符，无须手动输入。

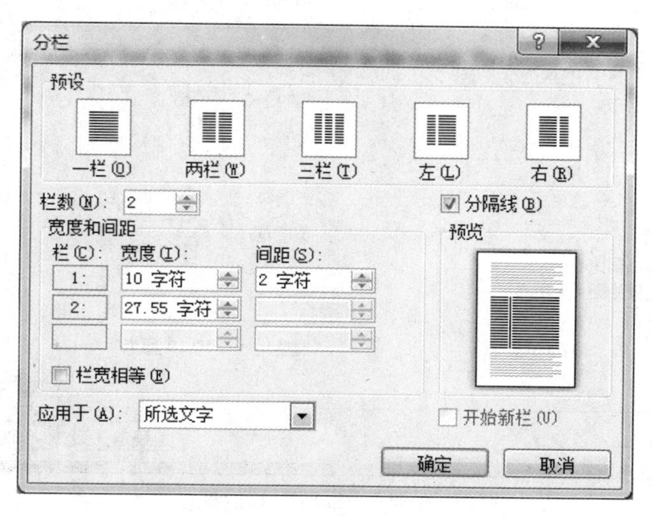

图3-62 “分栏”对话框

3. 操作要求3替换时的文本格式设置如图3-63所示。

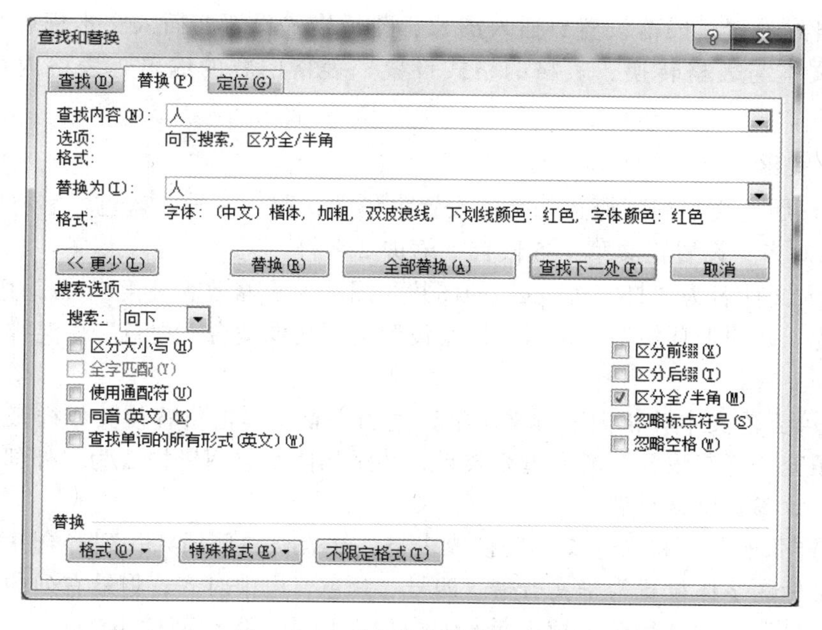

图3-63 “查找和替换”对话框

4. 操作要求 4 修改“天鹅.jpg”图片的大小时，如图 3-64 所示，需取消选择“锁定纵横比”复选框。

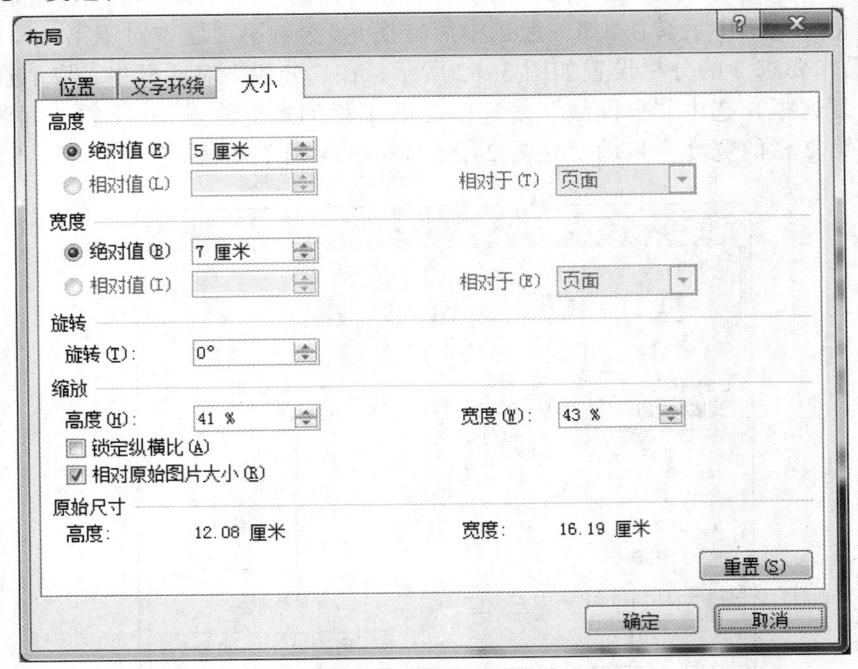

图 3-64 “布局”对话框

【综合练习 3-3】

●涉及的知识点

文本格式设置，段落设置，插入图片，图片格式设置，插入文本框，文本框格式设置，文本与表格转换，表格的格式设置，表格内容的编辑，表格内容的公式计算。

●操作要求

1. 将标题“文字处理概述”字体设置为华文新魏、一号、蓝色、字符间距加宽 3 磅，居中对齐；设置正文第 1-5 段首行缩进 2 字符；

2. 插入文件名为“打字机.jpg”的图片，图片大小修改为高度 3 cm，宽度 5 cm，自动换行为“四周型环绕”，将图片样式设置为“映像棱台，白色”，混排效果如样张所示；

3. 将第五段文本转化为竖排文本框，适当调整文本框位置使其如样张所示，设置文本框填充“薄雾浓云”渐变填充效果，并添加阴影，阴影样式为“外部”→“左下斜偏移”，参数默认设置；

4. 如样张所示，将文末文本转换成表格，在表格右侧插入一列；合并第一行单元格，表格标题字体设置为华文行楷、四号、紫色，居中对齐；将最右列的列标题设置为“平均分”，并使用公式填入每行对应的平均分，保留两位小数。

● 样张（见图 3-65）

文 字 处 理 概 述

文字处理软件属于办公软件的一种，一般用于文字的格式化和排版，文字处理软件的发展和文字处理的电子化是信息社会发展的标志之一。

现今，人们几乎天天都要和文字打交道，如起草各种文件、书信、通知、报告；撰写、编辑、修改讲义、论文、专著；制作各种账目、报表；编写程序；登录数据等等。

文字处理工作的基本要求是快速、正确，所谓又快又好。但传统方式进行手工文字处理时，既耗时又费力。机械式或电动式打字机虽然速度稍快，但还有诸多不便。使用计算机进行各种文档处理能较好地完成文字的编写、修改、编辑、页面调整、保存等工作，并能按要求实现反复打印输出，目前已广泛地被用于各个领域的事务处理中，成为办公自动化的重要手段。

纯文本文件也称非文书文件，如计算机源程序文件、原始数据文件等属于文本文件，注重的是字母符号的内在含义，一般不需要编辑排版。在文本文件内除回车符外，没有其他不可打印或显示的控制符。因此，在各种文字处理系统间可以相互通用。

带格式文本文件通称文档文件，也称文书文件，例如文章、报告、书信、通知等都属于文档文件。它注重文字表现形式，成文时需要对字符、段落和页面格式进行编辑排版。在文档文件中，由于不同的文字处理系统设计的格式控制符有所不同，因此，文档文件在不同的文字处理系统间需要格式转换，不能直接相互通用。此外，文档文件内除文本外，还可插入图形、表格，甚至声像等非文本资料。

办公软件应用测试成绩单

学号	Office	WPS	iWork	平均分
C160101	97.50	106.00	108.00	103.83
C160102	110.00	95.00	98.00	101.00
C160103	95.00	85.00	99.00	93.00
C160104	102.00	116.00	113.00	110.33
C160105	88.00	98.00	101.00	95.67
C160106	90.00	111.00	116.00	105.67

图 3-65　综合练习 3-3 样张

● 步骤提示

1. 操作要求 1 设置字符间距需打开“字体”对话框（见图 3-66），在“高级”选项卡中设置字符间距加宽 3 磅。

2. 操作要求 3 转化为竖排文本框后，可适当调整文本框的大小和位置。

3. 操作要求 4 文本转换成表格时，如图 3-67 所示，文字分隔位置选择“制表符”，则列数自动变为 4，行数为固定值 8。

4. 操作要求 4 在“平均分”列用公式计算平均分时，如图 3-68 所示，可以在“公式”文本框中输入公式“=AVERAGE(LEFT)”，或者输入公式“=AVERAGE(B3:D3)”，两者计算结果相同；当用公式完成第一个单元格中平均分的计算后，将光标移动到下一行单元格内，单击快速访问工具栏中的“重复公式”按钮（见图 3-69），则可以快速完成平均分公式的插入。

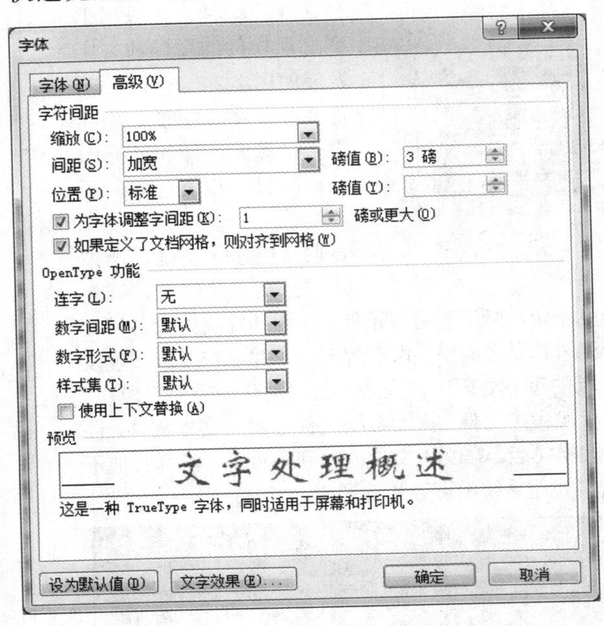

图 3-66 “字体”对话框

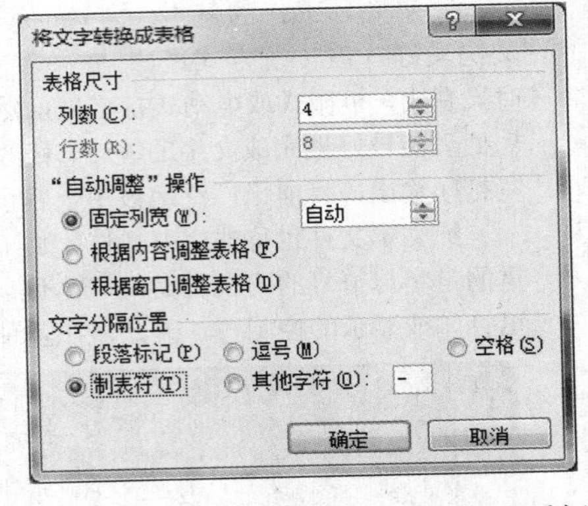

图 3-67 “将文字转换成表格”对话框

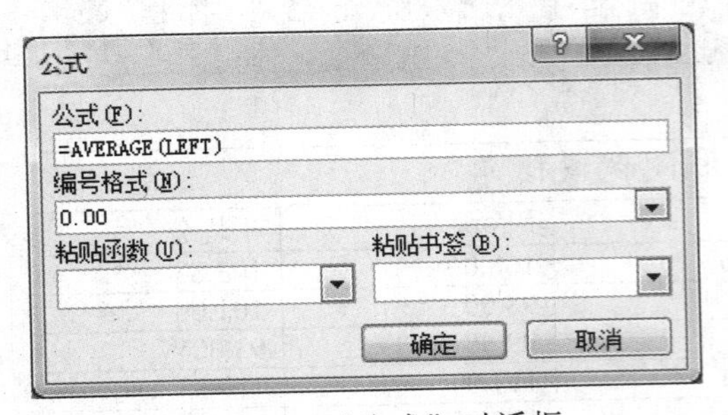

图 3-68 “公式”对话框

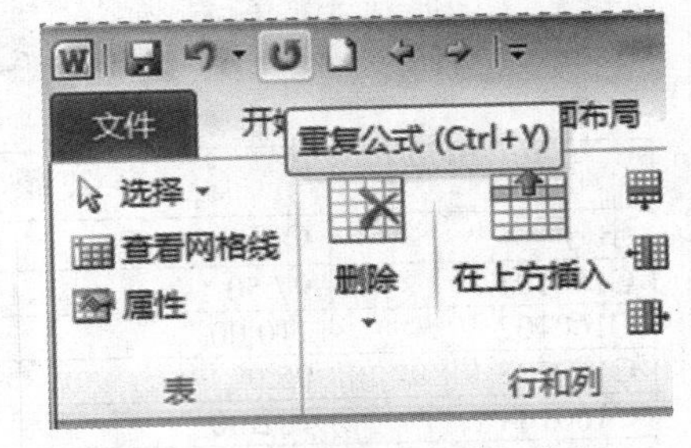

图 3-69 “重复公式”按钮

【综合练习 3-4】

● 涉及的知识点

插入艺术字，段落设置，查找和替换，文字格式设置，分栏，首字下沉，插入图片，图片格式设置，边框和底纹。

● 操作要求

1. 将标题“永远的坐票”转换为艺术字（样式为第 3 行第 4 列，“渐变填充-蓝色，强调文字颜色 1”），艺术字体为楷体，文字效果为“转换”→“波形 1”，自动换行为“上下型环绕”，设置艺术字水平居中；

2. 将正文中所有段落首行缩进 2 字符，1.5 倍行距；将正文中所有的文本“车厢”设置为红色，并添加着重号；

3. 将第 2 段分为等宽两栏，加分隔线；设置第 2 段首字下沉两行、楷体；

4. 插入文件名为“火车.jpg”的图片，设置图片大小为高度 4 cm，宽度 6 cm，自动换行为“四周型环绕”，混排效果如样张所示；

5. 为最后一段添加 25%的黄色底纹。

● 样张（见图 3-70）

永远的坐票

生活真是有趣：如果你只接受最好的，你经常会得到最好的。

有一个人经常出差，经常买不到坐票。可是无论长途短途，无论车上多挤，他总能找到座位。他的办法其实很简单，就是耐心地一节车厢又一节车厢找过去。这个办法听上去似乎并不高明，但却很管用。每次，他都做好了从第一节车厢走到最后一节车厢的准备，可是每次他都用不着走到最后就会发现空位。

他说，这是因为像他这样锲而不舍找座位的乘客实在不多。经常是在他落座的车厢里尚余若干座位，而在其他车厢的过道和车厢接头处，居然人满为患。

大多数乘客轻易就被一两节车厢拥挤的表面现象迷惑了，不大细想在数十次停靠之中，从火车十几个车门上上下下的流动中蕴藏着不少提供座位的机遇；即使想到了，他们也没有那一份寻找的耐心。眼前一方小小立足之地很容易让大多数人满足，为了一两个座位背负着行囊挤来挤去有些人也觉得不值。他们还担心万一找不到座位，回头连个好好站着的地方也没有了。

与生活中一些安于现状不思进取害怕失败的人，永远只能滞留在没有成功的起点上一样，这些不愿主动找座位的乘客大多只能在上车时最初的落脚之处一直站到下车。自信、执着、富有远见、勤于实践，会让你握有一张人生之旅的永远的坐票。

图 3-70　综合练习 3-4 样张

● 步骤提示

1. 操作要求 3 应先将第 2 段分栏，再设置首字下沉；如先设置首字下沉，再尝试分栏操作时，会发现分栏命令无效；因为分栏只能对文字操作，不能用于图形，首字下沉后的文字具有图形效果；

2. 操作要求 5 需单击“页面布局”选项卡“页面背景”组中的“页面边框”按钮，弹出“边框和底纹”对话框，选择“底纹”选项卡进行设置，如图 3-71 所示。

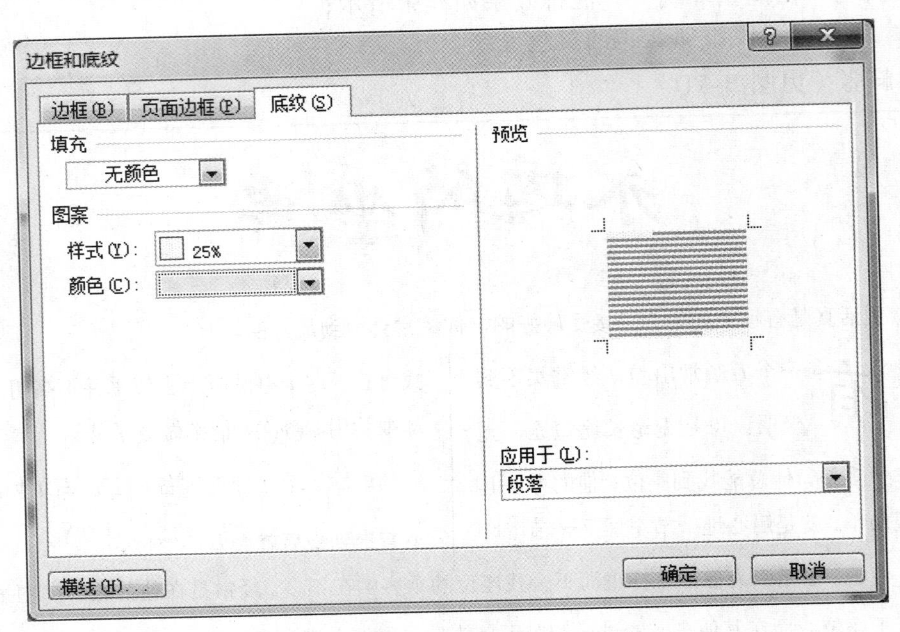

图 3-71 “边框和底纹”对话框

【综合练习 3-5】

●涉及的知识点

插入艺术字，段落设置，查找和替换，边框和底纹，项目符号，插入图片，图片格式设置。

●操作要求

1. 将标题“心中的顽石”转换为艺术字（样式为第 6 行第 2 列，“填充-橙色，强调文字颜色 6，暖色粗糙棱台”），艺术字体为隶书，自动换行为“四周型环绕”，文本效果为“朝鲜鼓”，放置位置如样张所示；

2. 将正文所有段落首行缩进 2 字符，段后间距为 6 磅；将正文中所有的文本“石头”设置为楷体、橙色、加粗、倾斜，并添加双下画线；

3. 为第 4 段中的“改变你的世界，必先改变你自己的心态。”添加 1.5 磅红色阴影边框和 10%的底纹；

4. 为最后六行文字添加项目符号“⌘”；

5. 插入文件名为“向日葵.jpg”的图片，图片大小设置为原图的 50%，添加“矩形投影”的图片样式，自动换行为“四周型环绕”，按样张进行图文混排。

● 样张（见图 3-72）

从前有一户人家的菜园摆着一颗大石头，宽度大约有四十公分，高度有十公分。到菜园的人，不小心就会踢到那一颗大石头，不是跌倒就是擦伤。儿子问："爸爸，那颗讨厌的石头，为什么不把它挖走？"爸爸这么回答："你说那颗石头喔？从你爷爷时代，就一直放到现在了，它的体积那么大，不知道要挖到到什么时候，没事无聊挖石头，不如走路小心一点，还可以训练你的反应能力。"

过了几年，这颗大石头留到下一代，当时的儿子娶了媳妇，当了爸爸。有一天媳妇气愤地说："爸爸，菜园那颗大石头，我越看越不顺眼，改天请人搬走好了。"爸爸回答说："算了吧！那颗大石头很重的，可以搬走的话在我小时候就搬走了，哪会让它留到现在啊？"媳妇心底非常不是滋味，那颗大石头不知道让她跌倒多少次了。

有一天早上，媳妇带着锄头和一桶水，将整桶水倒在大石头的四周。十几分钟以后，媳妇用锄头把大石头四周的泥土搅松。媳妇早有心理准备，可能要挖一天吧，谁都没想到几分钟就把石头挖起来，看看大小，这颗石头没有想像的那么大，都是被那个巨大的外表蒙骗了。

你抱着下坡的想法爬山，便无从爬上山去。如果你的世界沉闷而无望，那是因为你自己沉闷无望。改变你的世界，必先改变你自己的心态。阻碍我们去发现、去创造的，仅仅是我们心理上的障碍和思想中的顽石。

- 取得成就时坚持不懈，要比遭到失败时顽强不屈更重要。——拉罗什夫科
- 一个人只要强烈地坚持不懈地追求，他就能达到目的。——司汤达
- 不积跬步，无以至千里；不积小流，无以成江海。——荀子
- 我达到目标的唯一的力量就是我的坚持精神。——巴斯德
- 能够岿然不动，坚持正见，度过难关的人是不多的。——雨果
- 坚持意志伟大的事业需要始终不渝的精神。——伏尔泰

图 3-72　综合练习 3-5 样张

● 步骤提示

1. 操作要求 3 中，先选中文本“改变你的世界，必先改变你自己的心态。”如图 3-73 所示，在“边框和底纹”对话框中选择“边框”选项卡，设置“阴影”样式

的边框，选择好颜色和宽度，确认应用于“文字”后，再设置“底纹”图案样式为 10%，单击“确定”按钮。

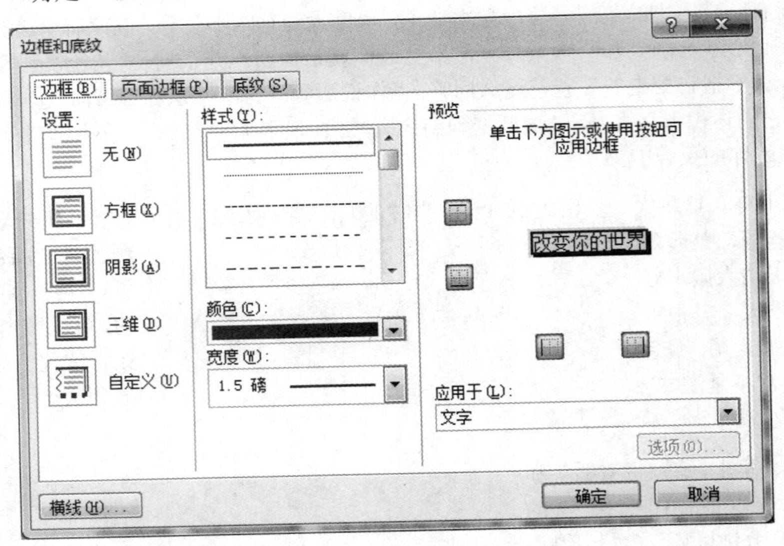

图 3-73 “边框和底纹”对话框

2. 操作要求 4 中，选中最后六行文字后，单击“开始”选项卡“段落”组中的“项目符号”下拉按钮，在展开的列表中选择“定义新项目符号”，弹出“定义新项目符号”对话框，单击“符号”按钮，弹出“符号”对话框，在“字体”下拉列表框中选择“Wingdings”字体，找到题目要求的项目符号，选中后单击“确定”按钮；在“项目符号”下拉列表中选择已添加到项目符号库中的新项目符号，即完成添加。

【综合练习 3-6】

● 涉及的知识点

插入艺术字，段落设置，项目符号，插入剪贴画，插入表格。

● 操作要求

1. 将标题“再试一次”设置为艺术字（样式为第 3 行第 4 列，“渐变填充-蓝色，强调文字颜色 1”），文字垂直排列；设置艺术字形状样式为“彩色轮廓-蓝色，强调颜色 1”，如样张所示进行图文混排；

2. 将正文中第 1、2 段首行缩进 2 字符，段后间距为 0.5 行，单倍行距；

3. 为所有以“也许”为开始的段落添加项目符号“❀”，符号格式设置为：红色、加粗、三号；

4. 插入如样张所示的剪贴画（搜索文字设置为“business”），设置图片高度和宽度均为 3 cm，自动换行为“四周型环绕”，按样张进行图文混排，并为图片加蓝色、3 磅双线边框，以及“半映像，接触”的映像方式；

5. 将最后 4 行文本转换成如样张所示的表格，合并第一行单元格，为表格套用样式“浅色列表-强调文字颜色 1”；设置表格行高为 1 cm，列宽为 3.5 cm，表格内所有单元格内容水平垂直居中，表格水平居中。

● 样张（见图 3-74）

再试一次

有个年轻人去微软公司应聘，而该公司并没有刊登过招聘广告。见总经理疑惑不解，年轻人用不太娴熟的英语解释说自己是碰巧路过这里，就贸然进来了。总经理感觉很新鲜，破例让他一试。面试的结果出人意料，年轻人表现糟糕。他对总经理的解释是事先没有准备，总经理以为他不过是找个托词下台阶，就随口应道：等你准备好了再来试吧。

一周后，年轻人再次走进微软公司的大门，这次他依然没有成功。但比起第一次，他的表现要好得多。而总经理给他的回答仍然同上次一样：等你准备好了再来试。就这样，这个青年先后 5 次踏进微软公司的大门，最终被公司录用，成为公司的重点培养对象。

- 也许，我们的人生旅途上沼泽遍布，荆棘丛生；
- 也许，我们追求的风景总是山重水复，不见柳暗花明；
- 也许，我们前行的步履总是沉重，蹒跚；
- 也许，我们需要在黑暗中摸索很长时间，才能找寻到光明；
- 也许，我们虔诚的信念会被世俗的尘雾缠绕，而不能自由翱翔；
- 也许，我们高贵的灵魂暂时在现实中找不到寄放的净土……

那么，我们为什么不可以以勇敢者的气魄，坚定而自信地对自己说一声再试一次！再试一次，你就有可能达到成功的彼岸！

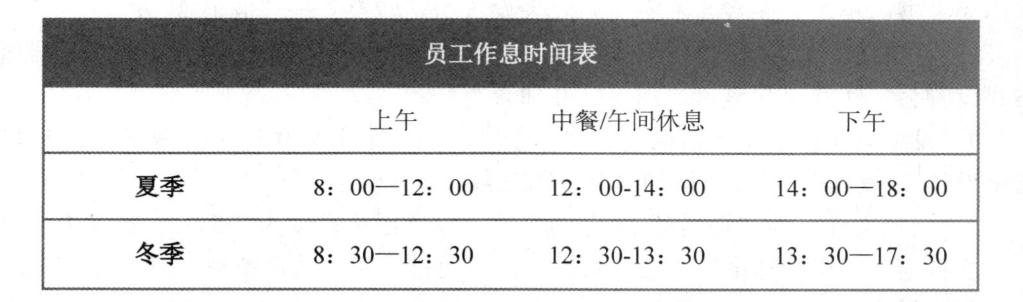

员工作息时间表			
	上午	中餐/午间休息	下午
夏季	8：00—12：00	12：00-14：00	14：00—18：00
冬季	8：30—12：30	12：30-13：30	13：30—17：30

图 3-74　综合练习 3-6 样张

● 步骤提示

1. 操作要求 3 设置符号格式时，如图 3-75 所示，在“定义新项目符号”对话框中单击“字体”按钮进行设置。

2. 操作要求 4 设置表格列宽时，应打开“表格属性”对话框（见图 3-76），在

“列”选项卡内进行宽度设置；不能直接在“表格工具-布局”选项卡“单元格大小”组的“列宽”文本框内输入 3.5 cm，会影响表格的布局。

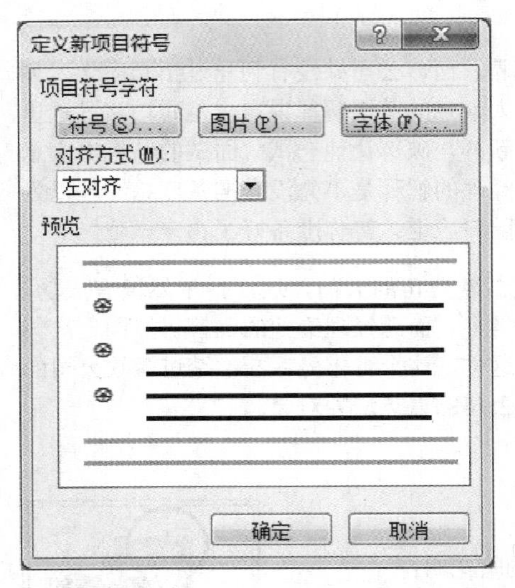

图 3-75 “定义新项目符号”对话框

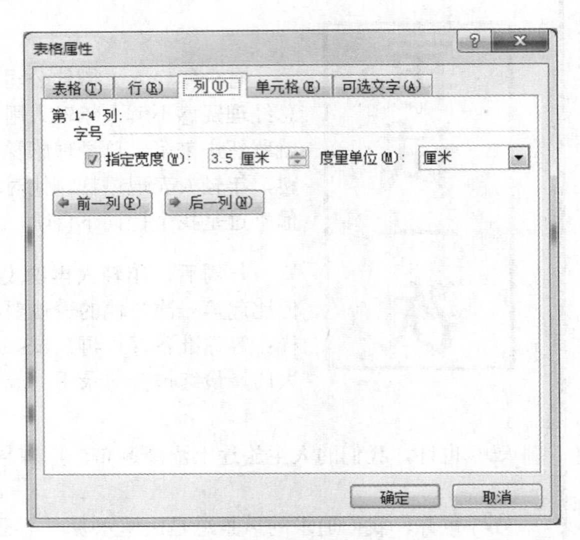

图 3-76 “表格属性”对话框

【综合练习 3-7】

●涉及的知识点

插入艺术字，段落设置，查找和替换，首字下沉，边框和底纹，插入图片，插入表格，表格内容的排序。

●操作要求

1. 将标题“对于那些害怕危险的人，危险无处不在”设置为艺术字（样式为第 4 行第 1 列，“渐变填充-蓝色，强调文字颜色 1，轮廓-白色，发光-强调文字颜色 2”），字体为隶书、小二，并将艺术字文字效果设置为“转换”→“波形 2”；

2. 将正文第 1 ~ 4 段首行缩进 2 字符，1.25 倍行距；将正文中所有的“寄居蟹”格式设置为：幼圆，深蓝色，加粗，并加着重号；

3. 设置第 1 段首字下沉两行，字体华文琥珀，距正文 0.5 cm，深蓝色；为下沉首字设置 0.5 磅蓝色双线边框和橙色 25%底纹；

4. 插入文件名为“寄居蟹.jpg”的图片，设置图片高度为 3.5 cm、宽度为 5 cm，自动换行为“四周型环绕”，按样张进行图文混排，并为图片添加“剪裁对角线，白色”图片样式；

5. 设置文本“龙虾的营养价值”所在行居中对齐，文本字体设置为华文行楷、三号、深蓝色；

6. 如样张所示，将正文末尾文本和数据转换为表格，设置表格行高为 0.6 cm，列宽为 5 cm，表格内所有单元格内容水平垂直居中，表格水平居中；将表格内容按照“含量（mg/100g）”升序排列。

● 样张（见图 3-77）

对于那些害怕危险的人，危险无处不在

有一天，龙虾与寄居蟹在深海中相遇，寄居蟹看见龙虾正把自己的硬壳脱掉，只露出娇嫩的身躯。寄居蟹非常紧张地说：龙虾，你怎可以把唯一保护自己身躯的硬壳也放弃呢？难道你不怕有大鱼一口把你吃掉吗？以你现在的情况来看，连急流也会把你冲到岩石去，到时你不死才怪呢？

龙虾气定神闲地回答：谢谢你的关心，但是你不了解，我们龙虾每次成长，都必须先脱掉旧壳，才能生长出更坚固的外壳，现在面对的危险，只是为了将来发展得更好而作出准备。

寄居蟹细心思量一下，自己整天只找可以避居的地方，而没有想过如何令自己成长得更强壮，整天只活在别人的护荫之下，难怪永远都限制自己的发展。

每个人都有一定的安全区，你想跨越自己目前的成就，请不要划地自限，勇于接受挑战充实自我，你一定会发展得比想象中更好。

龙虾的营养价值

营养元素	含量（mg/100g）
核黄素	0.03
铜	0.54
铁	1.3
锌	2.79
维生素 E	3.58
烟酸	4.3
钙	21
镁	22
胆固醇	121
钠	190
磷	221
钾	257
碳水化合物	1000
脂肪	1100
蛋白质	18900

图 3-77　综合练习 3-7 样张

● 步骤提示

1. 操作要求 3，在设置下沉首字的边框和底纹时，先选中文字，打开“边框和底纹”对话框，选择“边框”选项卡，如图 3-78 所示进行设置，注意应用于“文字”，再在“底纹”选项卡内设置好底纹后，单击“确定”按钮。

2. 操作要求 6 中，在进行排序时，先将光标置于表格内任意位置，单击“表格工具-布局”选项卡“数据”组中的“排序”按钮，弹出“排序”对话框，如图 3-79

所示，设置主要关键字为“含量（mg/100g）”，顺序设置为“升序”，单击“确定”按钮。

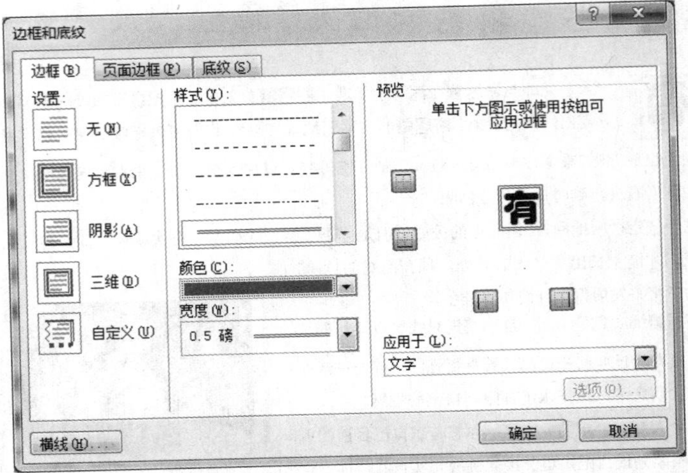

图 3-78 “边框和底纹”对话框

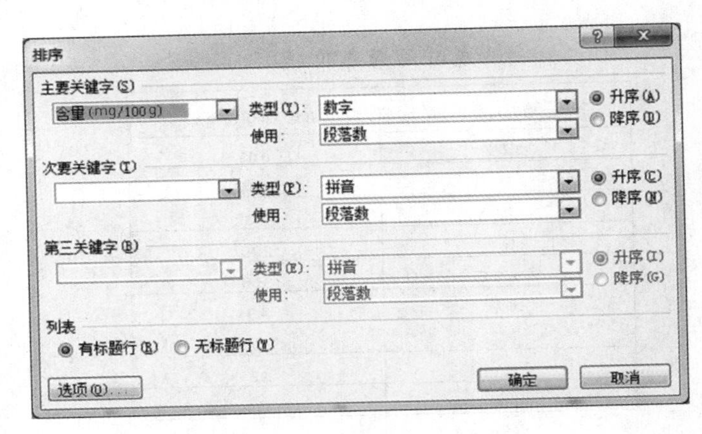

图 3-79 “排序”对话框

【综合练习 3-8】

●涉及的知识点

查找和替换，段落的设置，项目符号和编号，边框和底纹，插入页码，分栏，插入艺术字，插入图片、图片格式设置。

●操作要求

1. 如样张所示，添加样式为“圆角矩形 3”的页码，在页面顶端右上角显示；全文首行缩进 2 个字符，1.25 倍行距；

2. 按样张设置标题“捕蝇草”为艺术字，艺术字样式为“填充-红色，强调文字颜色 2，双轮廓-强调文字颜色 2”（第 3 行第 5 列），字体设置为华文琥珀，为艺术字添加“左上对角透视”的阴影及“圆”棱台的文本效果，设置艺术字为“上下型”文字环绕方式，居中显示；

3. 将第 2 段文字“捕蝇过程”居中显示，为文字添加 1.5 磅的深红色阴影边框；

4. 为文字“分泌蜜腺”“传递信号”“捕虫夹的闭合”“消化吸收”添加如样张所示的项目符号（符号设置为红色）；将最后一段分为栏宽相等的两栏，加分隔线；

5. 在如样张所示的位置插入图片文件“捕蝇草.jpg”，设置其大小为高 3 cm、宽 4 cm，为图片添加 3 磅的红色双线边框，图片为“四周型”文字环绕方式；

6. 将正文中的“捕蝇草”替换为白色，黑体，深红色的突出显示（注：艺术字中的“捕蝇草”不替换）。

● 样张（见图 3-80）

1

捕蝇草

捕蝇草，（Dionaea muscipula，英文名称为 Venus Flytrap，是原产于北美洲的一种多年生草本植物，是一种非常有趣的食虫植物，它的茎很短，在叶的顶端长有一个酷似“贝壳”的捕虫夹，且能分泌蜜汁，当有小虫闯入时，能以极快的速度将其夹住，并消化吸收。据说因为叶片边缘会有规则状的刺毛，那种感觉就像维纳斯的睫毛一般，意思是“维纳斯的捕蝇陷阱”。其主要特征就是能够很迅速地关闭叶片捕食昆虫，这是种和其远亲猪笼草一样的食肉植物。捕蝇草独特的捕虫本领与酷酷的外型，使它成为了最受国内宠爱的食虫植物。

捕蝇过程

- 分泌蜜腺

捕蝇草的叶缘部分含有蜜腺，会分泌出蜜汁来引诱昆虫靠近。当昆虫进入叶面部分时，碰触到属于感应器官的感觉毛两次，两瓣的叶就会很迅速的合起来。生长于叶缘上的刺毛是属于多细胞突出物，没有弯曲的功能。当叶子很快速的闭合将昆虫夹住时，刺毛就会紧紧相扣的交互咬合，其目的就是防止昆虫脱逃。

- 传递信号

捕虫的讯号并非直接由感觉毛所提供。在感觉毛的基部有一个膨大的部分，里面含有一群感觉细胞。在受到刺激之前，捕虫夹呈 60 度角张开着，当受到昆虫刺激时，捕虫夹以其叶脉为轴而闭合。捕虫夹的闭合与捕虫夹上的细胞收缩有关。当捕虫夹上的细胞得到感觉细胞所发出的电流，其内侧的细胞液泡便快速失水收缩，使得捕虫器向内弯，因而闭合。

- 捕虫夹的闭合

捕虫夹的闭合是一个精确的控制过程。此过程最初是在昆虫碰到位于夹子上的感觉毛时开始的。捕虫器需要两次的刺激，为的是确认昆虫已经走到适当的位置。当捕虫器受到第一次的刺激时，此时昆虫只是稍微走入捕虫器；若捕虫器就闭起来，只不过夹住昆虫的一部分，那么昆虫能够逃脱的机会便很大。当捕虫器受到第二次的刺激时，此时昆虫差不多也走到捕虫器的里面，这时闭起的捕虫器便能将昆虫确实地抓住，关在捕虫器之中。

- 消化吸收

夹子关闭数天到十数天，此时昆虫被分布于捕虫器上的腺体所分泌的消化液消化。昆虫被消化完后，捕虫器会再度打开，等待下一个猎物。剩下无法被消化掉的昆虫外壳，便被风雨所带走。第二阶段需要昆虫的挣扎才能进行，因为这样才代表捕虫器所捉到的确实是昆虫，是活的猎物。若捕虫器误捉到杂物，只要没有持续的刺激，在数小时之后便会重新打开捕虫器，等待下一个猎物。

图 3-80 综合练习 3-8 样张

●步骤提示

1. 操作要求 2 设置艺术字的居中方式为：单击艺术字文本框，单击“绘图工具-格式”选项卡“排列”组中的“对齐”下拉按钮，在展开的列表中选择“左右居中”选项。

2. 操作要求 4 项目符号的插入方式为：按住【Ctrl】键的同时选择需要添加项目符号的各行文字，单击“开始”选项卡“段落”组中的“项目符号”下拉按钮，选择“定义新项目符号”，弹出“定义新项目符号”对话框，单击“符号”按钮，在字体“Wingdings”中查找如样张所示的符号，如图 3-81 所示，单击“确定”按钮完成符号的选择，返回到“定义新项目符号”对话框；单击“字体”按钮，设置项目符号为红色，单击“确定”按钮完成符号格式的设置，返回到“定义新项目符号”对话框；单击“确定”按钮，完成新项目符号的设置和套用；如果出现新项目符号套用不成功的情况，可通过再次单击“开始”选项卡“段落”组中的“项目符号”下拉按钮，选择新定义的符号，完成项目符号的套用。

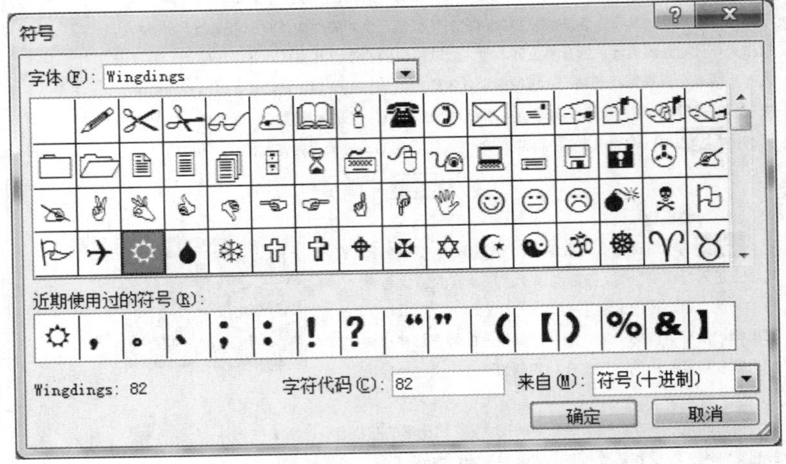

图 3-81 “符号”对话框

3. 操作要求 5 设置图片大小：注意要取消选择“锁定纵横比”复选框。

4. 操作要求 6 中设置文字的替换时，需要先在“开始”选项卡“字体”组中的“突出显示”下拉列表中选择颜色为“深红”，再选择文字进行替换。

【综合练习 3-9】

●涉及的知识点

文本的基本编辑，查找和替换，文字格式的设置，边框和底纹，文档与表格转换、表格的格式设置，插入图片、图片格式设置，插入文本框、文本框格式设置。

●操作要求

1. 在文本的最上方新插入 1 行，输入文字“环境污染”作为标题，设置文字为“标题”样式，并添加如样张所示的蓝色、0.75 磅的双曲线框线；设置第 1～9 段文字为首行缩进 2 个字符，行间距为 1.5 倍行距；

2. 插入图片文件“烟囱.jpg”，大小变为原来的 50%，实现“四周型环绕”的图文混排，位置如样张所示，添加“金乌坠地”渐变边框线（大小为 5 磅）；

3. 将 1 ~ 8 段文字中的“污染”全部替换为加着重号、蓝色、红色双曲线下画线的“污染”；

4. 为第 3 ~ 8 段文字添加文本框，文本框内文字的行距为固定值 20 磅，并为文本框添加“强烈效果-橙色，强调颜色 6”的形状样式、“红色，11pt 发光，强调文字颜色 2”的发光形状效果，适当调整文本框的位置；

5. 将文字“分类”居中显示，设置为华文新魏、三号字体；

6. 将“分类”后的文字转换成 4 行 7 列的表格，设置根据内容自动调整表格大小、单元格内所有内容水平和垂直居中；设置表格外边框为 1.5 磅的红色单实线、内边框为 0.75 磅的黑色单实线，第 1 列单元格填充“红色，强调文字颜色 2，淡色 60%”的底纹，如样张所示。

● 样张（见图 3-82）

环境污染

由于人们对工业高度发达的负面影响预料不够，预防不利，导致了全球性的三大危机：资源短缺、环境污染、生态破坏。环境污染指自然的或人为的向环境中添加某种物质而超过环境的自净能力而产生危害的行为。或由于人为的因素，环境受到有害物质的污染，使生物的生长繁殖和人类的正常生活受到有害影响。

人类如何从自身开始防止环境污染再度严重，可以从以下六个方面努力：

对于工厂的污水、废气、废烟、废渣等有毒气体进行过滤后排放
在人们的日常生活中，洗菜、洗米的水可以用来浇花，废水排放到指定的地点
外出尽量不用私家车，减少汽车尾气的排放造成的环境污染
外出吃饭，吃多少点多少，不要浪费
不使用一次性的餐具，节约纸张
多种植花草树木、不乱砍滥伐

分类

按环境要素分	大气污染	土壤污染	水体污染			
按属性分	显性污染	隐性污染				
按人类活动分	工业环境污染	城市环境污染	农业环境污染			
按造成环境污染的性质来源分	化学污染	生物污染	物理污染	固体废物污染	液体废物污染	能源污染

图 3-82 综合练习 3-9 样张

● 步骤提示

1. 操作要求 2 设置图片边框的方法：右击图片，在弹出的快捷菜单中选择“设

置图片格式”命令，弹出“设置图片格式”对话框，选择“线条颜色”为“渐变线”，设置“预设颜色”为“金乌坠地”，如图 3-83 所示；在“线型”中设置线条宽度为 5 磅。

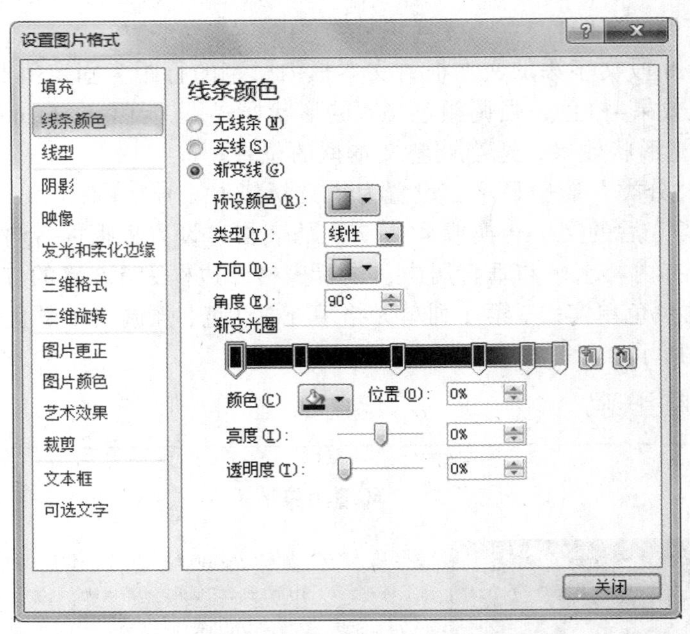

图 3-83 “设置图片格式”对话框

2. 操作要求 4 插入文本框的方法为：用鼠标拖拉选择第 3～8 段文字，红色双曲线下画线，单击“插入”选项卡“文本”组中的“文本框”下拉按钮，在展开的列表中选择“绘制文本框”；文本框的形状样式和发光效果都在单击文本框后，在“绘图工具-格式”选项卡“形状样式”组中设置。

3. 操作要求 6 将文本转换成表格的方法为：用鼠标拖拉选中文字，单击“插入”选项卡“表格”组中的“表格”下拉按钮，在展开的列表中选择“文本转换成表格”，弹出“将文字转换成表格”对话框，设置“文字分隔位置”为“制表符”；根据内容自动调整表格大小的方法为，选中表格并右击，在弹出的快捷菜单中选择“自动调整”→“根据内容调整表格”命令。

【综合练习 3-10】

●涉及的知识点

查找和替换，文字格式的设置，段落的设置，边框和底纹，插入页眉，首字下沉，插入公式，插入艺术字，插入剪贴画。

●操作要求

1. 给文档添加页眉，内容为“学号姓名”，华文行楷，小四号，左对齐，如样张所示，将文中所有的“菱”改成“羚”；

2. 按样张设置标题“藏羚羊”为艺术字，艺术字样式为“渐变填充-橙色，强调文字颜色 6，内部阴影”（第 4 行第 2 列）；字体设置为黑体、初号，为艺术字添加

“向右偏移”的外阴影效果及“两端近”的转换文本效果；实现图文混排，效果与样张大致相同；

3. 将所有段落首行缩进 2 个字符，1.5 倍行距；设置第 2 段首字下沉 2 行，字体为隶书，为该字添加红色、1 磅的边框，如样张所示；

4. 插入如样张所示的“banners”剪贴画，大小缩小为 70%，“上下型环绕”方式，设置剪贴画的图片样式为“复杂框架，黑色”，放置在如样张所示的位置；

5. 文末插入如样张所示的公式，设为二号字体，居中显示。

●样张（见图 3-84）

学号姓名

藏羚羊为羚羊亚科藏羚属动物，是中国重要珍稀物种之一，国家一级保护动物。体形与黄羊相似，体长为 117—146 厘米，尾长 15—20 厘米，肩高 75—91 厘米，体重 45—60 千克。主要栖息于海拔 4600—6000 米的荒漠草甸高原、高原草原等环境中。性情胆怯，早晨和黄昏结小群活动、觅食。藏羚羊善于奔跑，最高时速可达 80 公里，寿命最长 8 年左右。雌藏羚羊生育后代时都要千里迢迢的到可可西里生育。主要分布在新疆、青海、西藏的高原上，另有零星个体分布在印度地区。

藏羚羊，背部呈红褐色，腹部为浅褐色或灰白色。成年雄性藏羚羊脸部呈黑色，腿上有黑色标记，头上长有竖琴形状的角用于御敌，一般有 50-60 厘米。而雌性藏羚羊没有角。藏羚羊的底绒非常柔软。

藏羚羊的活动很复杂，某些藏羚羊会长期居住一地，还有一些有迁徙习惯。雌性和雄性藏羚羊活动模式不同。成年雌性藏羚羊和它们的雌性后代每年从冬季交配地到夏季产羔地迁徙行程 300 公里。年轻雄性藏羚羊会离开群落，同其他年轻或成年雄性藏羚羊聚到一起，直至最终形成一个混合的群落。

藏羚羊生存的地区东西相跨 1600 公里，季节性迁徙是它们重要的生态特征。因为母羚羊的产羔地主要在 乌兰乌拉湖、 卓乃湖、 可可西里湖， 太阳湖等地，每年四月底，公母羚羊开始分群而居，未满一岁的公仔也会和母羚羊分开，到五、六月，母羊与它的雌仔迁徙前往产羔地产子，然后母羊又率幼子原路返回，完成一次迁徙过程。

$$\rho = \int_0^{\infty} \frac{\ln(x + \sqrt[3]{x^2 + a})}{a^2 + \sin x}$$

图 3-84　综合练习 3-10 样张

●步骤提示

1. 操作要求 2 艺术字的图文混排方式为“上下型环绕”方式，居中对齐；

2. 操作要求 3 文字的边框，应选择整个首字下沉的边框；

3. 操作要求 5 公式的输入为：单击“插入”选项卡“符号”组中的“公式”按钮，在“公式工具-设计”选项卡中根据公式的要求选择合适的符号；“ρ”符号在“公式工具-设计”选项卡“符号”组右下方的“其他”列表中，需切换至“希腊字母”类中选择，如图 3-85 所示。

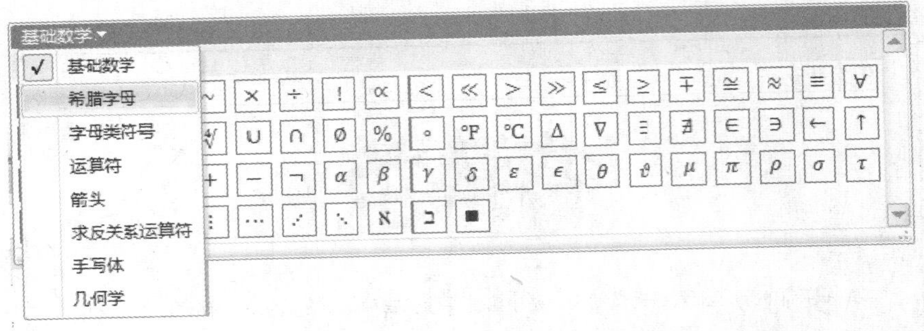

图 3-85 “公式工具-设计”选项卡—“符号”下拉列表

【综合练习 3-11】

●涉及的知识点

文字格式的设置，段落的设置，页面设置，分栏，表格的格式设置，表格内容的编辑、表格内容的排序，插入页眉，插入艺术字，插入图片、图片格式设置。

●操作要求

1. 插入页眉，位置居中，内容为“国家一级保护动物”，字体为楷体、小四、标准色-紫色；设置页面页边距为“上 2 cm，下 2 cm，左 2.5 cm，右 2.5 cm”；

2. 插入艺术字“大熊猫”，艺术字样式为“填充-紫色，强调文字颜色 4，外部阴影-强调文字颜色 4，软边缘棱台”（第 6 行的第 4 列），字体为华文琥珀、48 磅，文本框大小为高 3 cm、宽 5.6 cm，图文混排为“上下型环绕”，设置艺术字的发光效果为“水绿色，8pt 发光，强调文字颜色 5”，艺术字居中显示，如样张所示；

3. 将正文中的“大熊猫”字替换成红色、突出显示（黄色）、加着重号的“大熊猫”；

4. 如样张所示，插入图片“大熊猫.jpg”，大小为 30%，图文混排为“紧密型环绕”方式，并对图片应用“中等复杂框架，白色”的图片样式；将最后一段分成两栏，第 1 栏栏宽 10 个字符、栏间距 2 个字符、加分隔线；

5. 在表格最上方新插入一行，并将表格调整成如样张所示的样式，所有单元格内容居中显示；为第 1 行添加标准色-淡绿色、样式为 12.5%的图案底纹；将所有动物按保护级别排序，Ⅰ级保护动物在最上方。

● 样张（见图 3-86）

国家一级保护动物

大熊猫

大熊猫是一种古老的动物，被动物学家称为“活化石”。与它同一时期的动物如剑齿虎等，早已灭绝并成为化石。大熊猫分布在我国四川北部、陕西和甘肃南部，是我国的一级保护动物。

熊猫分类

大熊猫的祖先是始熊猫（Ailuaractos lufengensis），这是一种由拟熊类演变而成的以食肉为主的最早的熊猫。在距今 50-70 万年的更新史中、晚期是大熊猫的鼎盛时期。现在的大熊猫的臼齿发达，爪子除了五趾外还有一个“拇指”。这个“拇指”其实是一节腕骨特化形成，学名叫做“桡侧籽骨”，主要起握住竹子的作用。秦岭大熊猫已被认定为是大熊猫的一个亚种。

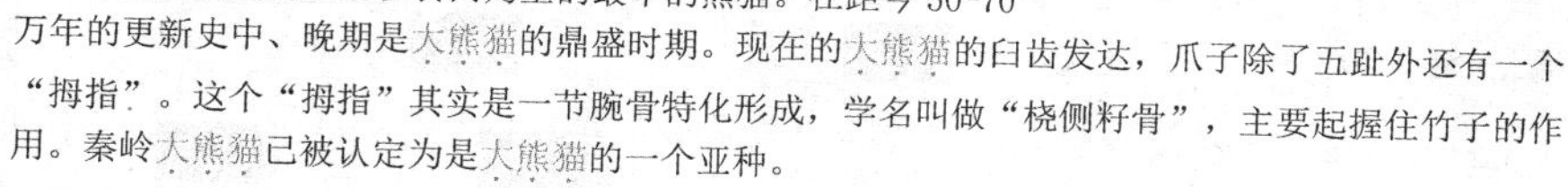

物种历史

化石显示，大熊猫祖先出现在 2～3 百万年前的洪积纪早期。距今几十万年前是大熊猫的极盛时期，它属于剑齿象古生物群，大熊猫的栖息地曾覆盖了中国东部和南部的大部分地区，北达北京，南至缅甸南部和越南北部（夏勒，1993 年）。化石通常在海拔 500～700 米的温带或亚热带森林发现。后来同期的动物相继灭绝，大熊猫却孑遗至今，并保持原有的古老特征，所以，有很多科学价值，因而被誉为“活化石”。

分布范围

大熊猫生活在中国西南青藏高原东部边缘的温带森林中，竹子是这里主要的林下植物。我国长江上游向青藏高原过渡的这一系列高山深谷地带，包括秦岭、岷山、邛崃山、大小相岭和大小凉山等山系。

食肉目（中文名）	CARNIVORA（学名）	保护级别	
		. Ⅰ级	. Ⅱ级
马来熊	Helarctos malayanus	Ⅰ	.
大熊猫	Ailuropoda melanoleuca	Ⅰ	.
紫貂	Martes zibellina	Ⅰ	.
貂熊	Gulo gulo	Ⅰ	.
豺	Cuon alpinus	.	Ⅱ
黑熊	Selenarctos thibetanus	.	Ⅱ
棕熊	Ursus arctos	.	Ⅱ
小熊猫	Ailurus fulgens	.	Ⅱ
石貂	Martes foina	.	Ⅱ
黄喉貂	Martes flavigula	.	Ⅱ
*水獭（所有种）	Lutra spp.	.	Ⅱ

图 3-86 综合练习 3-11 样张

● 步骤提示

1. 操作要求 4 分栏：在设置栏宽时，需要取消选择“栏宽相等”复选框。
2. 操作要求 5 表格的设置：

（1）新插入一行：右击表格第 1 行的任意单元格，在弹出的快捷菜单中选择“插入"→"在上方插入行"命令，按样张适当合并单元格、输入文字。

（2）排序：选中第 3 列第 2～12 行的单元格，单击"表格工具-布局"选项卡"数据"组中的"排序"按钮，弹出"排序"对话框，设置"主要关键字"为"列 3"，类型为"笔画"，"降序"排列，如图 3-87 所示。

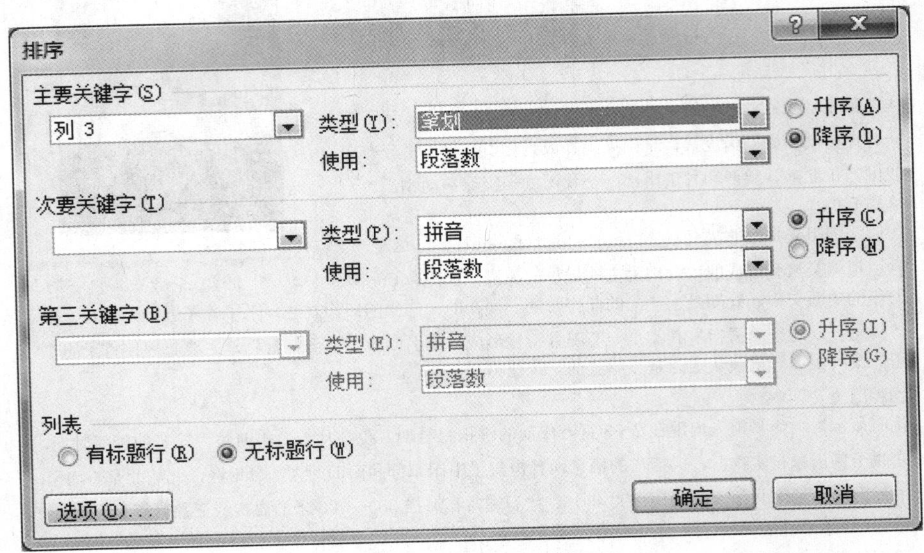

图 3-87 "排序"对话框

【综合练习 3-12】

●涉及的知识点

插入页眉，文字格式的设置，段落的设置，边框和底纹，水印，首字下沉，插入艺术字，插入图片、图片格式设置，插入文本框、文本框格式设置。

●操作要求

1. 插入页眉，位置居中，内容为"狮王归来"，字体为华文新魏，小四，加粗；设置所有文字首行缩进 2 个字符；

2. 设置标题"狮子简介"为艺术字，艺术字样式为"填充-橙色，强调文字颜色 6，暖色粗糙棱台"（第 6 行第 2 列），华文隶书、36 磅，自动换行为"上下型环绕"，按样张进行图文混排；设置艺术字的文本效果为"向下偏移"的外部阴影样式，虚化为 0 磅，距离为 10 磅；

3. 将第 1 段转化为横排文本框，形状填充颜色为橙色，添加如样张所示的"角度"棱台的形状效果，适当调整文本框位置；

4. 插入图片"狮子.jpg"，大小为 1%，图文混排为"四周型环绕"，位置如样张所示；为图片添加"铜黄色"、5 磅的渐变边框；

5. 设置最后一段文字首字下沉 3 行，字体为隶书；为该字添加红色、图案样式为 15%的底纹；

6. 为文本添加自定义文字水印"狮王归来"。

● 样张（见图 3-88）

狮王归来

狮子简介

狮子是猫科中平均体重仅次于虎的动物，也是唯一的群居动物。一个狮群约有 20 到 30 个成员，其中往往包含连续的几代雌狮，至少一头成年雄狮和一些成长中的狮宝宝、狮贝贝。母狮构成了狮群的核心，它们极少离开出生地。狮群可能包含几头成年雄狮，但是肯定只有一头是领头的。成年雄狮往往并不和狮群呆在一起，它们不得不在领地四周常年游走，保卫整个领地——一般它们能够在狮群中做几个月到几年的头领，这要看它们是否有足够的能力击败外来雄狮。

狮子是同类竞争最激烈的猫科动物，狮群会尽量避免与其他狮群遭遇。雄狮通过咆哮和尿液气味标记领地。狮群的捕食对象范围很广，小个子的瞪羚、狒狒到体型庞大的水牛甚至河马都是它们的美味，但它们更愿意猎食体型中等偏上的有蹄类动物，比如斑马、黑斑羚以及其他种类的羚羊。

雄狮拥有夸张的鬃毛，非洲狮的体型硕大，是最大的猫科动物之一。综合统计，野生非洲雄狮平均体重 180kg，体长 1.8～2.5m，尾长 1m（《辞海》）。对各地区狮子进行了多次科考测量，其中，津巴布韦保护区雄狮最大值 242kg，最小 172 kg，平均 174 kg，津巴布韦北部发现超过 272kg 的狮子。

狮子生活在非洲大陆南北两端的雄狮鬃毛更加发达，一直延伸到背部和腹部，它们的体型也最大，不过在人类用猎枪对它们的“特殊关怀”下，这两个亚种都相继灭绝了。位于印度的亚洲狮体型比非洲兄弟要小，鬃毛也比较短。

图 3-88　综合练习 3-12 样张

● 步骤提示

操作要求 2 艺术字的文本效果：单击艺术字的文本框，单击“绘图工具-格式”选项卡“艺术字样式”组中的“文本效果”按钮，在展开的列表中选择“阴影”→

“阴影选项”命令，弹出“设置文本效果格式”对话框，在其中设置参数，如图 3-89 所示。

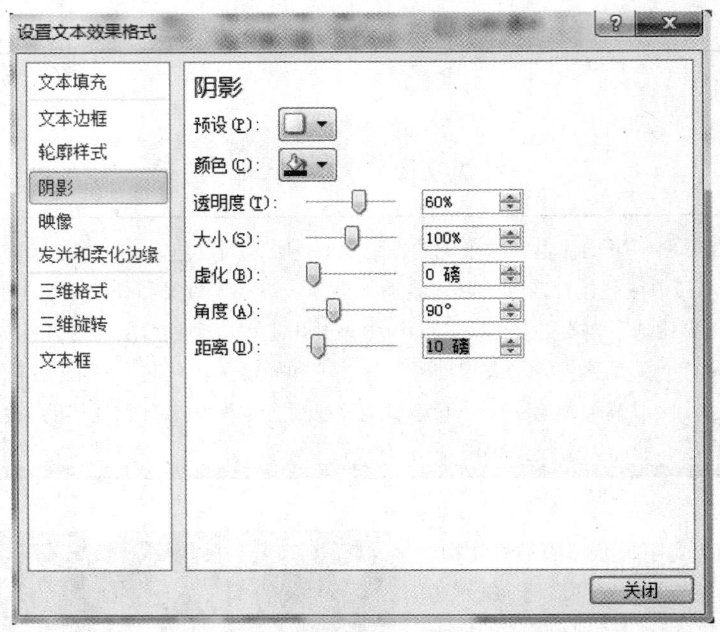

图 3-89　“设置文本效果格式”对话框

【综合练习 3-13】

●涉及的知识点

查找和替换，文字格式的设置，插入页眉，插入表格、表格的格式设置，插入图片、图片格式设置，插入文本框、文本框格式设置。

●操作要求

1. 给文档添加页眉，内容为“莫奈作品介绍”，隶书，五号，标准色-深红，居左显示；

2. 插入两张素材图片“日出·印象.jpg”和“黑白版.jpg”，设置图片混排为“上下型环绕”方式，图片样式都为“简单框架，白色”，如样张所示放置在页面的最顶端；

3. 按样张插入艺术字“日出• 印象”作为标题，艺术字样式为“渐变填充-蓝色，强调文字颜色 1，轮廓-白色，发光-强调文字颜色 2”（第 4 行第 1 列），字体设置为：方正舒体、初号，为艺术字添加“松散嵌入”的棱台文本效果，“上下型环绕”方式图文混排，效果与样张大致相同；

4. 将正文中的“日出”全部更正为标准色-蓝色、红色双下画线的文字；

5. 将最后一段转换成竖排文本框，将文本的底纹颜色设置为无，并为文本框添加“麦浪滚滚”的渐变填充和“圆”的棱台效果，最终效果如样张所示；

6. 文末插入样张所示的表格，在表格中输入对应文字，适当调整表格宽度，表格居中显示，单元格水平垂直居中对齐，行高 1 厘米；表格边框如样张所示，第 1 列填充“水绿色，强调颜色 5，淡色 80%”。

● 样张（见图 3-90）

莫奈作品介绍

日出·印象

『如果你弄个《日出·印象》的黑白版本，会发现太阳基本消失了……没错，太阳本身没有光，只是凭色彩的映衬，才制造出这样的效果！』

《日出·印象》描绘的是在晨雾笼罩中日出时港口景象。在由淡紫、微红、蓝灰和橙黄等色组成的色调中，一轮生机勃勃的红日拖着海水中一缕橙黄色的波光，冉冉升起。海水、天空、景物在轻松的笔调中，交错渗透，浑然一体。近海中的三只小船，在薄雾中渐渐变得模糊不清，远处的建筑、港口、吊车、船舶、桅杆等也都在晨曦中朦胧隐现。这一切，是画家从一个窗口看出去画成的。如此大胆地用"零乱"的笔触来展示雾气交融的景象。这对于一贯正统的沙龙学院派艺术家来说乃是艺术的叛逆。该画完全是一种瞬间的视觉感受和活泼生动的作画情绪使然，以往官方学院派艺术推崇的那种谨慎而明确的轮廓，呆板而僵化的色调荡然无存。这种具有叛逆性的绘画，引起了官方的反对。

这幅名画是莫奈于 1872 年在阿弗尔港口画的一幅写生画。他在同一地点还画了一张《日落》，在送往首届印象派画展时，两幅画都没有标题。一名新闻记者讽刺莫奈的画是"对美与真实的否定，只能给人一种印象"。莫奈于是就给这幅画起了个题目——《日出·印象》。它作为一幅海景写生画，整个画面笼罩在稀薄的灰色调中，笔触画得非常随意、零乱，展示了一种雾气交融的景象。日出时，海上雾气迷朦，水中反射着天空和太阳的颜色。岸上景色隐隐约约，模模糊糊看不清，给人一种瞬间的感受。

他对光色的专注远远超越物体本身的形象，使得物体在画布上的表现消失在光色之中。他让世人重新体悟到光与自然的结构。所以这一视野的嬗变，以往甚至难以想象，它所散发出的光线、色彩、运动和充沛的活力，取代了以往绘画中僵死的构图和不敢有丝毫创新的传统主义。

画展时间	3 月 8 日-6 月 5 日
画展地点	淮海中路 300 号
画展门票	100 元一张

图 3-90　综合练习 3-13 样张

● 步骤提示

操作要求 3 插入艺术字：插入艺术字文本框后复制文本“日出• 印象”并粘贴时，应在文本框中右击，在弹出的快捷菜单中选择“粘贴选项”→“合并格式”命令，如图 3-91 所示。

图 3-91　设置文字粘贴选项的界面

Excel 2010 的使用 ‹‹‹

第 4 章

Excel 2010 是微软公司的办公套装软件 Office 2010 的组件之一，它可以进行各种数据的处理、统计分析和辅助决策操作，广泛应用于管理、统计财经、金融等众多领域。

本章主要通过知识点细化的案例讲解及强化练习方式介绍 Excel 2010 的基本操作和使用方法。读者通过本章的学习，应熟练掌握以下知识点：

1. 工作簿的新建、打开、保存和保护，工作表的新建、删除、重命名、移动和复制、拆分、冻结、页面设置、打印、链接设置、保护；

2. 单元格数据的输入（文本、数值、日期和时间、逻辑值、批注），单元格数据的有效性设置，单元格内容的删除、修改、移动、复制、自动填充；

3. 单元格和单元格区域的选定、命名，单元格的插入、删除，行、列的插入、删除、隐藏；

4. 单元格格式设置（数字格式、对齐方式、字体、边框、填充颜色），列宽和行高的设置，格式复制和删除（含格式刷应用），条件格式，单元格样式，自动套用表格格式；

5. 公式的输入、复制，单元格地址的引用（相对地址、绝对地址、混合地址、跨工作表的单元格地址）；

6. 函数的应用（SUM、AVERAGE、MAX、MIN、COUNT、COUNTA、COUNTBLANK、ROUND、IF、COUNTIF、SUMIF、AVERAGEIF、RANK）；

7. 创建图表（图表类型、选择数据）、图表选取、缩放、移动、复制和删除，图表对象编辑（图表类型和样式、图表数据、坐标轴、数据标签、背景设置、网格线、图例等）；

8. 数据排序，自动筛选、高级筛选，分类汇总的创建、删除和隐藏，合并计算；

9. 数据透视表的建立。

一、单选题

1. 在 Excel 2010 中，若要对工作表重新命名，可采用________。

   A. 单击工作表标签　　　　B. 双击工作表标签

   C. 单击表格标题行　　　　D. 双击表格标题行

2. Excel 2010 中提供了________标准的图表类型。

   A. 10 种　　　　B. 11 种

C. 12种　　D. 13种

3. 需要改变图表的类型时，可以单击“图表工具-________”选项卡“类型”组中的“更改图表类型”按钮。

A. 布局　　B. 设计

C. 格式　　D. 类型

4. 在输入数据过程中，为防止输入的数据有误，需要对单元格进行数据________的设置，再输入数据。

A. 无误性　　B. 准确性

C. 有效性　　D. 参照性

5. 以下关于“分类汇总”和“数据透视表”的叙述不正确的是________。

A. 使用分类汇总可自动对数据进行分级显示

B. 使用分类汇总时不用区分分类字段及汇总方式

C. 数据透视表具有强大的数据重组和数据分析能力

D. 数据透视表创建后可以更改创建数据透视表的数据源

6. 在 Excel 2010 中如果需要对工作表中某行或某列进行保密，可将其________。

A. 删除　　B. 冻结

C. 另存　　D. 隐藏

7. 下列不属于 Excel 2010 常用运算符的是________。

A. 算术运算符　　B. 关系运算符

C. 日期运算符　　D. 字符运算符

8. Excel 2010 中具有即时计算的功能，这种功能可以使用户直接看到选定区域数据的计算值，其中________不属于即时计算。

A. COUNT　　B. SUM

C. MAX　　D. SIN

9. 在 Excel 中选定单元格后，单击“清除内容”按钮，清除后单元格________。

A. 右侧单元格左移　　B. 左侧单元格右移

C. 本身保留　　D. 下方单元格上移

10. “设置单元格格式”对话框中有 6 个选项卡，以下选项卡中________不属于该对话框。

A. 表格　　B. 字体

C. 保护　　D. 填充

11. Excel 2010 软件是通常用于________的软件。

A. 表格及表格数据处理　　B. 演示文稿制作

C. 图片处理　　D. 文字处理

12. 在默认情况下，一个 Excel 文件中包含________个工作表。

A. 5　　B. 3

C. 2　　D. 1

13. Excel 2010 中，一个工作簿中最多可以包含________个工作表。

A. 16　　B. 255

C. 1204　　D. 1111

14. Excel 2010中，一个工作表最多可以包含________行。

A. 65 536 B. 1 048 576

C. 256 D. 无限制

15. 关于Excel中的函数，以下说法不正确的是________。

A. 函数是由Excel预先定义好的特殊公式

B. 函数通过参数来接受要计算的数据并返回计算结果

C. Excel中所有的函数都需要添加参数

D. 输入函数时需要根据该函数的参数等要求进行输入

16. 工作表被保护后，该工作表中的单元格________。

A. 可任意修改 B. 不可修改和删除

C. 可被复制和填充 D. 可以移动

17. Excel中最小的操作单位是________。

A. 工作簿 B. 工作表

C. 工作区 D. 单元格

18. 若想在一个单元格中输入多行数据，可通过按________组合键在单元格内进行换行。

A. Ctrl+Enter B. Alt+Enter

C. Shift+Enter D. Enter

19. 在Excel 2010的工作表中，最后一列的列号为________。

A. AA B. AV

C. XFD D. XXX

20. 在Excel中，公式“="5"&">6"”的计算结果为________。

A. 5>6 B. 1

C. TRUE D. FALSE

21. 以下哪些操作不属于对Excel数据的安全保护操作________。

A. 设置保护工作表格式 B. 设置文件打开密码

C. 设置文件编辑密码 D. 设置数据字体格式

22. 如果将选定单元格（或区域）的内容消除，但单元格依然保留的操作，称为________。

A. 重定 B. 清除

C. 改变 D. 删除

23. Excel中可通过按________组合键输入当前时间。

A. Ctrl+T B. Alt+T

C. Ctrl+Shift+; D. Tab+T

24. 以下不属于Excel单元格区域引用的是________。

A. 交叉引用 B. 混合引用

C. 相对引用 D. 绝对引用

25. 在复制的数据内容中含有公式时，可通过________方式只粘贴这些公式的计算结果。

A. 默认粘贴 B. 直接粘贴

C. 选择性粘贴 D. 保留源格式粘贴

26. 以下描述中，不能表示由 A1，A2，A3，B1，B2 和 B3 六个单元格组成的区域的是________。

A. A1:B3　　B. B3:A1

C. B1:A3　　D. #REF!

27. 下列不属于 Excel 中的运算符的是________。

A. <>　　B. ^

C. %　　D. &&

28. 关于 Excel 单元格区域引用 Sheet1!A2:C4，下列说法中不正确的是________。

A. 该区域共包含 9 个单元格　　B. 该区域位于 Sheet1 工作表中

C. !可以省略　　D. !称为三维引用运算符

29. 在 Excel 中，公式“AVERAGE($A$3:$A$10)”中的$A$3 表示的是________引用方式。

A. 交叉　　B. 混合

C. 相对　　D. 绝对

30. Excel 公式“3<>3”的计算结果为________。

A. 1　　B. 0

C. FALSE　　D. TRUE

31. 公式“AVERAGE(12,13,14)”的计算结果为________。

A. 12　　B. 13

C. 14　　D. 公式出错

32. Excel 中，各运算符的优先级由高到低的顺序为________。

A. 算术运行符、比较运算符、字符串运算符

B. 算术运行符、字符串运算符、比较运算符

C. 字符串运算符、算术运行符、比较运算符

D. 各运算符的优先级相同

33. Excel 中很多函数均需要设置参数，其中各参数之间一般用________分隔。

A. 逗号　　B. 空格

C. 冒号　　D. 感叹号

34. Excel 工作表中若有公式“AVERAGE(A1:C5)”，当删除第 2 行数据后该公式将变为________。

A. AVERAGE(A1:C4)　　B. AVERAGE(C12:E12)

C. AVERAGE(C12:E12)　　D. 无变化

35. 输入当前日期的快捷键为________。

A. Ctrl+;　　B. Ctrl+Alt+;

C. Shift+;　　D. Alt+;

36. 在 Excel 中，________是单元格的相对引用。

A. $D$3　　B. D$3

C. D3　　D. $D3

37. 在 Excel 公式中出现除零操作时，将出现错误提示信息________。
A. #NUM!
B. #DIV/0!
C. #NAME
D. #VALUE!

38. 在 Excel 中，执行自动筛选的数据清单，必须________。
A. 无标题行且不能有其他数据夹杂其中
B. 有标题行且不能有其他数据夹杂其中
C. 无标题行且能有其他数据夹杂其中
D. 有标题行且能有其他数据夹杂其中

39. 在 Excel 中，在对数据清单进行高级筛选时，筛选的条件区域中“与”关系的条件________。
A. 必须写在同一行中
B. 可以写在不同的行中
C. 一定要写在不同行
D. 并无严格要求

40. 在将工作表的第 3 行隐藏后再打印该工作表时，对第 3 行的处理是________。
A. 打印第 3 行
B. 不打印第 3 行
C. 不确定
D. 其他说法均不对

41. 在 Excel 2010 中，以下关于文件输出描述错误的是________。
A. 默认状态下 Excel 2010 输出的文件格式为“.xlsx”
B. 在用 Excel 2010 保存文件时，可对要保存的文件设置相应权限的密码
C. Excel 2010 也可以输出以“.xls”为扩展名的文件
D. 其他说法都不对

42. 在 Excel 2010 中，对工作表中公式单元格做移动或复制时，以下正确的说法是________。
A. 其公式中的绝对地址和相对地址都不变
B. 其公式中的绝对地址和相对地址都会自动调整
C. 其公式中的绝对地址不变，相对地址自动调整
D. 其公式中的绝对地址自动调整，相对地址不变

43. 在 Excel 2010 的图表中，水平 X 轴通常用来作为________。
A. 排序轴
B. 分类轴
C. 数值轴
D. 时间轴

44. 在默认情况下，Excel 自定义单元格为通用格式，当数值长度超出单元格长度时将用________显示。
A. 普通计数法
B. 分数计数法
C. 科学计数法
D. #######

45. 在 Excel 2010 工作表中，若对选择的某一单元格只要复制其公式，而不要复制该单元格格式到另一单元格时，先单击【开始】→【剪贴板】→【复制】按钮，然后定位到目标单元格，再单击【开始】→【剪贴板】→【粘贴】下拉按钮，选择________命令。
A. 选择性粘贴
B. 粘贴
C. 剪切
D. 其他命令均可

46. 若要把一个数字作为文本(如邮政编码),只要在输入时加上一个________,Excel 就会把该数字作为文本处理,将它沿单元格左边对齐。

A. 双撇号 B. 单撇号

C. 分号 D. 逗号

47. 如果要对数据进行分类汇总,必须先对数据________。

A. 按分类汇总的字段排序,从而使相同记录集中在一起

B. 自动筛选

C. 按任何一字段排序

D. 格式化

48. 在 Excel 2010 的编辑状态中,打开文档"ABC",修改后另存为"CBA",则文档"ABC"________。

A. 被文档 CBA 覆盖 B. 未修改被关闭

C. 被修改并关闭 D. 被修改未关闭

49. 默认情况下,在 Excel 2010 单元格中靠左对齐的数据是________。

A. 数值 B. 文本

C. 日期 D. 时间

50. Excel 2010 工作表进行智能填充时,鼠标的形状是________。

A. 空心粗十字 B. 向左上方箭头

C. 实心细十字 D. 向右上方箭头

二、填空题

1. Excel 中常用的数据筛选方式有自动筛选、________和自定义筛选。
2. 在 Excel 中使用公式,其中的操作数可以是数字、字符、________、区域、区域名和函数等。
3. Excel 中单元格的引用方法有相对引用、绝对引用和________。
4. 函数是一些预定义的公式,这些函数可以有一个或多个________,并返回一个计算结果。
5. ________是按用户设定的条件对数据进行筛选,可以筛选出同时满足两个或两个以上条件的数据。
6. 在使用条件格式的过程中,用户可以对规则进行新建、清除和________。
7. 为了能够使打印出来的工作表符合用户的要求,防止打印出错,最好在打印前进行________。
8. ________可以向拖动鼠标经过的单元格填写系列数据或相同的数据。
9. 在输入数据的过程中,为了防止数据有误,可对数据的________进行设置。
10. 在分类汇总前必须对分类的字段进行________,否则分类没有意义。
11. 若单元格引用随公式所在单元格位置的变化而改变,则称为________。
12. 在电子表格应用中,用来计算数组或数据区域中所含数字项的个数的函数是________。
13. 在 Excel 中,修改活动单元格中的数据时,可先将插入点置于________中待修改数据的位置,然后进行修改。

14. 在高级筛选中，不同行的条件为________的关系，即满足某个条件，或者满足另一个条件。

15. 如果要对引用类型进行快速转换，可以在编辑栏上选中对象后按________键。

三、案例讲解

【实训 4-1】

● 涉及的知识点

工作簿的保护，工作表的移动和复制、重命名、冻结、保护。

● 操作要求

1. 设置限制打开工作簿，“打开权限密码”设定为“aBc”；
2. 修改上题的“打开权限密码”为“123”；
3. 取消“打开权限密码”；
4. 复制工作表“订单明细表”至原工作表后，将新工作表重命名为“销售订单”，然后将工作表“订单明细表”移动到工作表“编号对照”后；
5. 同时冻结工作表“销售订单”的第 1、2 行和第 1 列；
6. 设置保护工作表“销售订单”，取消保护时的密码设置为“123”，不允许此工作表的用户进行任何操作。

● 样张（见图 4-1）

销售订单明细表

订单编号	日期	图书编号	图书名称	单价	销量（本）	小计
BTW-08634	2012年10月31日	BK-83024	《VB语言程序设计》	CNY 38.00	36	CNY 1,368.00
BTW-08633	2012年10月30日	BK-83036	《数据库原理》	CNY 37.00	49	CNY 1,813.00
BTW-08632	2012年10月29日	BK-83032	《信息安全技术》	CNY 39.00	20	CNY 780.00
BTW-08631	2012年10月26日	BK-83023	《C语言程序设计》	CNY 42.00	7	CNY 294.00
BTW-08630	2012年10月25日	BK-83022	《计算机基础及Photoshop应用》	CNY 34.00	16	CNY 544.00
BTW-08628	2012年10月24日	BK-83031	《软件测试技术》	CNY 36.00	33	CNY 1,188.00
BTW-08629	2012年10月24日	BK-83035	《计算机组成与接口》	CNY 40.00	38	CNY 1,520.00
BTW-08627	2012年10月23日	BK-83030	《数据库技术》	CNY 41.00	19	CNY 779.00
BTW-08626	2012年10月22日	BK-83037	《软件工程》	CNY 43.00	8	CNY 344.00
BTW-08625	2012年10月20日	BK-83026	《Access数据库程序设计》	CNY 41.00	11	CNY 451.00
BTW-08624	2012年10月19日	BK-83025	《Java语言程序设计》	CNY 39.00	20	CNY 780.00
BTW-08622	2012年10月18日	BK-83036	《数据库原理》	CNY 37.00	1	CNY 37.00
BTW-08623	2012年10月18日	BK-83024	《VB语言程序设计》	CNY 38.00	7	CNY 266.00
BTW-08594	2012年9月17日	BK-83030	《数据库技术》	CNY 41.00	42	CNY 1,722.00
BTW-08593	2012年9月15日	BK-83029	《网络技术》	CNY 43.00	29	CNY 1,247.00
BTW-08591	2012年9月14日	BK-83027	《MySQL数据库程序设计》	CNY 40.00	42	CNY 1,680.00
BTW-08592	2012年9月14日	BK-83028	《MS Office高级应用》	CNY 39.00	42	CNY 1,638.00
BTW-08590	2012年9月13日	BK-83034	《操作系统原理》	CNY 39.00	17	CNY 663.00
BTW-08589	2012年9月12日	BK-83033	《嵌入式系统开发技术》	CNY 44.00	14	CNY 616.00
BTW-08587	2012年9月11日	BK-83037	《软件工程》	CNY 43.00	27	CNY 1,161.00
BTW-08588	2012年9月11日	BK-83021	《计算机基础及MS Office应用》	CNY 36.00	5	CNY 180.00

销售订单 / 编号对照 / 订单明细表

图 4-1 实训 4-1 样张

● 具体步骤

1. 操作要求 1 步骤：

（1）打开工作簿，选择“文件”选项卡中的“另存为”命令，弹出“另存为”对话框。

（2）选定保存位置后，单击“另存为”对话框中的“工具”下拉按钮，在展开的列表中选择“常规选项”，弹出“常规选项”对话框。

（3）如图 4-2 所示，在“常规选项”对话框的“打开权限密码”文本框中输入密码“aBc”后，单击“确定”按钮，再重新输入一次密码“aBc”进行确认（注意：密码区分大小写字母），输入完成后，单击“确定”按钮。

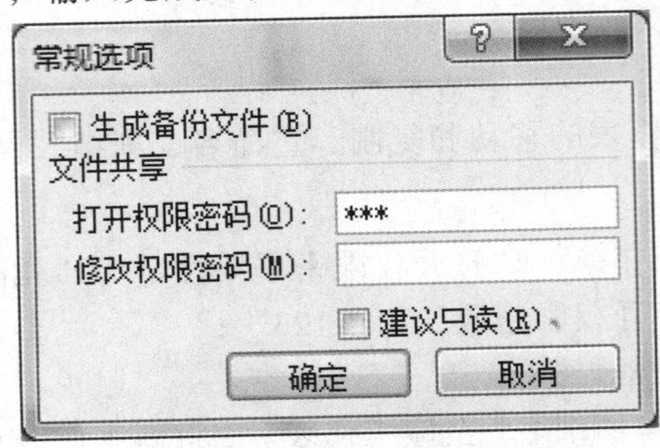

图 4-2 “常规选项”对话框

（4）返回到“另存为”对话框，单击“保存”按钮完成设置，并关闭工作簿。

2. 操作要求 2 步骤：

（1）双击上题保存的工作簿文件，弹出图 4-3 所示的“密码”对话框，输入密码“aBc”，单击“确定”按钮，打开工作簿。

图 4-3 “密码”对话框

（2）选择“文件”选项卡中的“另存为”命令，弹出“另存为”对话框，单击“工具”下拉按钮，在展开的列表中选择“常规选项”，弹出“常规选项”对话框，将“打开权限密码”文本框中的密码修改为新密码“123”，单击“确定”按钮，再重新输入一次新密码进行确认。

（3）单击“确定”按钮，返回到“另存为”对话框，单击“保存”按钮，在弹出的“确认另存为”窗口中单击“是”按钮确认替换。

3. 操作要求 3 步骤：如上题，打开保存的工作簿文件后，打开“常规选项”对话框，将“打开权限密码”文本框中的密码删除，单击“确定”按钮，返回到“另存为”对话框，单击“保存”按钮，在弹出的“确认另存为”窗口中单击“是”按钮确认替换，完成密码取消设置。

4. 操作要求 4 步骤：

（1）单击“订单明细表”工作表标签，在工作表标签上右击，在弹出的快捷菜单中选择“移动或复制”命令，弹出“移动或复制工作表”对话框，如图 4-4 所示，在

"下列选定工作表之前"列表框中选中工作表"编号对照"，选择"建立副本"复选框，单击"确定"按钮，即在原工作表"订单明细表"后生成新工作表"订单明细表（2）"，完成复制。

（2）双击工作表"订单明细表（2）"标签或右击工作表"订单明细表（2）"标签，在弹出的快捷菜单中选择"重命名"命令，当工作表名出现黑色底纹时，输入新工作表名"销售订单"，按【Enter】键确认输入。

（3）工作表的移动。方法一：选定工作表"订单明细表"，单击工作表标签并拖动到工作表"编号对照"后；方法二：选定工作表"订单明细表"，在工作表标签上右击，在弹出的快捷菜单中选择"移动或复制"命令，弹出"移动或复制工作表"对话框，在"下列选定工作表之前"列表框中选中"（移至最后）"，单击"确定"按钮，即完成移动。

5. 操作要求5步骤：选定工作表"销售订单"，选中第1、2行和第1列的交点右下角的单元格B3，单击"视图"选项卡"窗口"组中的"冻结窗格"下拉按钮，在展开的列表中选择"冻结拆分窗格"，完成冻结。

6. 操作要求6步骤：选定工作表"销售订单"，单击"审阅"选项卡"更改"组中的"保护工作表"按钮，弹出"保护工作表"对话框，如图4-5所示，选中"保护工作表及锁定的单元格内容"复选框，在"取消工作表保护时使用的密码"文本框中输入密码"123"，取消选择"允许此工作表的所有用户进行"列表框中的所有复选框，单击"确定"按钮，重新输入密码"123"进行确认。

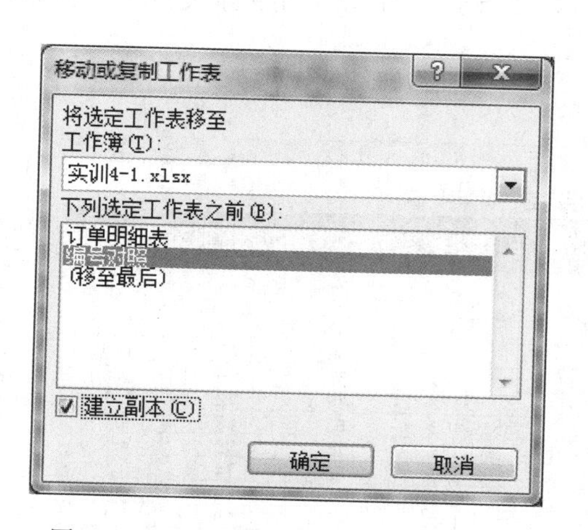

图4-4 "移动或复制工作表"对话框

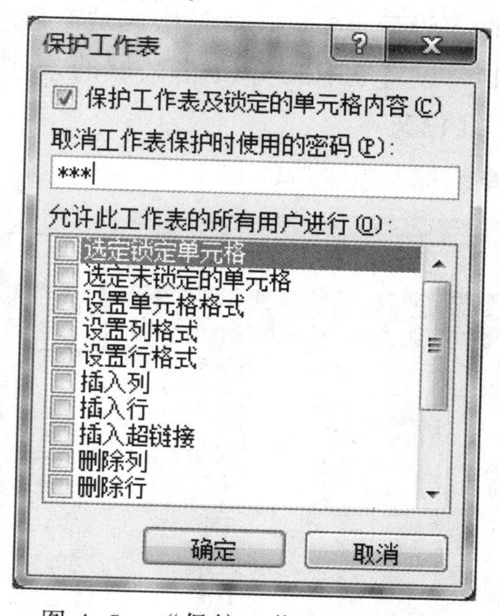

图4-5 "保护工作表"对话框

【实训4-2】

●涉及的知识点

单元格数据的输入，单元格数据的有效性设置，单元格内容自动填充，行、列的插入、隐藏，单元格格式设置，列宽和行高的设置，条件格式，单元格样式，套用表格格式。

● 操作要求

1. 取消所有隐藏的行、列；

2. 在“姓名”列前插入一列，在 A2 单元格中输入文本“序号”，在 A3:A20 单元格区域利用填充柄填上数值 1~18；

3. 在“序号”列后插入一列，在 B2 单元格输入文本“体检时间”，在 B3:B20 单元格区域利用“序列”对话框按等差数列填入时间序列，起始时间为“8:00”，间隔 5 min；

4. 在“性别”列前插入一列，在 D2 单元格输入文本“身份证号”，在 D3 单元格输入“500000198808180000”；

5. 给 C4 单元格设置批注，批注内容为“班长”，设置批注显示；

6. 在“性别”列后插入一列，在 F2 单元格输入文本“年龄”，设置 F3:F20 单元格区域的数据只接受 17~19 之间的整数，并设置显示输入信息“只可输入 17~19 之间的整数”；

7. 设置标题为：隶书、22 磅、粗斜体、绿色，将 A1:J1 单元格区域合并居中，设置标题行行高为 30 磅，并设置标题为“黄色”的“细 水平 条纹”图案底纹，给标题区域添加红色双线外边框；

8. 设置 A2:J20 单元格区域套用“表样式浅色 11”表格格式；

9. 设置表格各列列宽均为 10 磅，设置表内数据全部水平垂直居中对齐、单元格内容自动换行；

10. 设置 A3:A20 单元格区域套用主题单元格样式“20%-强调文字颜色 3”；

11. 设置 J3:J20 单元格区域的条件格式：视力低于 1 的数值的字体设置为“黄色填充 红色文本”。

● 样张（见图 4-6）

2016级新生入学体检指标报告

序号	体检时间	姓名	身份证号	性别	年龄	身高（厘米）	体重（公斤）	心率（次/分）	视力
1	8:00	张秀秀	5……1988 08180000	女		157	57	75	0.6
2	8:05	张苗苗（批注：班长）		女		163	50	65	1.4
3	8:10	王奕伟		男		180	66	67	1.3
4	8:15	胡建明		男		174	75	70	0.9
5	8:20	王平		男		172	78	72	1.1
6	8:25	马丽珍		女		162	63	68	0.5
7	8:30	宋刚		女		164	55	85	0.8
8	8:35	凌英姿		女		156	50	74	0.9
9	8:40	孙玲琳		女		172	60	76	0.7
10	8:45	赵英		女		163	51	80	1.5
11	8:50	林小玲		女		160	45	76	1.5
12	8:55	顾凌昊		男		183	66	65	0.7
13	9:00	顾晓英		女		159	58	78	1.2
14	9:05	张建华		男		180	70	74	1.5
15	9:10	李逸伟		男		178	65	64	1.2
16	9:15	黄晓强		男		183	59	80	1.1
17	9:20	宋佳英		女		159	48	70	1.3
18	9:25	徐毅君		男		172	78	69	1.3

图 4-6 实训 4-2 样张

● 具体步骤

1. 操作要求 1 步骤：单击工作表行号和列标交叉位置的按钮，全选工作表，如图 4-7 所示，分别在行号和列标上右击，在弹出的快捷菜单中选择“取消隐藏”命令，将所有隐藏的行、列取消隐藏。

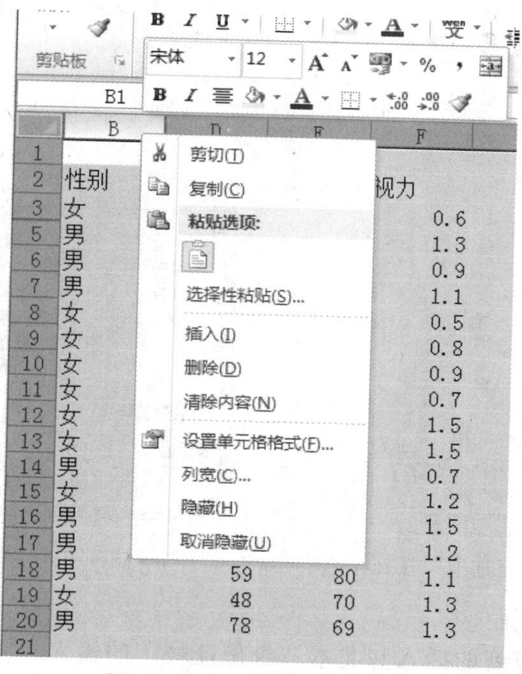

图 4-7 “取消隐藏”设置

2. 操作要求 2 步骤：

（1）方法一：单击 A 列的列标，选中“姓名”所在 A 列，在选中区域内右击，在弹出的快捷菜单中选择“插入”命令；方法二：在 A 列中选中任意单元格并右击，在弹出的快捷菜单中选择“插入”命令，弹出“插入”对话框，选择插入“整列”，单击“确定”按钮；方法三：在 A 列中选中任意单元格，单击“开始”选项卡“单元格”组中的“插入”下拉按钮，在展开的列表中选择“插入工作表列”。

（2）选中 A2 单元格，输入文本“序号”。

（3）在 A3 单元格中输入数值“1”，将鼠标指针移动到单元格右下角边缘，当鼠标指针变为填充柄“+”形状时，按住鼠标左键沿着 A 列向下拖动到 A20 单元格，松开鼠标左键，如图 4-8 所示，在 A20 单元格右下角出现“自动填充选项”按钮，单击该按钮，选择“填充序列”选项。

3. 操作要求 3 步骤：

（1）参考上题步骤，在“序号”列后插入一列，在 B2 单元格输入文本“体检时间”。

（2）在 B3 单元格输入“8:00”，选中 B3:B20 单元格区域，单击“开始”选项卡“编辑”组中的“填充”下拉按钮，在展开的列表中选择“系列”，弹出“序列”对话框，如图 4-9 所示，设置序列产生在“列”，类型为“等差序列”，步长值“0:05”，单击“确定”按钮。

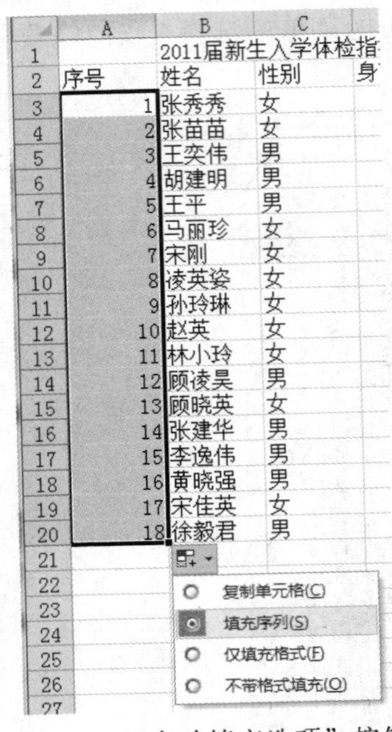

图 4-8 “自动填充选项”按钮

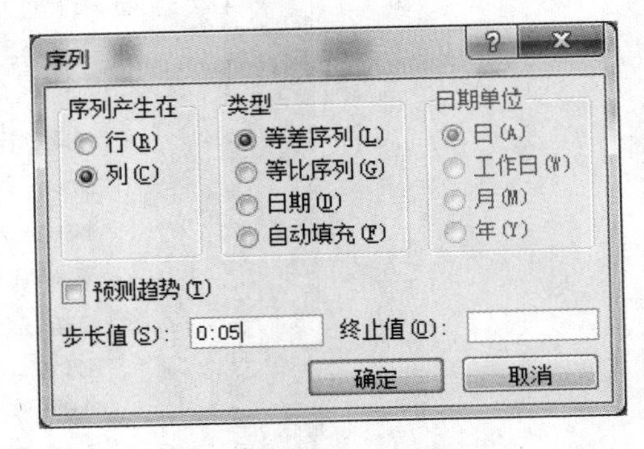

图 4-9 “序列”对话框

4. 操作要求 4 步骤：

（1）参照上题完成列的插入和文本“身份证号”的输入。

（2）右击 D3 单元格，在弹出的快捷菜单中选择“设置单元格格式”命令，弹出“设置单元格格式”对话框，如图 4-10 所示，将“数字”类型设置为“文本”，单击“确定”按钮。

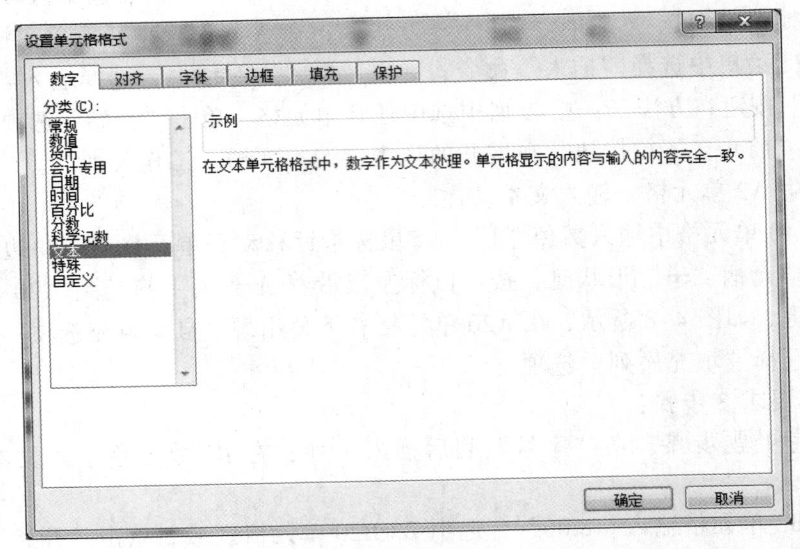

图 4-10 “设置单元格格式”对话框—“数字”选项卡

（3）在 D3 单元格中输入“500000198808180000”。

5. 操作要求 5 步骤：右击 C4 单元格，在弹出的快捷菜单中选择“插入批注”命令，在批注框内输入“班长”；再次右击 C4 单元格，在弹出的快捷菜单中选择“显示/隐藏批注”命令。

6. 操作要求 6 步骤：

（1）参照第 3 题操作步骤完成列的插入和文本“年龄”的输入；

（2）选中 F3:F20 单元格区域，单击“数据”选项卡“数据工具”组中的“数据有效性”命令，弹出“数据有效性”对话框。

（3）设置有效性条件：选择“设置”选项卡，如图 4-11 所示进行设置，允许“整数”，数据“介于”，最小值“17”，最大值“19”；选择“输入信息”选项卡，如图 4-12 所示，在“输入信息”文本框中输入“只可输入 17~19 之间的整数”。

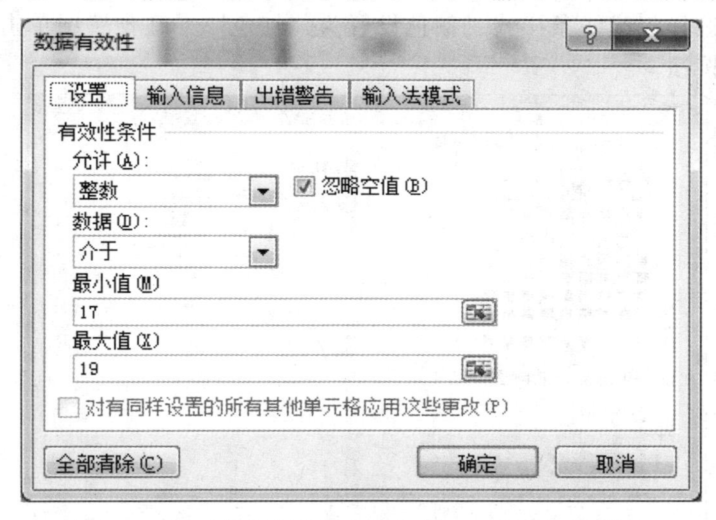

图 4-11 “数据有效性”对话框—“设置”选项卡

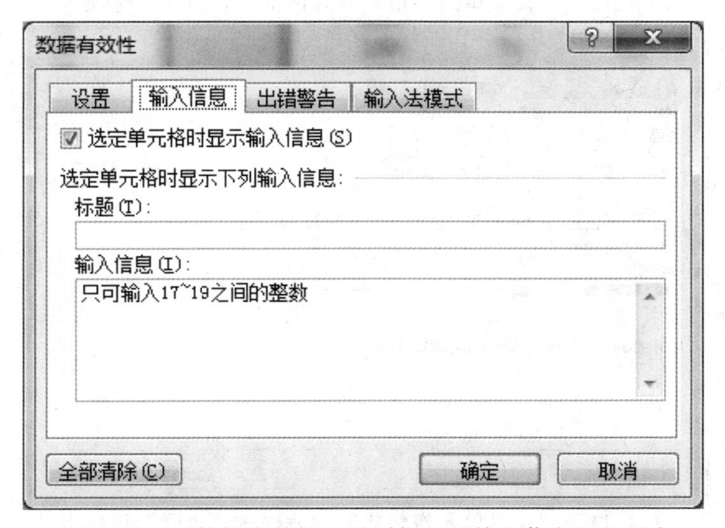

图 4-12 “数据有效性”对话框—“输入信息”选项卡

7. 操作要求 7 步骤：

（1）选中标题所在单元格 C1，在“开始”选项卡的“字体”组中设置字体为“隶书”、“22”磅、粗体、斜体、绿色。

（2）选中 A1:J1 单元格区域，单击“开始”选项卡“对齐方式”组中的“合并后居中”按钮。

（3）选中第 1 行任意单元格，单击“开始”选项卡“单元格”组中的“格式”下拉按钮，在展开的列表中选择“行高”命令，弹出“行高”对话框，输入行高“30”，单击“确定”按钮。

（4）选中合并后的标题单元格并右击，在弹出的快捷菜单中选择“设置单元格格式”命令，弹出“设置单元格格式”对话框，如图 4-13 所示，选择“填充”选项卡，设置图案颜色为“黄色”，图案样式为“细 水平 条纹”；如图 4-14 所示，在“边框”选项卡中选择双线线条样式，颜色设置为“红色”，在预置中单击“外边框”，单击“确定”按钮。

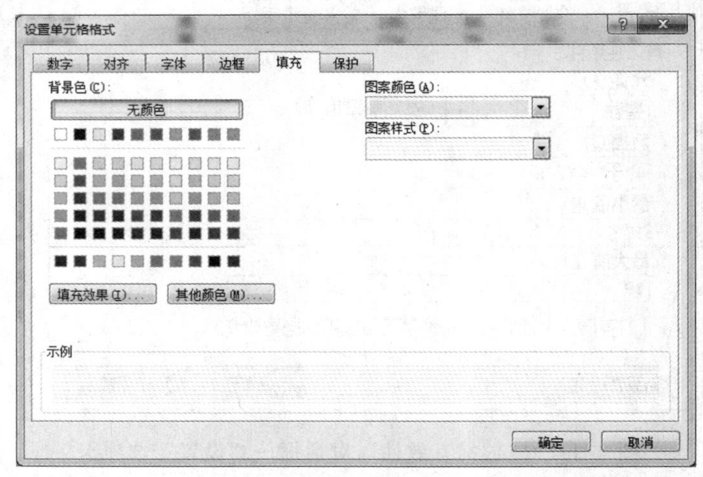

图 4-13 “设置单元格格式”对话框—“填充”选项卡

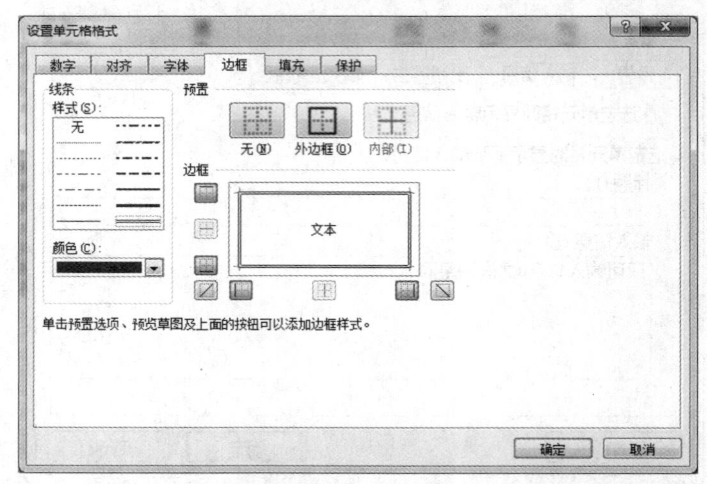

图 4-14 “设置单元格格式”对话框—“边框”选项卡

8. 操作要求 8 步骤：选中 A2:J20 单元格区域，单击“开始”选项卡“样式”组中的“套用表格格式”下拉按钮，选择“表样式浅色 11”表格格式，弹出“套用表格式”对话框，默认表数据来源及表包含标题，单击“确定”按钮。

9. 操作要求 9 步骤：选中 A2:J20 单元格区域，单击“开始”选项卡“单元格”组中的“格式”下拉按钮，在展开的列表中选择“列宽”，弹出“列宽”对话框，输入列宽“10”，单击“确定”按钮；在选中区域右击，在弹出的快捷菜单中选择“设置单元格格式”命令，弹出“设置单元格格式”对话框，选择“对齐”选项卡，设置水平对齐“居中”，垂直对齐“居中”，文本控制“自动换行”，其余默认设置，单击“确定”按钮。

10. 操作要求 10 步骤：选中 A3:A20 单元格区域，单击“开始”选项卡“样式”组中的“单元格样式”下拉按钮，在展开的列表中选择主题单元格样式“20%-强调文字颜色 3”。

11. 操作要求 11 步骤：选中 J3:J20 单元格区域，单击“开始”选项卡“样式”组中的“条件格式”下拉按钮，在展开的列表中选择“突出显示单元格规则”→“小于”，弹出“小于”对话框，如图 4-15 所示，“小于以下值”设置为“1”，“设置为”选择“自定义格式”，弹出“设置单元格格式”对话框，选择“字体”选项卡，设置颜色为“红色”，选择“填充”选项卡，设置“背景色”为“黄色”，单击“确定”按钮，返回到“小于”对话框，再次单击“确定”按钮。

图 4-15 “小于”对话框

【实训 4-3】

● 涉及的知识点

公式的输入、复制，单元格地址的引用（相对地址、绝对地址、混合地址、跨工作表的单元格地址），函数的应用（IF、RANK、MAX、MIN、AVERAGE、AVERAGEIF、COUNT、COUNTA、COUNTIF、SUM、SUMIF）。

● 操作要求

1. 利用公式计算 2016 级新生的“体质评分”列（体质评分=身高 ×0.08+体重 ×0.04+心率 ×0.05+视力 ×0.3），结果保留小数点位数为“3”；

2. 在“视力等级”列，用 IF 函数判断视力等级，规则如下：“视力”大于或等于 1.3 为“好”，小于 1.3 及大于或等于 0.9 为“中”，其余为“差”；

3. 在“体质排名”列，依照体质评分从高到低，运用“RANK”函数对体质评分进行排名；

4. 在“统计结果”工作表中，运用“MAX”函数统计新生身高最大值，运用“MIN”

函数统计体重最小值，运用“AVERAGE”函数统计视力平均值，运用“SUM”函数统计体质评分总和，运用“COUNT”函数统计参加体检总人数，运用“COUNTIF”函数统计外院新生人数，运用“SUMIF”函数统计计算机学院新生体质评分总和，运用“AVERAGEIF”函数统计商学院新生平均身高，将所有统计结果都填入“统计结果”工作表C列对应的单元格内。

●样张（见图4-16和图4-17）

	A	B	C	D	E	F	G	H	I	J	K
1	2016级新生入学体检指标报告										
2	序号	姓名	性别	学院	身高（厘米）	体重（公斤）	心率（次/分）	视力	体质评分	体质排名	视力等级
3	1	张秀秀	女	外院	157	57	75	0.6	18.770	15	差
4	2	张苗苗	女	计算机	163	50	65	1.4	18.710	16	好
5	3	王奕伟	男	商学院	180	66	67	1.3	20.780	4	好
6	4	胡建明	男	外院	174	75	70	0.9	20.690	7	中
7	5	王平	男	计算机	172	78	72	1.1	20.810	3	中
8	6	马丽珍	女	商学院	162	63	68	0.5	19.030	13	差
9	7	宋刚	女	外院	164	55	85	0.8	19.810	10	差
10	8	凌英姿	女	计算机	156	50	74	0.9	18.450	18	中
11	9	孙玲琳	女	商学院	172	60	76	0.7	20.170	9	差
12	10	赵英	女	外院	163	51	80	1.5	19.530	11	好
13	11	林小玲	女	计算机	160	45	76	1.5	18.850	14	好
14	12	顾凌昊	男	商学院	183	66	65	0.7	20.740	5	差
15	13	顾晓英	女	计算机	159	58	78	1.2	19.300	12	中
16	14	张建华	男	商学院	180	70	74	1.5	21.350	1	好
17	15	李逸伟	男	商学院	178	65	64	1.2	20.400	8	中
18	16	黄晓强	男	外院	183	59	80	1.1	21.330	2	中
19	17	宋佳英	女	计算机	159	48	70	1.3	18.530	17	好
20	18	徐毅君	男	外院	172	78	69	1.3	20.720	6	好
21											

图4-16　实训4-3样张1

	A	B	C
1	1	身高最大值	183
2	2	体重最小值	45
3	3	视力平均值	1.083333
4	4	总体质评分	357.97
5	5	参与体检总人数	18
6	6	外院新生人数	6
7	7	计算机学院新生体质评分总和	114.65
8	8	商学院新生平均身高（厘米）	175.8333
9			

图4-17　实训4-3样张2

●具体步骤

1. 操作要求1步骤：

（1）选定“指标报告”工作表中的I3单元格，输入公式“=E3*0.08+F3*0.04+G3*0.05+H3*0.3”，按【Enter】键确认输入。

（2）选定I3单元格，单击“开始”选项卡“数字”组中的“增加小数位数”按钮，将I3单元格内的数值保留“3”位小数。

（3）方法一：选定I3单元格，将鼠标指针移动到单元格右下角边缘，当鼠标指针变为填充柄“十”形状时，按住鼠标左键沿着I列向下拖动到I20单元格，松开鼠标左键；方法二：选定 I3 单元格，将鼠标指针移动到单元格右下角边缘，当鼠标指针变为填充柄“+”形状时双击。

2. 操作要求 2 步骤：

（1）选定 K3 单元格，单击“公式”选项卡“函数库”组中的“插入函数”按钮，弹出“插入函数”对话框，选择“IF”函数，单击“确定”按钮；若“选择函数”列表框中没有“IF”函数，则在“搜索函数”文本框中输入“IF”，单击“转到”按钮，然后在“选择函数”列表框中选择“IF”函数，单击“确定”按钮。

（2）如图 4-18 所示，在弹出的“IF”函数“函数参数”对话框中，光标在第 1 行“Logical_test”文本框中闪动，鼠标选定单元格 H3，可以看到“Logical_test”文本框中同时出现“H3”，在“Logical_test”文本框中输入“>=1.3”，注意输入的“>=”符号应为西文字符输入法下输入的符号。

（3）按【Tab】键，将光标切换到第 2 行“Value_if_true”文本框中，输入中文“好”，再次按【Tab】键，将光标切换到第 3 行“Value_if_false”文本框中，同时，“好”字被自动加上了一对西文字符的引号。

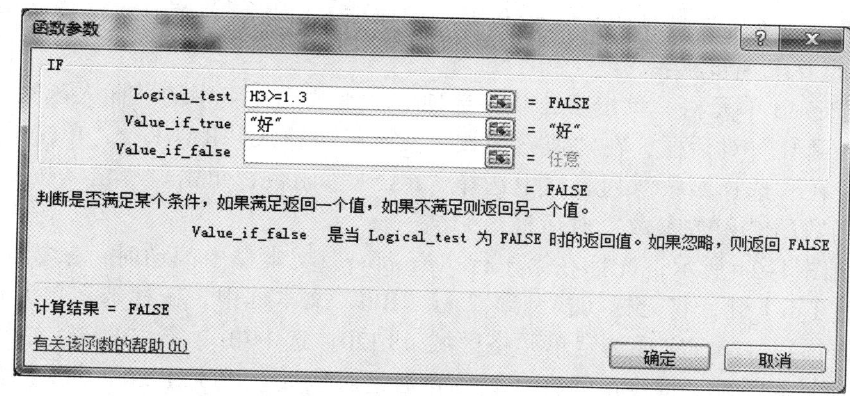

图 4-18 “IF”函数“函数参数”对话框 1

（4）当光标在“Value_if_false”文本框中闪动时，如图 4-19 所示，打开工作表的名称框下拉列表，选择“IF”函数，弹出新的“函数参数”对话框，同时看到工作表的数据编辑区一栏中，嵌套的“IF”函数显示为粗体处于正在编辑状态。

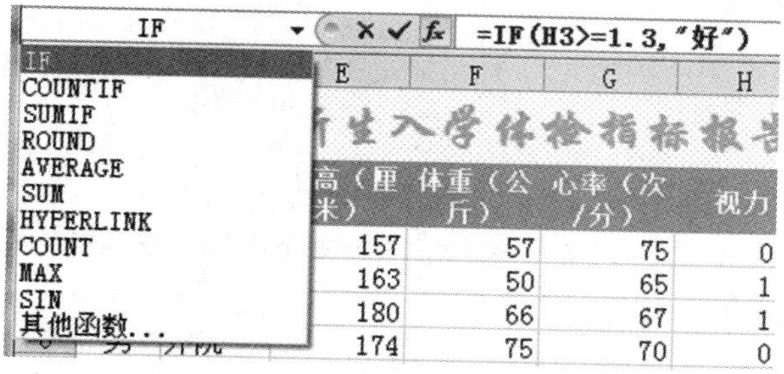

图 4-19 嵌套“IF”函数

（5）如图 4-20 所示，在新的“函数参数”对话框中，在第 1 行“Logical_test”文本框中设置“H3>=0.9”，在第 2 行“Value_if_true”文本框中设置“中”，在第 3

行“Value_if_false”文本框中设置“差”，均通过【Tab】键切换方式给中文字符自动加上西文双引号。

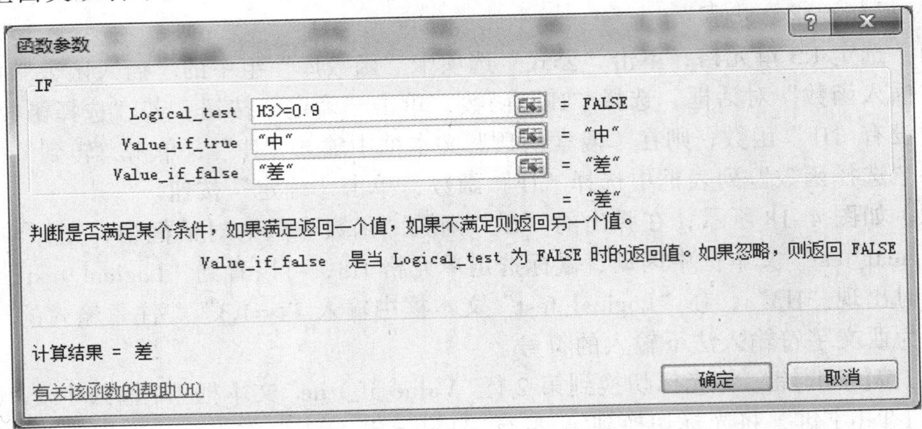

图 4-20 “IF”函数“函数参数”对话框 2

（6）单击“确定”按钮完成函数插入，利用填充柄将该列单元格区域填写完整。

3. 操作要求 3 步骤：

（1）选定 J3 单元格，单击“公式”选项卡“函数库”组中的“插入函数”按钮，弹出“插入函数”对话框，在“搜索函数”文本框中输入“RANK”，单击“转到”按钮，然后在“选择函数”列表框中选择“RANK”函数，单击“确定”按钮，弹出“RANK”函数的“函数参数”对话框。

（2）如图 4-21 所示，光标在第 1 行“Number”文本框中闪动时，鼠标选定单元格 I3；按【Tab】键，将光标切换到第 2 行“Ref”文本框中，鼠标选定单元格 I3 并按住左键拖拉到 I20，实现选定单元格区域 I3:I20，选中第 2 行“Ref”文本框内的“I3:I20”，按【F4】键，将该单元格区域转换为绝对地址“$I$3:$I$20”；再次按【Tab】键，将光标切换到第 3 行“Order”文本框中，输入数值“0”或忽略不填（输入数值“0”或不填表示降序），单击“确定”按钮。

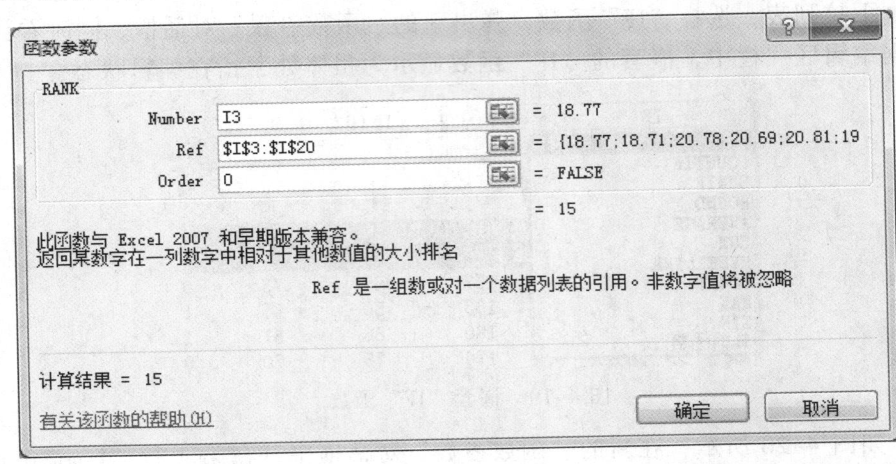

图 4-21 “RANK”函数“函数参数”对话框

（3）利用填充柄将该列单元格区域填写完整。

4. 操作要求 4 步骤：

（1）单击“统计结果”工作表标签打开该工作表，选定 C1 单元格，插入“MAX”函数，如图 4-22 所示，在“Number1”文本框中选择“指标报告”工作表的 E3:E20 单元格区域，单击“确定”按钮。

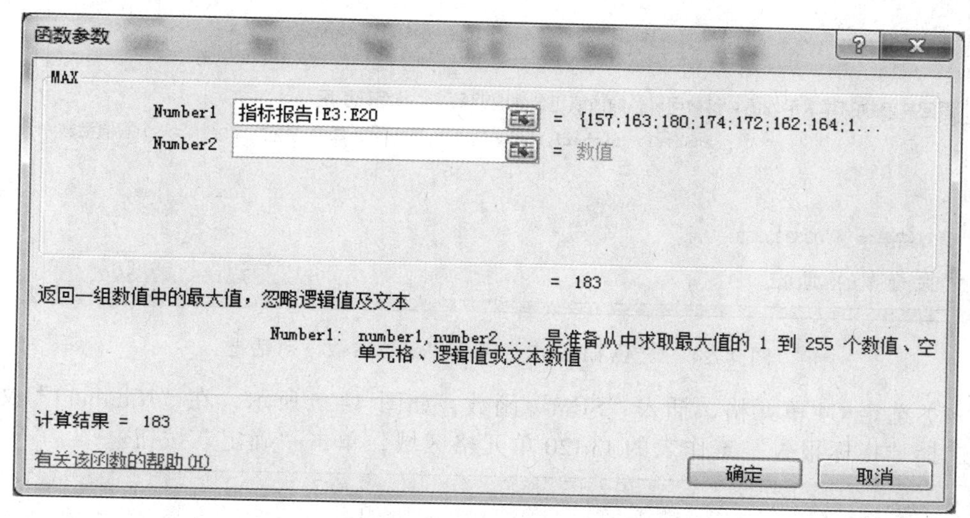

图 4-22 “MAX”函数“函数参数”对话框

（2）选定 C2 单元格，插入“MIN”函数，如图 4-23 所示，在“Number1”文本框中选择“指标报告”工作表的 F3:F20 单元格区域，单击“确定”按钮。

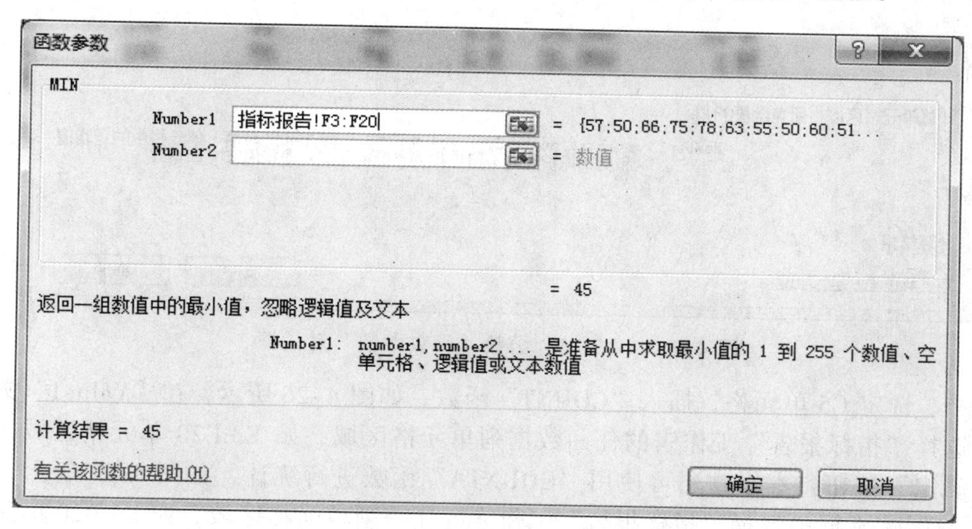

图 4-23 “MIN”函数“函数参数”对话框

（3）选定 C3 单元格，插入“AVERAGE”函数，如图 4-24 所示，在“Number1”文本框中选择“指标报告”工作表的 H3:H20 单元格区域，单击“确定”按钮。

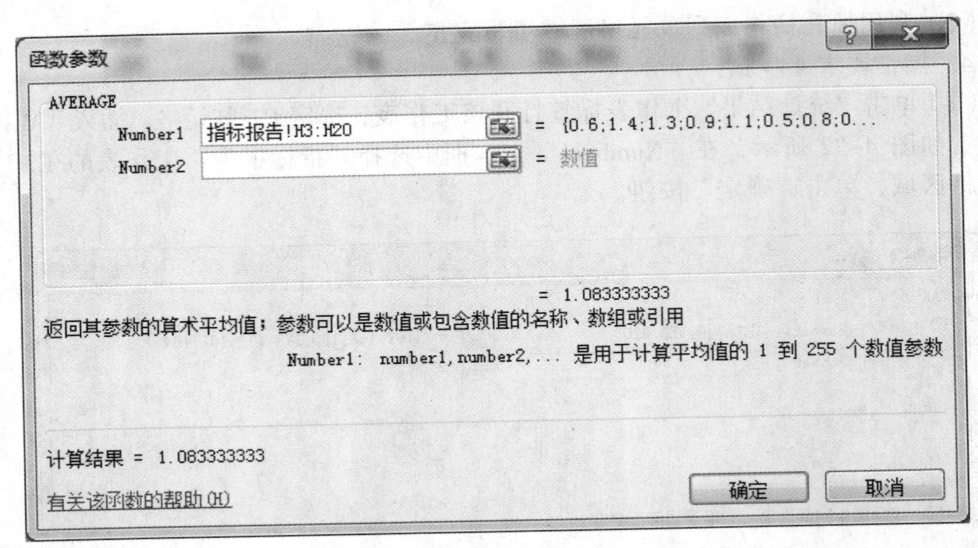

图 4-24 “AVERAGE”函数“函数参数”对话框

（4）选定 C4 单元格，插入“SUM”函数，如图 4-25 所示，在“Number1”文框框中选择“指标报告”工作表的 I3:I20 单元格区域，单击“确定”按钮。

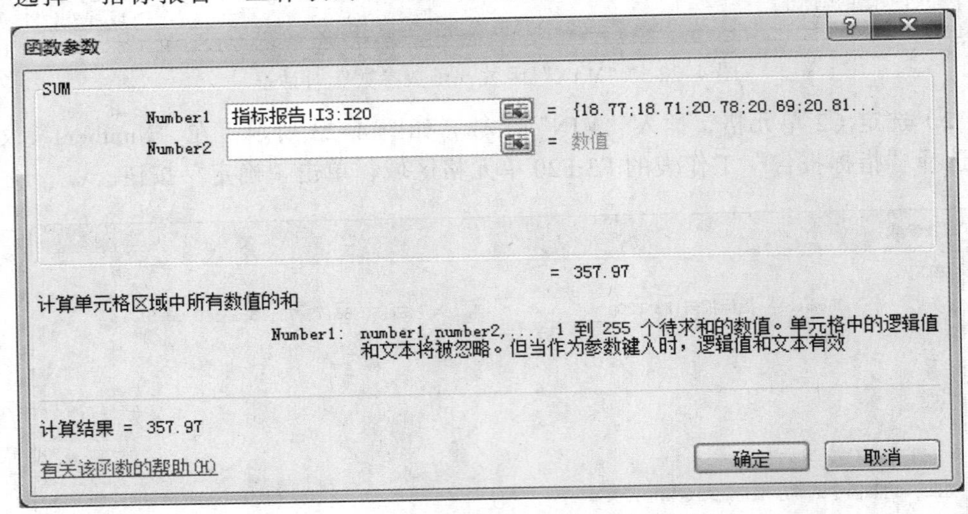

图 4-25 “SUM”函数“函数参数”对话框

（5）选定 C5 单元格，插入“COUNT”函数，如图 4-26 所示，在“Value1”文本框中选择“指标报告”工作表的任一数据列单元格区域，如 E3:E20 单元格区域，单击“确定”按钮（本小题还可使用“COUNTA”函数进行统计，如图 4-27 所示，在“Value1”文本框中选择“指标报告”工作表的任一列单元格区域，如 B3:B20 单元格区域，单击“确定”按钮）。

（6）选定 C6 单元格，插入“COUNTIF”函数，如图 4-28 所示，在“Range”文本框中选择“指标报告”工作表的 D3:D20 单元格区域，在“Criteria” 文本框中输入“外院”，按【Tab】键添加西文字符双引号，单击“确定”按钮。

函数参数
COUNT
Value1 指标报告!E3:E20 = {157;163;180;174;172;162;164;1...
Value2 = 数值
= 18
计算区域中包含数字的单元格的个数
Value1: value1,value2,... 是 1 到 255 个参数，可以包含或引用各种不同类型的数据，但只对数字型数据进行计数
计算结果 = 18
有关该函数的帮助(H)
确定
取消

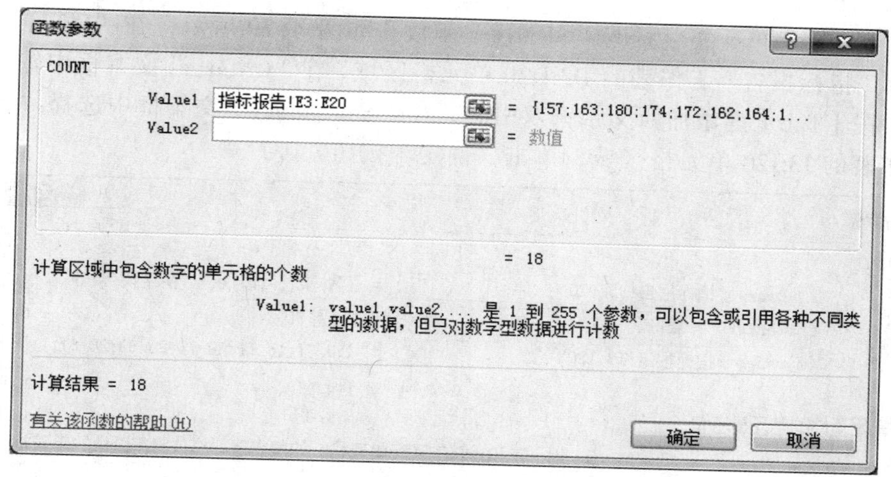

图 4-26 “COUNT”函数“函数参数”对话框

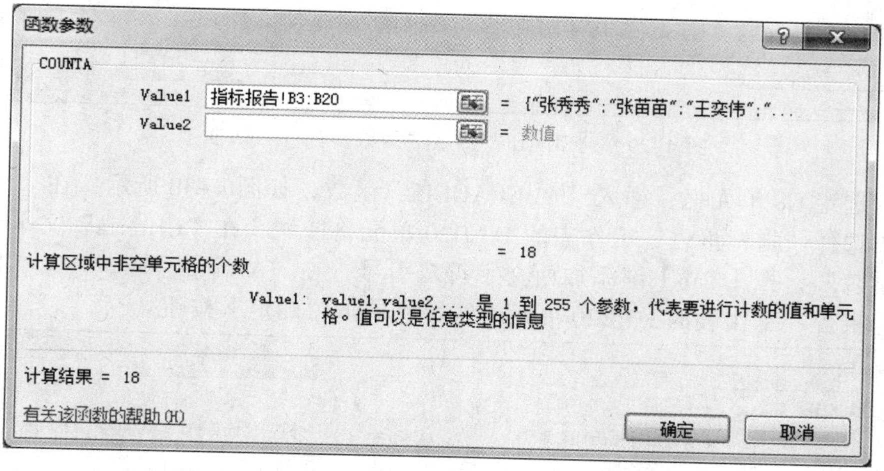

函数参数
COUNTA
Value1 指标报告!B3:B20 = {"张秀秀";"张苗苗";"王奕伟";"...
Value2 = 数值
= 18
计算区域中非空单元格的个数
Value1: value1,value2,... 是 1 到 255 个参数，代表要进行计数的值和单元格。值可以是任意类型的信息
计算结果 = 18
有关该函数的帮助(H)
确定
取消

图 4-27 “COUNTA”函数“函数参数”对话框

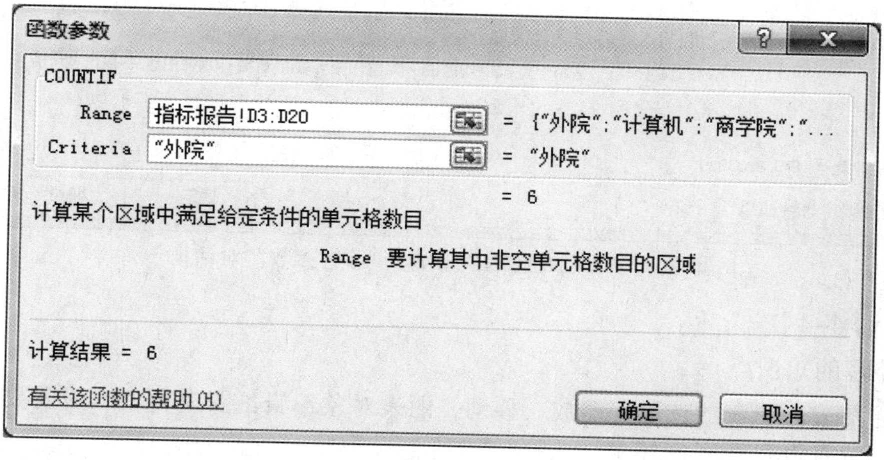

函数参数
COUNTIF
Range 指标报告!D3:D20 = {"外院";"计算机";"商学院";"...
Criteria "外院" = "外院"
= 6
计算某个区域中满足给定条件的单元格数目
Range 要计算其中非空单元格数目的区域
计算结果 = 6
有关该函数的帮助(H)
确定
取消

图 4-28 “COUNTIF”函数“函数参数”对话框

（7）选定 C7 单元格，插入“SUMIF”函数，如图 4-29 所示，在“Range”文本框中选择“指标报告”工作表的 D3:D20 单元格区域，在“Criteria”文本框中输入“计算机”，按【Tab】键添加西文字符双引号，在“Sum_range”文本框中选择“指标报告”工作表的 I3:I20 单元格区域，单击“确定”按钮。

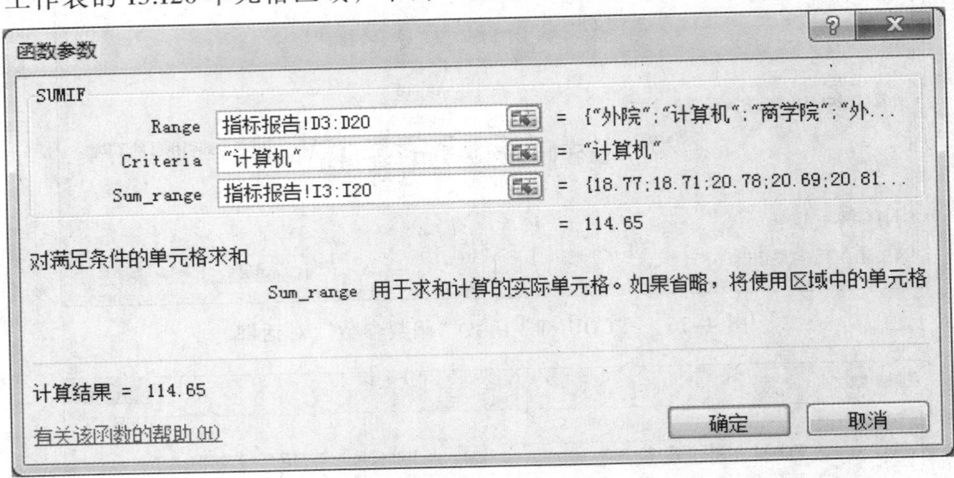

图 4-29 “SUMIF”函数“函数参数”对话框

（8）选定 C8 单元格，插入“AVERAGEIF”函数，如图 4-30 所示，在“Range”文本框中选择“指标报告”工作表的 D3:D20 单元格区域，在“Criteria”文本框中输入“商学院”，按【Tab】键添加西文字符双引号，在“Average_range”文本框中选择“指标报告”工作表的 E3:E20 单元格区域，单击“确定”按钮。

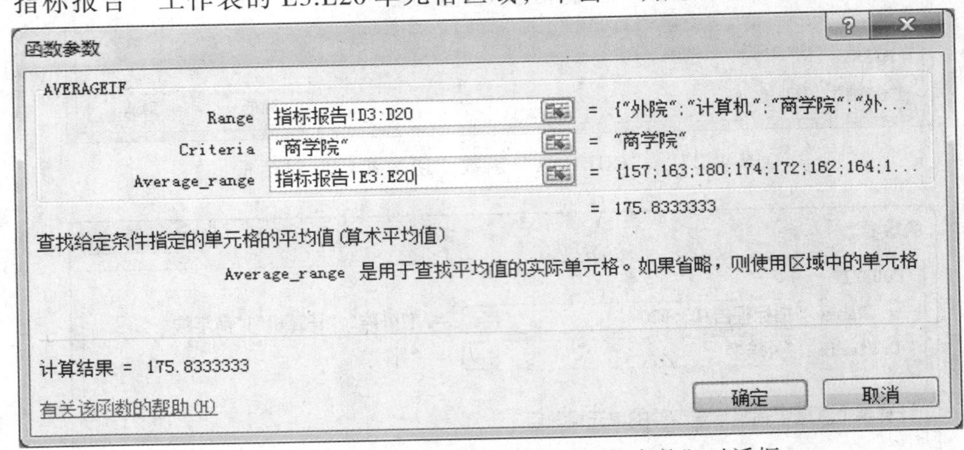

图 4-30 “AVERAGEIF”函数“函数参数”对话框

【实训 4-4】

●涉及的知识点

创建图表，图表的选取、缩放、移动，图表对象编辑（图表类型、图表数据、数据标签、背景设置、图例等）。

● 操作要求

1. 建立“自动化”“计算机科学与技术”“英语”“数学”四个专业的专业人数占总人数比例情况的“三维簇状柱形图”，系列产生在行，放置于 A13:G25 单元格区域；

2. 将“软件工程”专业的专业人数占总人数比例数据添加到图表中；

3. 将“自动化”专业的专业人数占总人数比例数据从图表中删除；

4. 设置图表显示数据标签，图表上方显示标题“专业人数情况表”；

5. 设置“图表区”为“雨后初晴”的渐变填充效果，设置“绘图区”为“蓝色面巾纸”纹理填充效果。

● 样张（见图 4-31）

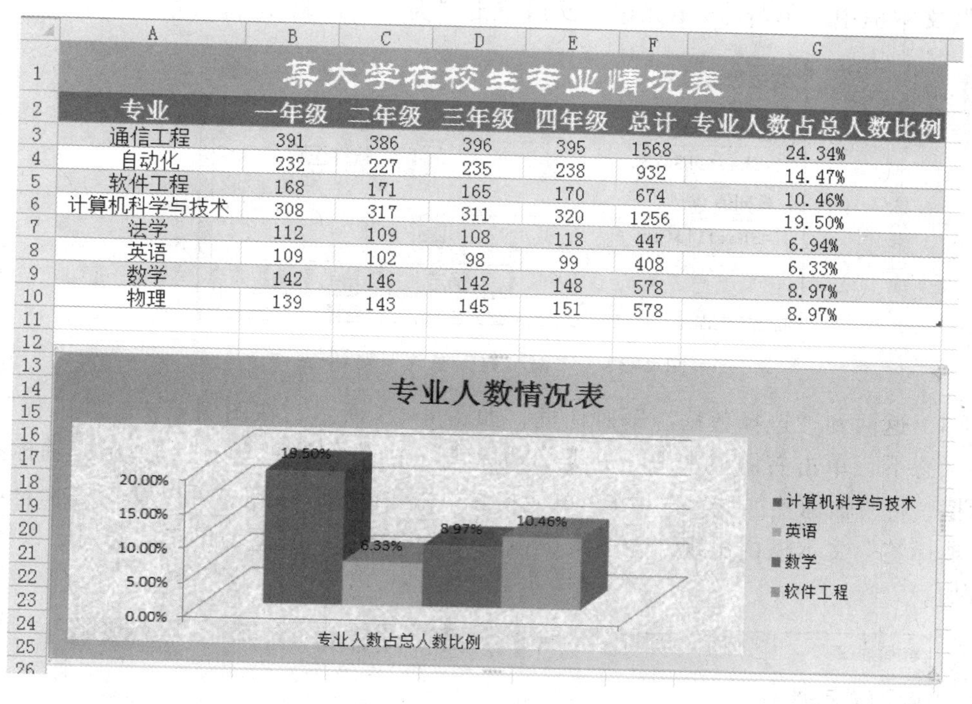

某大学在校生专业情况表

专业	一年级	二年级	三年级	四年级	总计	专业人数占总人数比例
通信工程	391	386	396	395	1568	24.34%
自动化	232	227	235	238	932	14.47%
软件工程	168	171	165	170	674	10.46%
计算机科学与技术	308	317	311	320	1256	19.50%
法学	112	109	108	118	447	6.94%
英语	109	102	98	99	408	6.33%
数学	142	146	142	148	578	8.97%
物理	139	143	145	151	578	8.97%

图 4-31 实训 4-4 样张

● 具体步骤

1. 操作要求 1 步骤：

（1）选中 A2 单元格，按住【Ctrl】键的同时依次单击 A4、A6、A8、A9、G2、G4、G6、G8、G9 单元格，将上述单元格同时选中。

（2）单击“插入”选项卡“图表”组中的“柱形图”下拉按钮，在展开的列表中选择“三维簇状柱形图”，插入图表。

（3）单击“图表工具-设计”选项卡“数据”组中的“切换行/列”按钮，将行标题切换到图例项（系列）。

（4）将鼠标指针置于图表区，当出现十字形箭头时，按住鼠标左键移动图表，使其左上角正好与 A13 单元格的左上角重合，然后将鼠标移动到图表区右下角，当出现斜双向箭头时，按住鼠标左键进行拖拉，使图表区域的右下角正好与 G25 单元格的右下角重合。

2. 操作要求 2 步骤：

（1）选中图表，单击“图表工具-设计”选项卡“数据”组中的“选择数据”按钮；或者在图表上右击，在弹出的快捷菜单中选择“选择数据”命令。

（2）弹出“选择数据源”对话框后，单击“图例项（系列）”下的“添加”按钮，弹出“编辑数据系列”对话框，如图 4-32 所示，将光标置于“系列名称”文本框中，单击表中“软件工程”专业所在的 A5 单元格，按【Tab】键，将光标切换到第 2 行“系列值”文本框中，单击 G5 单元格，然后单击“确定”按钮。

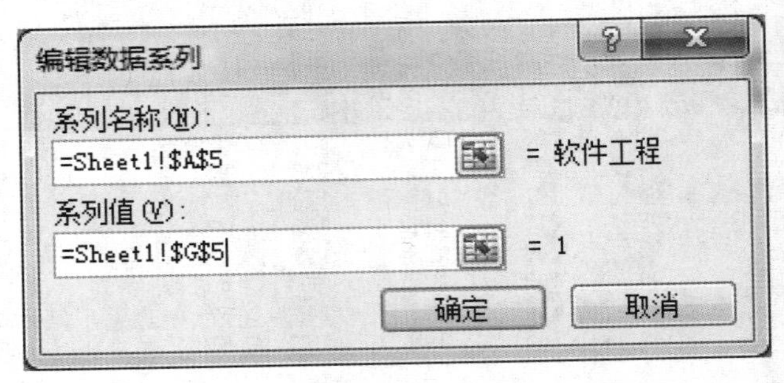

图 4-32 “编辑数据系列”对话框

（3）返回到“选择数据源”对话框，如图 4-33 所示，在图例项“软件工程”选中的状态下，单击右侧“水平（分类）轴标签”中的“编辑”按钮，弹出“轴标签”对话框，将“轴标签区域”选中 G2 单元格，单击“确定”按钮，可以看到“水平（分类）轴标签”文本框内出现“专业人数占总人数比例”列标题，单击“确定”按钮完成添加。

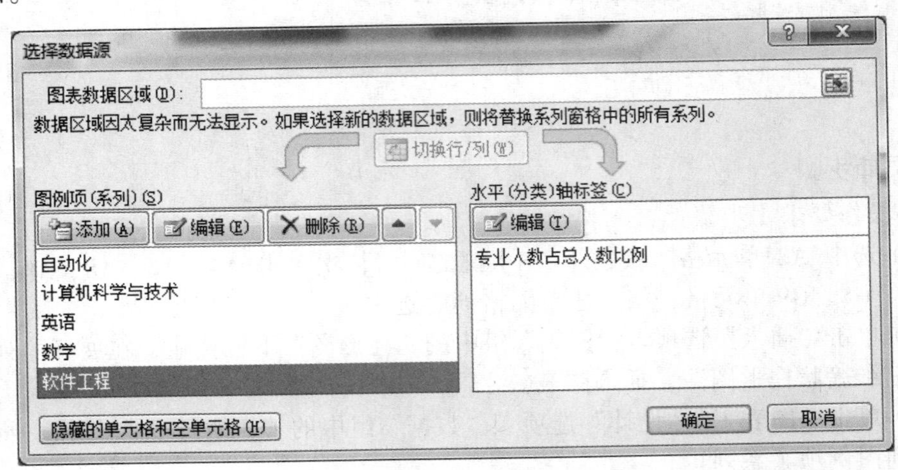

图 4-33 “选择数据源”对话框

3. 操作要求 3 步骤：在图表中将“自动化”专业对应的数据标志选中，按【Delete】键；或者在“选择数据源”对话框的“图例项（系列）”下选中“自动化”，单击“删除”按钮，然后单击“确定”按钮。

4. 操作要求 4 步骤：选中图表，单击“图表工具–布局”选项卡“标签”组中的“数据标签”下拉按钮，在展开的列表中选择“显示”；单击“标签”组中的“图表标题”下拉按钮，在展开的列表中选择“图表上方”，在图表区中将出现的标题文本框内的文字修改为“专业人数情况表”。

5. 操作要求 5 步骤：

（1）在图表区右击，在弹出的快捷菜单中选择“设置图表区域格式”命令，弹出“设置图表区格式”对话框，如图 4–34 所示，在“填充”区域选择“渐变填充”单选按钮，在“预设颜色”下拉列表框中选择“雨后初晴”，其余默认设置，单击“关闭”按钮。

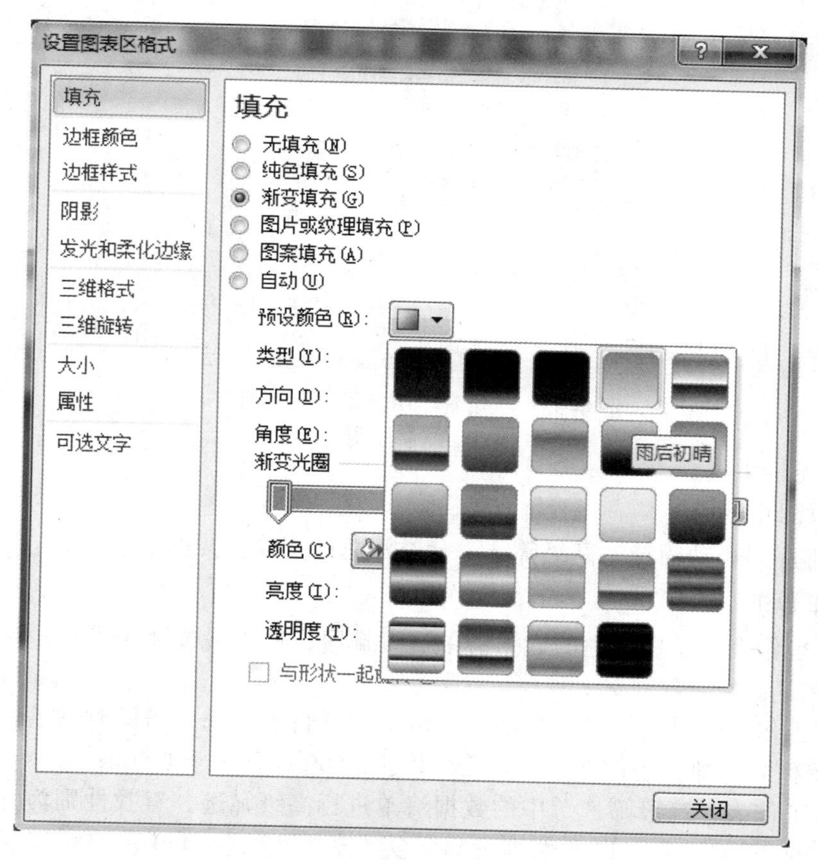

图 4–34 “设置图表区格式”对话框

（2）在绘图区右击，在弹出的快捷菜单中选择“设置绘图区格式”命令，弹出“设置绘图区格式”对话框，如图 4–35 所示，在“填充”区域选择“图片或纹理填充”单选按钮，在“纹理”下拉列表框中选择“蓝色面巾纸”，其余默认设置，单击“关闭”按钮。

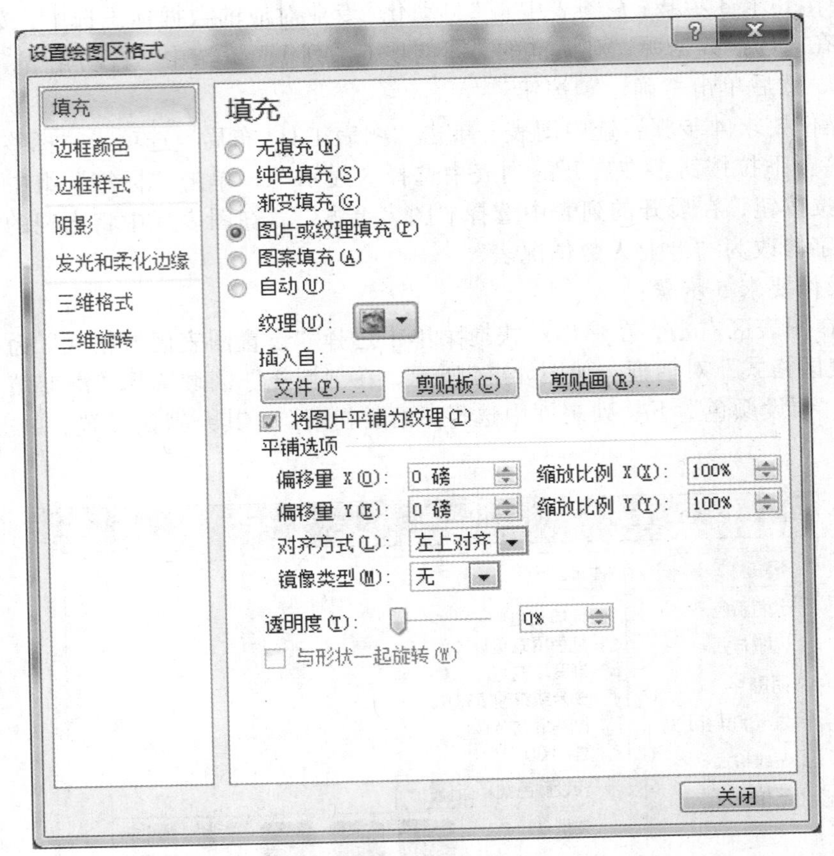

图 4-35 “设置绘图区格式”对话框

【实训 4-5】

●涉及的知识点

数据排序，自动筛选、高级筛选，分类汇总的创建。

●操作要求

1. 对工作表“排序”中的数据清单进行排序，使工龄按降序排列，当工龄相同时，按姓名笔画数升序排列；

2. 对工作表“自动筛选”中的数据清单进行自动筛选，需同时满足两个条件，条件 1：职称为讲师；条件 2：实发工资大于 2 500 并且小于 3 500；

3. 对工作表“高级筛选”中的数据清单进行高级筛选，查找性别为女且实发工资高于 3 000 元的讲师，以及性别为男且实发工资高于 4 000 元的副教授；将筛选条件置于起始位置为 A16 单元格的区域，将筛选结果置于起始位置为 A20 单元格的区域；

4. 对工作表“分类汇总”中的数据清单进行分类汇总，汇总计算：（1）各职称教师的实发工资平均值；（2）各职称不同性别教师的实发工资平均值，汇总结果均显示在数据下方。

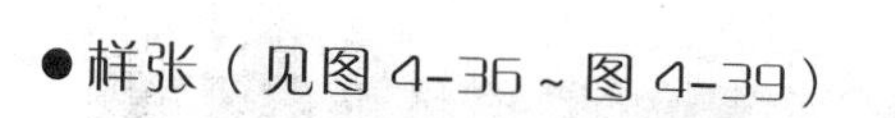

	A	B	C	D	E	F	G	H	I	J
1	计算机教研室工资统计汇总表									
2	姓名	性别	职称	工龄	基本工资(元)	奖金(元)	公积金（元）	所得税（元）	实发工资(元)	收入状况
3	马尚昆	男	教授	32	4000	1375	675	144	4556	高
4	张洪磊	女	教授	32	4375	1500	941	169	4765	高
5	李秀洪	女	讲师	27	3125	1000	726	81	3318	中
6	苏胡圆	女	讲师	24	3250	1088	702	92	3544	中
7	刘志文	女	副教授	22	3650	1375	724	126	4175	高
8	孙红雷	男	讲师	18	3188	975	617	83	3463	中
9	李晓明	男	讲师	17	2625	688	536	41	2736	低
10	秦铁汉	男	讲师	17	2500	625	495	31	2599	低
11	王庆红	男	副教授	16	3500	1163	628	108	3926	中
12	张昭阳	男	助教	8	2250	563	374	16	2423	低
13	李清华	女	助教	4	2100	488	304	4	2279	低
14	罗国庆	女	讲师	4	2188	525	315	11	2387	低

图 4-36　实训 4-5 样张 1

	A	B	C	D	E	F	G	H	I	J
1	计算机教研室工资统计汇总表									
2	姓名	性别	职称	工龄	基本工资(元	奖金(元	公积金（元）	所得税（元）	实发工资(元	收入状况
4	李秀洪	女	讲师	27	3125	1000	726	81	3318	中
6	秦铁汉	男	讲师	17	2500	625	495	31	2599	低
7	李晓明	男	讲师	17	2625	688	536	41	2736	低
10	孙红雷	男	讲师	18	3188	975	617	83	3463	中

图 4-37　实训 4-5 样张 2

	A	B	C	D	E	F	G	H	I	J
1	计算机教研室工资统计汇总表									
2	姓名	性别	职称	工龄	基本工资(元)	奖金(元)	公积金（元）	所得税（元）	实发工资(元)	收入状况
3	张洪磊	女	教授	32	4375	1500	941	169	4765	高
4	李秀洪	女	讲师	27	3125	1000	726	81	3318	中
5	罗国庆	女	讲师	4	2188	525	315	11	2387	低
6	秦铁汉	男	讲师	17	2500	625	495	31	2599	低
7	李晓明	男	讲师	17	2625	688	536	41	2736	低
8	刘志文	男	副教授	22	3650	1375	724	126	4175	高
9	苏胡圆	女	讲师	24	3250	1088	702	92	3544	中
10	孙红雷	男	讲师	18	3188	975	617	83	3463	中
11	王庆红	男	副教授	16	3500	1163	628	108	3926	中
12	张昭阳	男	助教	8	2250	563	374	16	2423	低
13	李清华	女	助教	4	2100	488	304	4	2279	低
14	马尚昆	男	教授	32	4000	1375	675	144	4556	高
15										
16	性别	职称	实发工资(元)							
17	女	讲师	>3000							
18	男	副教授	>4000							
19										
20	姓名	性别	职称	工龄	基本工资(元)	奖金(元)	公积金（元）	所得税（元）	实发工资(元)	收入状况
21	李秀洪	女	讲师	27	3125	1000	726	81	3318	中
22	刘志文	男	副教授	22	3650	1375	724	126	4175	高
23	苏胡圆	女	讲师	24	3250	1088	702	92	3544	中

图 4-38　实训 4-5 样张 3

	A	B	C	D	E	F	G	H	I	J
1	计算机教研室工资统计汇总表									
2	姓名	性别	职称	工龄	基本工资(元)	奖金(元)	公积金（元）	所得税（元）	实发工资(元)	收入状况
3	王庆红	男	副教授	16	3500	1163	628	108	3926	中
4		男 平均值							3926	
5	刘志文	女	副教授	22	3650	1375	724	126	4175	高
6		女 平均值							4175	
7			副教授 平均值						4051	
8	秦铁汉	男	讲师	17	2500	625	495	31	2599	低
9	李晓明	男	讲师	17	2625	688	536	41	2736	低
10	孙红雷	男	讲师	18	3188	975	617	83	3463	中
11		男 平均值							2933	
12	李秀洪	女	讲师	27	3125	1000	726	81	3318	中
13	罗国庆	女	讲师	4	2188	525	315	11	2387	低
14	苏胡圆	女	讲师	24	3250	1088	702	92	3544	中
15		女 平均值							3083	
16			讲师 平均值						3008	
17	马尚昆	男	教授	32	4000	1375	675	144	4556	高
18		男 平均值							4556	
19	张洪磊	女	教授	32	4375	1500	941	169	4765	高
20		女 平均值							4765	
21			教授 平均值						4661	
22	张昭阳	男	助教	8	2250	563	374	16	2423	低
23		男 平均值							2423	
24	李清华	女	助教	4	2100	488	304	4	2279	低
25		女 平均值							2279	
26			助教 平均值						2351	
27			总计平均值						3348	

图 4-39　实训 4-5 样张 4

● 具体步骤

1. 操作要求 1 步骤：

（1）选定工作表“排序”中的数据清单 A2:J14 单元格区域，或者选定数据清单内任意单元格，单击“开始”选项卡“编辑”组中的“排序和筛选”下拉按钮，在展开的列表中选择“自定义排序”，或者单击“数据”选项卡“排序和筛选”组中的“排序”按钮，此时数据清单区域被全选，同时弹出“排序”对话框。

（2）如图 4-40 所示，设置“主要关键字”为“工龄”，“排序依据”为“数值”，“次序”为“降序”；单击“添加条件”按钮，设置“次要关键字”为“姓名”，“排序依据”为“数值”，“次序”为“升序”，单击“选项”按钮，弹出“排序选项”对话框，如图 4-41 所示，将“方法”设置为“笔画排序”，单击“确定”按钮，返回到“排序”对话框，单击“确定”按钮。

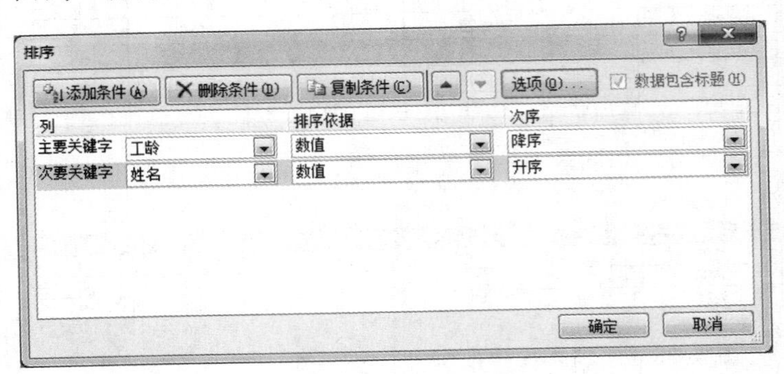

图 4-40　“排序”对话框

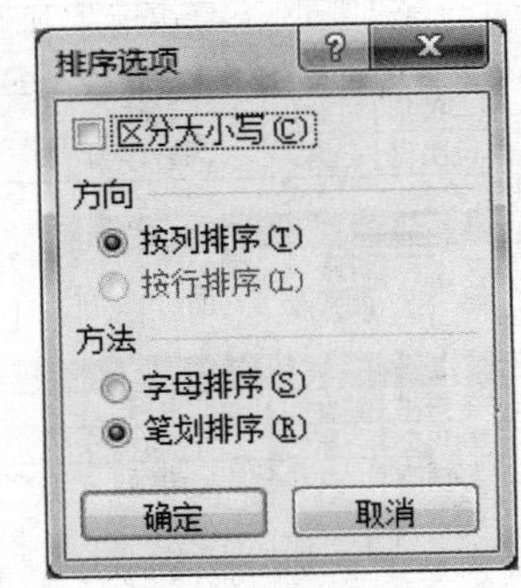

图 4-41　“排序选项”对话框

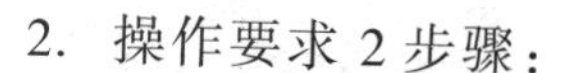

2. 操作要求 2 步骤：

（1）选定工作表“自动筛选”中的 A2:J14 单元格区域，或者选定数据清单内任意单元格，单击“开始”选项卡“编辑”组中的“排序和筛选”下拉按钮，在展开的列表中选择“筛选”，或者单击“数据”选项卡“排序和筛选”组中的“筛选”按钮，此时数据清单的列标题全部添加了下拉列表框。

（2）打开“职称”下拉列表框，如图 4-42 所示，仅选中“讲师”复选框，单击“确定”按钮。

（3）打开“实发工资（元）”下拉列表框，如图 4-43 所示，选择“数字筛选”→“自定义筛选”，弹出“自定义自动筛选方式”对话框；

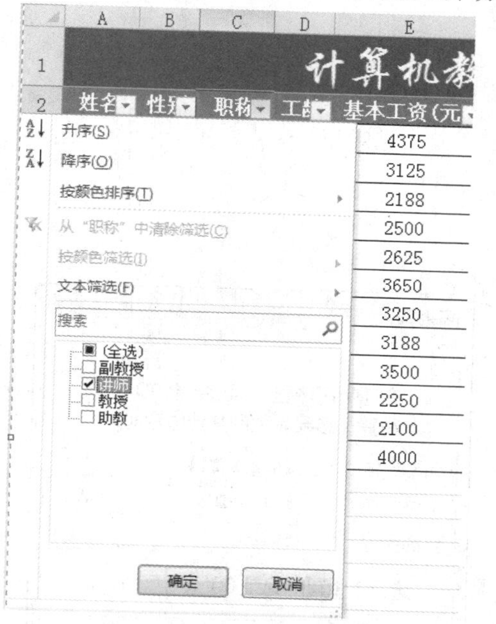

图 4-42　自动筛选“职称”下拉列表框

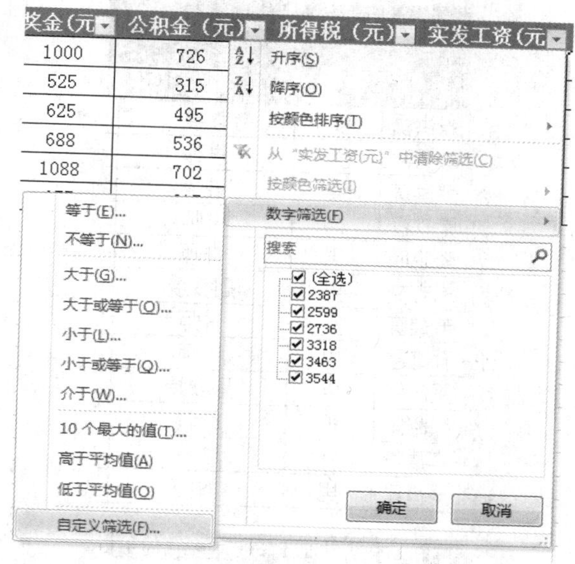

图 4-43　自动筛选“实发工资（元）”下拉列表框

（4）如图 4-44 所示，设置实发工资“大于”“2500”“与”“小于”“3500”，单击“确定”按钮。

图 4-44　“自定义自动筛选方式”对话框

3．操作要求 3 步骤：

（1）如图 4-45 所示，将“高级筛选”工作表中的列标题“性别”“职称”“实发工资（元）”依次复制粘贴至 A16:C16 单元格区域，并依照筛选条件将对应的内容输入 A17:C18 单元格区域，注意“>”应在西文字符输入法下输入。

（2）单击“数据”选项卡“排序和筛选”组中的“高级”按钮，弹出“高级筛选”对话框，如图 4-46 所示，在“方式”区域选中“将筛选结果复制到其他位置”单选按钮，光标置于“列表区域”文本框中，按住鼠标左键在工作表中选取 A2:J14 单元格区域；将“条件区域”设置为 A16:C18 单元格区域，将“复制到”设置为 A20 单元格，单击“确定”按钮。

	A	B	C
1			
2	姓名	性别	职称
3	张洪磊	女	教授
4	李秀洪	女	讲师
5	罗国庆	女	讲师
6	秦铁汉	男	讲师
7	李晓明	男	讲师
8	刘志文	男	副教授
9	苏胡圆	女	讲师
10	孙红雷	男	讲师
11	王庆红	男	副教授
12	张昭阳	男	助教
13	李清华	女	助教
14	马尚昆	男	教授
15			
16	性别	职称	实发工资(元)
17	女	讲师	>3000
18	男	副教授	>4000

图 4-45　高级筛选条件设置

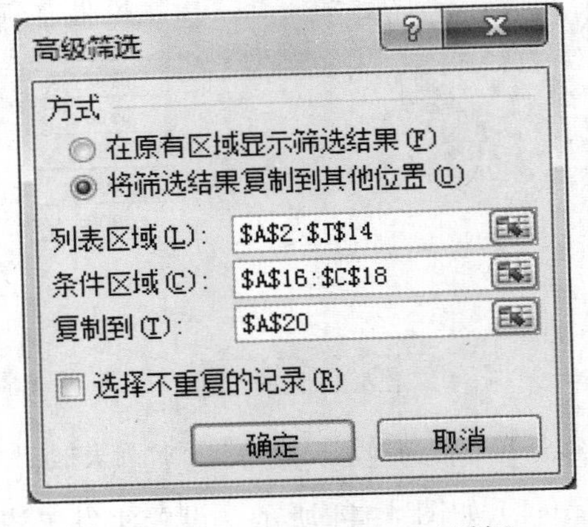

图 4-46　“高级筛选”对话框

4．操作要求 4 步骤：

（1）打开“分类汇总”工作表，按主要关键字“职称”，次要关键字“性别”对数据清单进行排序，次序设置为升序（或者降序）。

（2）选中数据清单内任意单元格，单击“数据”选项卡“分级显示”组中的“分类汇总”按钮，弹出“分类汇总”对话框，如图 4-47 所示，选择分类字段为“职称”，汇总方式为“平均值”，汇总项为“实发工资（元）”，单击“确定”按钮，完成各职称教师的实发工资平均值汇总。

（3）再次单击“分类汇总”按钮，如图 4-48 所示，将分类字段设置为“性别”，汇总方式为“平均值”，汇总项为“实发工资（元）”，取消选择“替换当前分类汇总”复选框，单击“确定”按钮，完成各职称不同性别教师的实发工资平均值汇总。

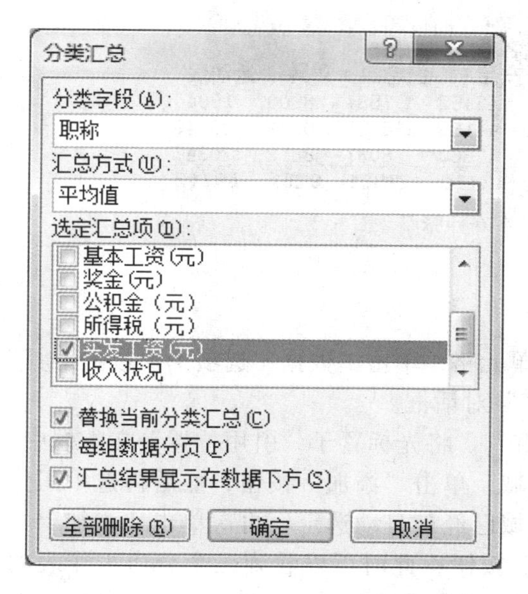

图 4-47 “分类汇总”对话框 1

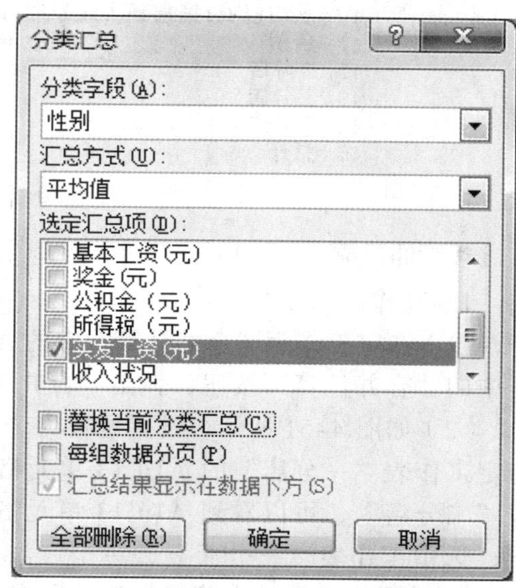

图 4-48 “分类汇总”对话框 2

【实训 4-6】

● 涉及的知识点

合并计算，数据透视表的建立。

● 操作要求

1. 将工作表“一分店”“二分店”“三分店”的数据清单合并至工作表“合并计算”，合并后的数据清单以工作表“合并计算”中的 A2 单元格作为起始位置；

2. 为工作表“数据透视表”中的数据清单建立数据透视表，显示各分店各类商品销售额的平均值，数据透视表放置起始位置为 A40 单元格，不显示各分店平均销售额的总计值，表内数据保留整数，按照店铺名称升序排列。

● 样张（见图 4-49 和图 4-50）

	A	B	C
1	合计销售数量统计表		
2	时间	销售量（件）	销售额（元）
3	1月	1881	37902.15
4	2月	941	18961.15
5	3月	1310	26396.5
6	4月	926	74080
7	5月	325	26000
8	6月	970	77600
9	7月	3186	32592.78
10	8月	1258	12869.34
11	9月	2498	25554.54
12	10月	3541	191214
13	11月	1475	79650
14	12月	2220	119880

图 4-49 实训 4-6 样张 1

	A	B	C	D	E
40	平均值项:销售额（元）	商品名称			
41	店铺	电子产品	纪念品	文具	运动服
42	一分店	43452	7584	8900	19040
43	二分店	44136	8051	10041	19840
44	三分店	42660	8037	8812	20347
45	**总计**	**43416**	**7891**	**9251**	**19742**

图 4-50　实训 4-6 样张 2

● 具体步骤

1. 操作要求 1 步骤：

（1）选定工作表“合并计算”中的 A2 单元格，单击“数据”选项卡“数据工具”组中的“合并计算”按钮，弹出“合并计算”对话框。

（2）如图 4-51 所示，设置函数为“求和”，将光标置于“引用位置”文本框中，选定工作表“一分店”的 A1:C13 单元格区域，单击“添加”按钮；然后再选中工作表“二分店”，可以看到 A1:C13 单元格区域已经被自动选定，再次单击“添加”按钮；选中工作表“三分店”，单击“添加”按钮；此时可以看到三个分店工作表的 A1:C13 单元格区域已全部添加至“所有引用位置”文本框中。

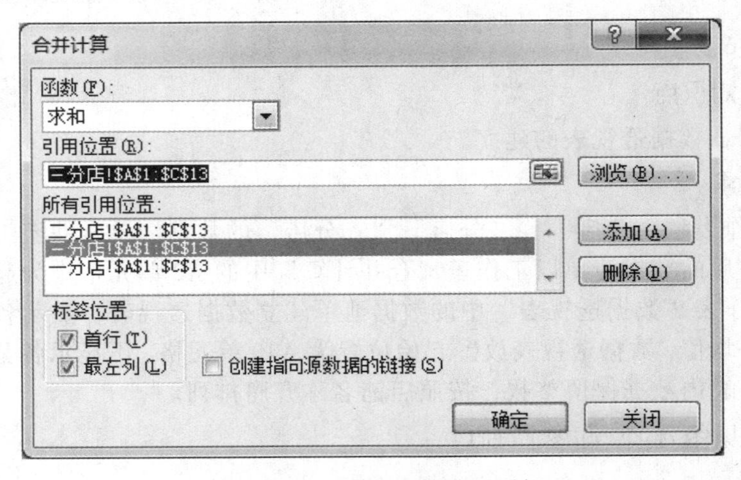

图 4-51　“合并计算”对话框

（3）在添加完工作表“三分店”的数据清单后，注意不要再切换其他工作表，在“标签位置”区域选中“首行”和“最左列”复选框（如需合并计算结果随源数据变化，则可选中“创建指向源数据的链接”复选框），单击“确定”按钮。

（4）在工作表“合并计算”的 A2 单元格中输入列标题“时间”。

2. 操作要求 2 步骤：

（1）打开工作表“数据透视表”，将光标移动到数据清单中任一位置，单击“插入”选项卡“表格”组中的“数据透视表”按钮，弹出“创建数据透视表”对话框。

（2）如图 4-52 所示，在“表/区域”文本框中选定 A2:E38 单元格区域，选择放置数据透视表的位置为现有工作表的 A40 单元格，单击“确定”按钮，此时工作表上出现“数据透视表字段列表”对话框，以及未完成的数据透视表。

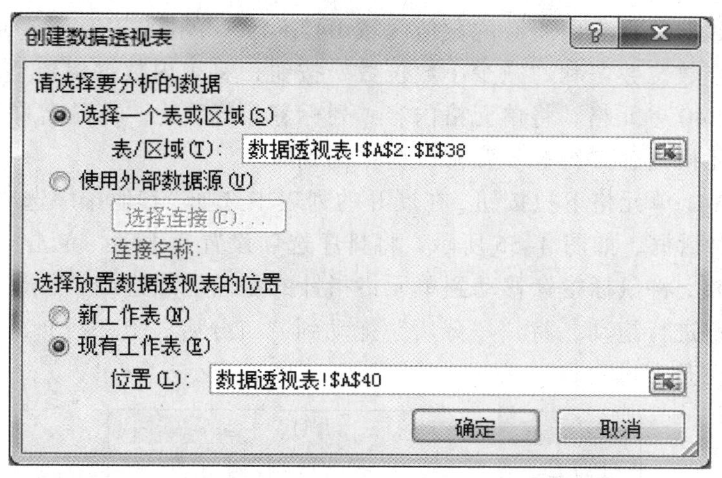

图 4-52 “创建数据透视表”对话框

（3）如图 4-53 所示，在“数据透视表字段列表”对话框中选择要添加到报表的字段“店铺”“商品名称”“销售额（元）”，然后将鼠标指针移动到“行标签文本框内的“商品名称”上，当出现十字形箭头时按住鼠标左键进行拖动，将其移动到“列标签”文本框内（或者单击“商品名称”下拉按钮，在展开的列表中选择“移动到列标签”）；单击数值框内的“求和项：销售额（元）”下拉按钮，在展开的列表中选择“值字段设置”，弹出“值字段设置”对话框，如图 4-54 所示，选择计算类型为“平均值”，单击“确定”按钮。

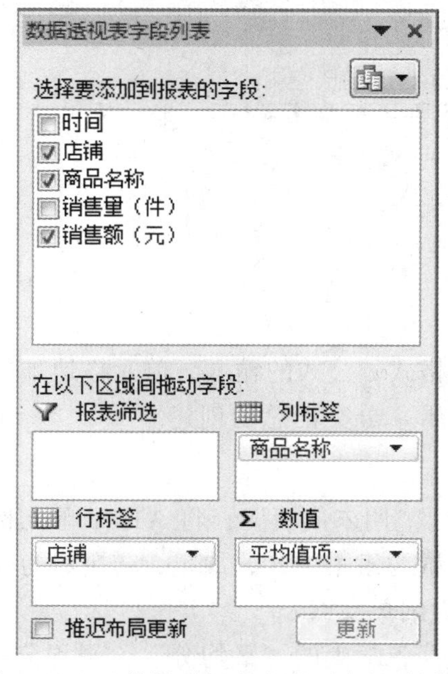

图 4-53 “数据透视表字段列表”对话框

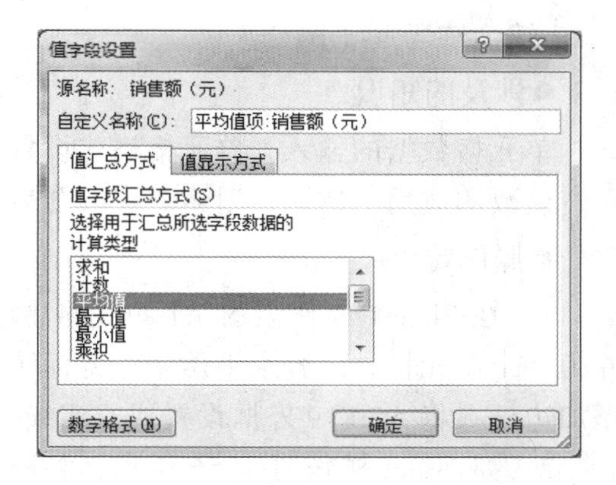

图 4-54 “值字段设置”对话框

（4）单击“数据透视表工具-设计”选项卡“布局”组中的“总计”下拉按钮，在展开的列表中选择“仅对列启用”，则仅显示各类商品平均销售额的总计值。

（5）选中数据透视表中所有的数值区域 B42:E45，单击“开始”选项卡“数字”组中的“增加小数位数”和“减少小数位数”按钮，将表内数据保留整数。

（6）选中 B40 单元格，将单元格内容“列标签”修改为“商品名称”；选中 A41 单元格，将单元格内容“行标签”修改为“店铺”。

（7）单击 A41 单元格下拉按钮，在展开的列表中选择“其他排序选项”，弹出“排序（店铺）”对话框，如图 4-55 所示，将排序选项设置为手动，单击“确定”按钮；选中 A44 单元格，将鼠标指针移动到单元格指针的粗黑框线边缘，当出现十字形箭头时按住鼠标左键进行拖动，将“一分店”拖动到“二分店”上一行，放开鼠标左键，则分店名称实现升序排列。

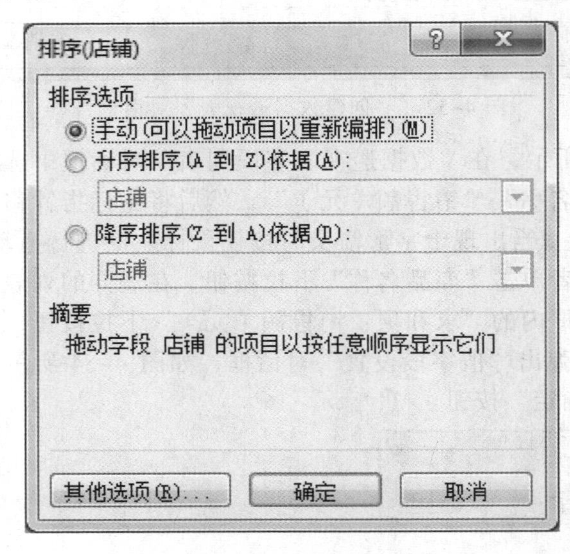

图 4-55 “排序（店铺）”对话框

四、综合练习

【综合练习 4-1】

●涉及的知识点

单元格数据的输入，单元格格式设置，条件格式，公式的输入，单元格地址的引用，函数的应用（IF），创建图表、图表对象编辑、分类汇总的创建。

●操作要求

1. 在 Sheet1 工作表的 A1 单元格中输入标题“期末成绩”；将 A1:F1 单元格合并为一个单元格，内容水平居中；将标题字体设置为隶书，20，加粗，蓝色；为表格添加边框：将 A2:F19 外框设置成双实线，内部为细单实线；

2. 如 Excel 样张图 4-56 所示，利用公式计算各学生的“平均分”，平均分=(语文成绩+数学成绩+英语成绩)/3，不显示小数；使用 IF 函数，计算学生成绩的“等级”，规则如下：平均分≥90 显示为“优秀”，平均分≥60 显示为“良好”，其他显示“不合格”；

3. 将等级为“优秀”的单元格文字字体设置为深蓝、加粗，填充图案颜色为“浅绿”，图案样式为25%灰色；

4. 按Excel样张图4-56选取相关数据创建“簇状柱形图”图表，图表标题为“成绩”，图例位于底部；设置图表区域格式为渐变填充“心如止水”，方向为线性向下，将图表移动到工作表A21:F34单元格区域；

5. 将Sheet1工作表的A2:F19单元格区域内的数据复制到Sheet2工作表中；按Excel样张图4-57对Sheet2的数据进行分类汇总，按成绩的等级分类统计各个等级的人数，调整第E列宽度为最合适列宽。

● 样张（见图4-56和图4-57）

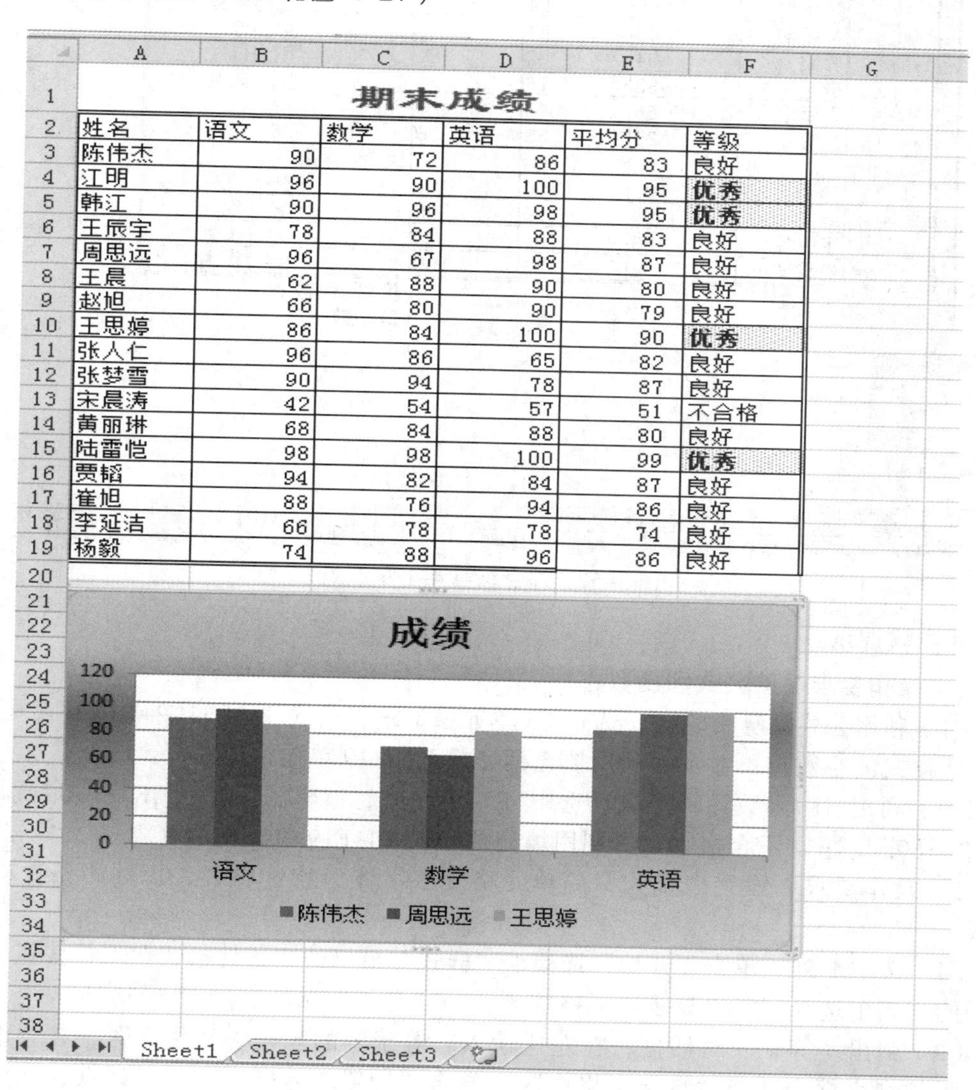

期末成绩

姓名	语文	数学	英语	平均分	等级
陈伟杰	90	72	86	83	良好
江明	96	90	100	95	优秀
韩江	90	96	98	95	优秀
王辰宇	78	84	88	83	良好
周思远	96	67	98	87	良好
王晨	62	88	90	80	良好
赵旭	66	80	90	79	良好
王思婷	86	84	100	90	优秀
张人仁	96	86	65	82	良好
张梦雪	90	94	78	87	良好
宋晨涛	42	54	57	51	不合格
黄丽琳	68	84	88	80	良好
陆雷恺	98	98	100	99	优秀
贾韬	94	82	84	87	良好
崔旭	88	76	94	86	良好
李延洁	66	78	78	74	良好
杨毅	74	88	96	86	良好

图4-56　综合练习4-1样张1

	A	B	C	D	E	F
1	姓名	语文	数学	英语	平均分	等级
2	宋晨涛	42	54	57	51	不合格
3					**不合格 计数**	1
4	陈伟杰	90	72	86	83	良好
5	王辰宇	78	84	88	83	良好
6	周思远	96	67	98	87	良好
7	王晨	62	88	90	80	良好
8	赵旭	66	80	90	79	良好
9	张人仁	96	86	65	82	良好
10	张梦雪	90	94	78	87	良好
11	黄丽琳	68	84	88	80	良好
12	贾韬	94	82	84	87	良好
13	崔旭	88	76	94	86	良好
14	李延洁	66	78	78	74	良好
15	杨毅	74	88	96	86	良好
16					**良好 计数**	12
17	江明	96	90	100	95	**优秀**
18	韩江	90	96	98	95	**优秀**
19	王思婷	86	84	100	90	**优秀**
20	陆雷恺	98	98	100	99	**优秀**
21					**优秀 计数**	4
22					**总计数**	17

图 4-57　综合练习 4-1 样张 2

● 步骤提示

1. 操作要求 2 的公式和函数：

（1）利用公式计算平均分：选中 E3 单元格，编辑公式“=(B3+C3+D3)/3”，设置单元格格式的小数点不显示；利用填充柄完成 E4~E19 单元格的计算。

（2）利用 IF 函数计算等级：选中 F3 单元格，编辑函数“=IF(E3>=90,"优秀",IF(E3>=60,"良好","不合格"))”，利用填充柄完成 F4~F19 单元格的计算。

2. 操作要求 3 设置“优秀”的单元格文字字体为特殊设置，可利用条件格式完成：

（1）选中 F 列，单击“开始”选项卡“样式”组中的“条件格式”下拉按钮，在展开的列表中选择“突出显示单元格规则”→“等于”选项，如图 4-58 所示。

（2）弹出“等于”对话框，在左边输入“等于”的规则为“优秀”，在“设置为”下拉列表框中选择“自定义格式”，弹出“设置单元格格式”对话框；在对话框中选择“字体”选项卡，设置字体颜色为“深蓝”，字形为“加粗”，如图 4-59 所示。

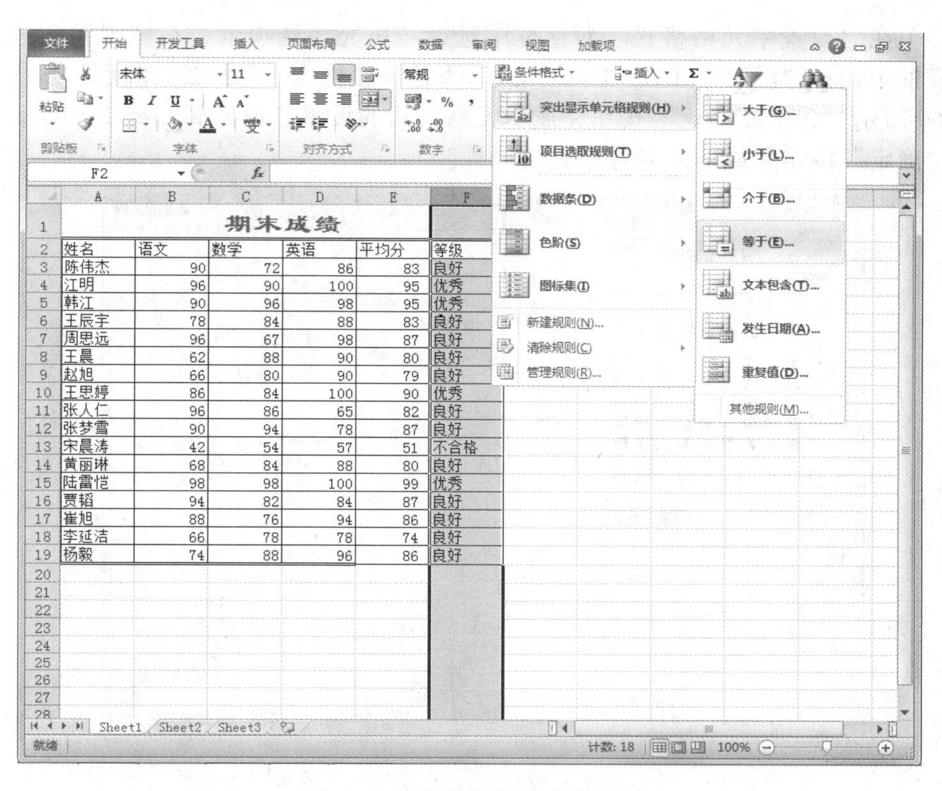

图 4-58　设置条件格式的界面

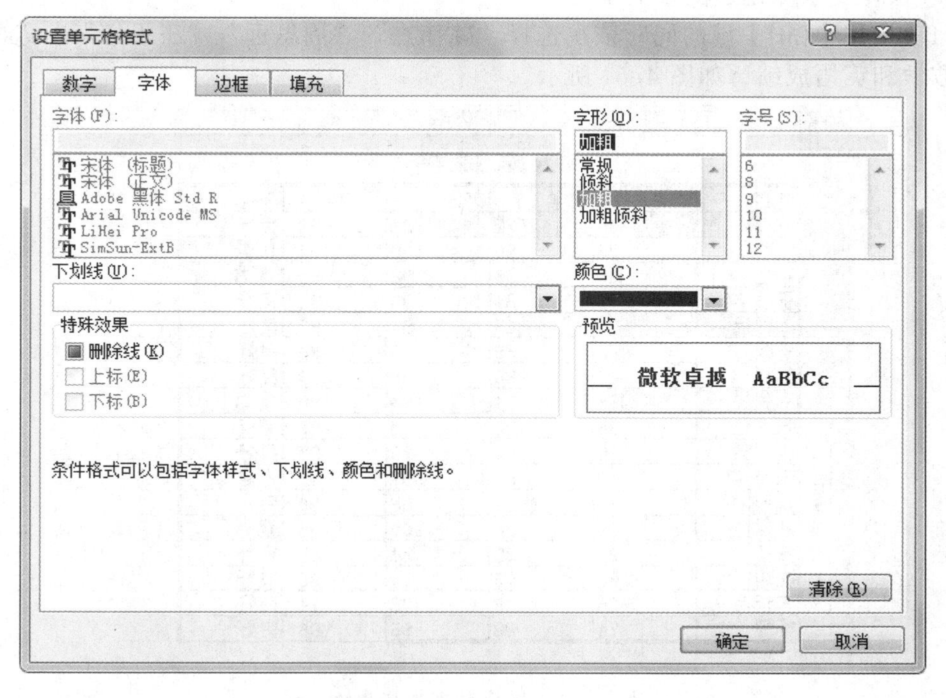

图 4-59　“设置单元格格式”对话框—“字体”选项卡

（3）在“设置单元格格式”对话框中选择“填充”选项卡，在“图案颜色”下拉列表框中选择“浅绿”，在“图案样式”下拉列表框中选择“25%灰色”图案，如图 4-60 所示，单击“确定”按钮完成单元格格式的设置，返回到“等于”对话框，单击“确定”按钮完成 F 列条件格式的设置。

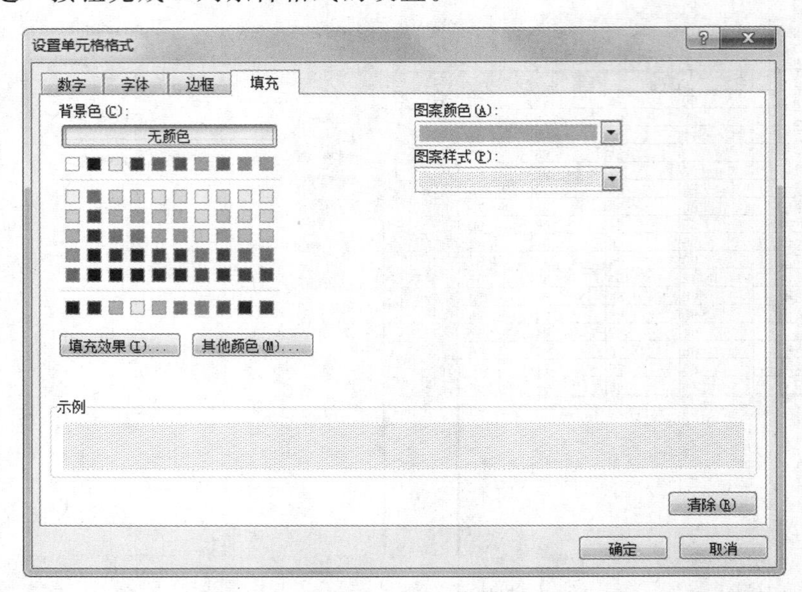

图 4-60　“设置单元格格式”对话框—“填充”选项卡

3. 操作要求 4 创建图表的步骤：

（1）按住【Ctrl】键的同时依次选择“陈伟杰”“周思远”“王思婷”3 人的语文、数学和英语成绩，如图 4-61 所示。

	A	B	C	D	E	F	G
1	期末成绩						
2	姓名	语文	数学	英语	平均分	等级	
3	陈伟杰	90	72	86	83	良好	
4	江明	96	90	100	95	优秀	
5	韩江	90	96	98	95	优秀	
6	王辰宇	78	84	88	83	良好	
7	周思远	96	67	98	87	良好	
8	王晨	62	88	90	80	良好	
9	赵旭	66	80	90	79	良好	
10	王思婷	86	84	100	90	优秀	
11	张人仁	96	86	65	82	良好	
12	张梦雪	90	94	78	87	良好	
13	宋晨涛	42	54	57	51	不合格	
14	黄丽琳	68	84	88	80	良好	
15	陆雷恺	98	98	100	99	优秀	
16	贾韬	94	82	84	87	良好	
17	崔旭	88	76	94	86	良好	
18	李延洁	66	78	78	74	良好	
19	杨毅	74	88	96	86	良好	
20							

图 4-61　图表数据选择界面

（2）单击“插入”选项卡“图表”组中的“柱形图”下拉按钮，在展开的列表中选择“簇状柱形图”样式创建图表。

（3）单击“图表工具–设计”选项卡“数据”组中的“选择数据”按钮，弹出“选择数据源”对话框，单击“水平（分类）轴标签”文本框中的“编辑”按钮，弹出“轴标签”对话框，选择轴标签区域为 B2:D2 单元格区域，如图 4–62 所示，单击“确定”按钮。

图 4–62 “轴标签”对话框

4. 操作要求 5 创建分类汇总：将 Sheet2 工作表中的数据清单按“等级”升序（或降序）排序；单击 Sheet2 数据清单的任意位置，单击“数据”选项卡“分级显示”组中的“分类汇总”按钮，弹出“分类汇总”对话框，设置“分类字段”为“等级”，“汇总方式”为“计数”，“选定汇总项”为“等级”，如图 4–63 所示，单击“确定”按钮完成分类汇总。

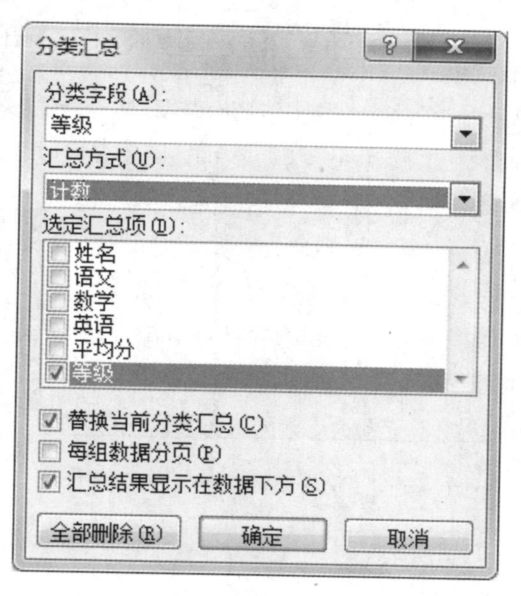

图 4–63 “分类汇总”对话框

【综合练习 4–2】

● 涉及的知识点

单元格数据的输入，单元格格式设置，自动套用表格格式，公式的输入，函数的应用（AVERAGE），条件格式，数据排序、高级筛选，创建图表、图表对象编辑。

● 操作要求

1. 将 Sheet1 工作表的标题“新生入学体检指标报告”设置为在 A1:G1 跨列居中；A1 和 G1 单元格填充色设置为“浅蓝”，为 G2 单元格添加批注，内容为“体质指数（BMI）=体重（公斤）÷身高（米）^2”，显示批注；

2. 按样张图 4-64 在“BMI 指数”列，使用公式计算每位学生的 BMI（BMI=体重（公斤）÷身高（米）^2），显示 1 位小数；为“BMI 指数”添加条件格式：“绿-白色阶”的色阶样式；

3. 为 A2:G20 单元格区域套用表格格式“表样式浅色 3”；

4. 如样张图 4-64，将数据按“性别”排序，在表格下方 D22:E23 单元格区域分别计算男生和女生的平均身高和平均体重，不显示小数；

5. 如样张图 4-64，利用高级筛选，在 A26:D28 单元格区域中设置筛选条件，将符合条件“身高高于 175、体重高于 65 公斤的男生”和“心率高于 80 的女生”的数据放置在起始位置为 A30 的单元格区域中；

6. 如样张图 4-65 所示，在新工作表中创建独立图表，图表类型为“折线图”，系列为“身高（厘米）”，分类轴标签为男女生的平均值，图表标题为“男女生平均身高”，设置图表样式为“样式 30”。

● 样张（见图 4-64 和图 4-65）

	A	B	C	D	E	F	G	H	I
1				新生入学体检指标报告					
2	姓名	性别	学院	身高（厘米）	体重（公斤）	心率（次/分）	BMI指数	体质指数（BMI）=体重（公斤）÷身高（米）^2	
3	王奕伟	男	商学院	180	66	67	20.4		
5	胡建明	男	外院	174	75	70	24.8		
6	王平	男	计算机	172	78	72	26.4		
7	顾凌昊	男	商学院	183	66	65	19.7		
8	张建华	男	商学院	180	70	74	21.6		
9	李逸伟	男	商学院	178	65	64	20.5		
10	黄晓强	男	外院	183	59	80	17.6		
11	徐毅君	男	外院	172	78	69	26.4		
12	张秀秀	女	外院	157	57	75	23.1		
13	马丽珍	女	商学院	162	63	68	24.0		
14	宋刚	女	外院	164	55	85	20.4		
15	凌英姿	女	计算机	156	50	74	20.5		
16	孙玲琳	女	商学院	172	60	76	20.3		
17	赵英	女	外院	163	51	80	19.2		
18	林小玲	女	计算机	160	45	76	17.6		
19	顾晓英	女	计算机	159	58	78	22.9		
20	宋佳英	女	计算机	159	48	70	19.0		
21									
22	男生平均值			176	67				
23	女生平均值			161	54				
24									
25									
26	性别	身高（厘	体重（公	心率（次/分）					
27	男	>175	>65						
28	女			>80					
29									
30	姓名	性别	学院	身高（厘米）	体重（公斤）	心率（次/分）	BMI指数		
31	王奕伟	男	商学院	180	66	67	20.4		
32	顾凌昊	男	商学院	183	66	65	19.7		
33	张建华	男	商学院	180	70	74	21.6		
34	宋刚	女	外院	164	55	85	20.4		
35									

图 4-64　综合练习 4-2 样张 1

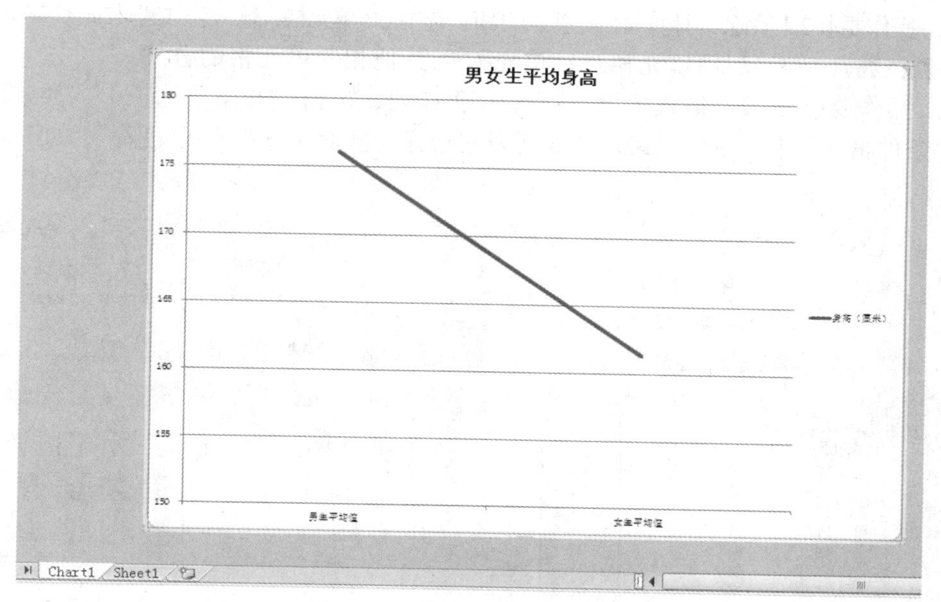

图 4-65　综合练习 4-2 样张 2

● 步骤提示

1. 操作要求 1 设置跨列居中的方法：选中 A1:G1 单元格区域并右击，在弹出的快捷菜单中选择“设置单元格格式”命令，弹出“设置单元格格式”对话框，选择“对齐”选项卡，在“文本对齐方式”区域的“水平对齐”下拉列表框中选择“跨列居中”，如图 4-66 所示。

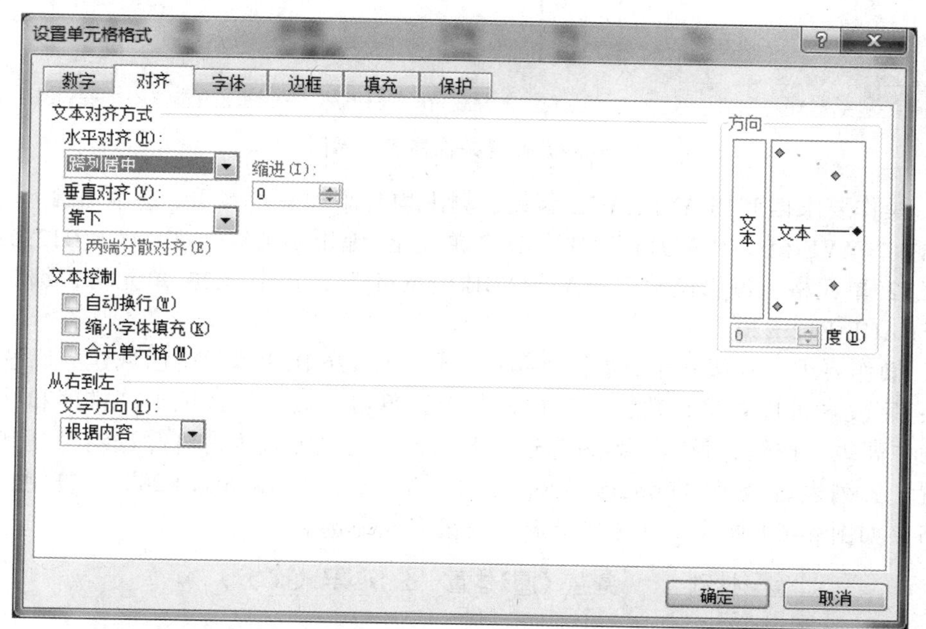

图 4-66　“设置单元格格式”对话框—“对齐”选项卡

2. 操作要求 2 利用公式计算每位学生的 BMI：选中 G3 单元格，输入公式“=E3/(D3/100)^2”，设置小数位数为 1 位：利用填充柄自动填充 G 列其他相关单元格的公式。

3. 操作要求 2 条件格式的设置：选中第 G 列，单击“开始”选项卡“样式”组中的“条件格式”下拉按钮，在展开的列表中选择“色阶”→“绿-白色阶”，如图 4-67 所示。

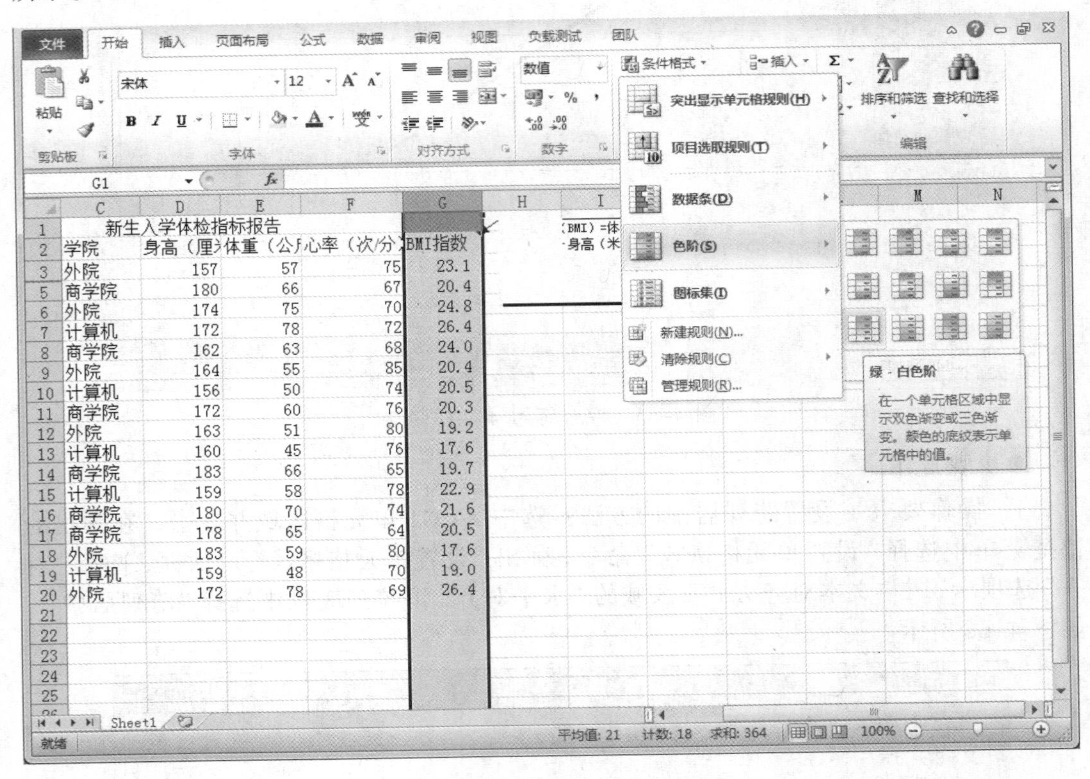

	C	D	E	F	G
2	学院	身高（厘	体重（公	心率（次/分	BMI指数
3	外院	157	57	75	23.1
5	商学院	180	66	67	20.4
6	外院	174	75	70	24.8
7	计算机	172	78	72	26.4
8	商学院	162	63	68	24.0
9	外院	164	55	85	20.4
10	计算机	156	50	74	20.5
11	商学院	172	60	76	20.3
12	外院	163	51	80	19.2
13	计算机	160	45	76	17.6
14	商学院	183	66	65	19.7
15	计算机	159	58	78	22.9
16	商学院	180	70	74	21.6
17	商学院	178	65	64	20.5
18	外院	183	59	80	17.6
19	计算机	159	48	70	19.0
20	外院	172	78	69	26.4

图 4-67 设置条件格式的界面

4. 操作要求四利用 AVERAGE 函数计算平均身高和平均体重：选中 D22 单元格，编辑函数“=AVERAGE(D3:D11)”；选中 D23 单元格，编辑函数“=AVERAGE(D12:D20)”；选中 E22 单元格，编辑函数“=AVERAGE(E3:E11)”；选中 E23 单元格，编辑函数“=AVERAGE(E12:E20)”。

5. 操作要求 5 高级筛选：如图 4-68 所示，在 A26:D28 单元格区域建立筛选条件（注意：字段名可以直接在数据清单中复制），单击“数据”选项卡“排序和筛选”组中的“高级”按钮，弹出“高级筛选”对话框，选择方式为“将筛选结果复制到其他位置”，列表区域为“$A$2:$G$20”，条件区域为“$A$26:$D$28”，复制到 A30 单元格，如图 4-69 所示，单击“确定”按钮完成筛选。

26	性别	身高（厘	体重（公	心率（次/分）
27	男	>175	>65	
28	女			>80

图 4-68 高级筛选的筛选条件

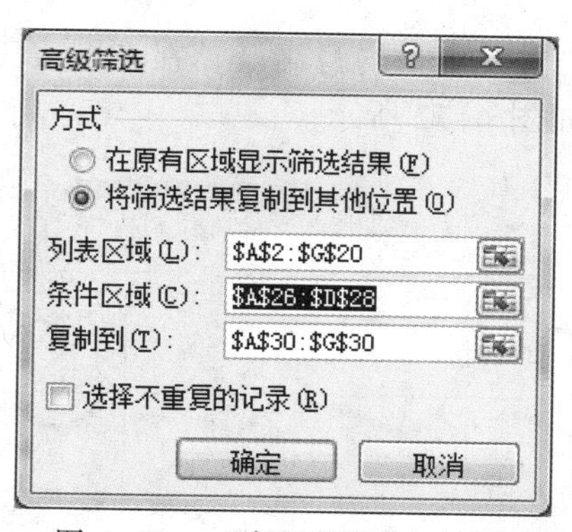

图 4-69 "高级筛选"对话框

6. 操作要求 6 在新工作表中创建图表的方法：

（1）按住【Ctrl】键的同时依次选中 A22、D22、A23、D23 单元格区域，按【F11】键创建独立图表。

（2）单击"图表工具-设计"选项卡"类型"组中的"更改图表类型"按钮，弹出"更改图表类型"对话框，选择"折线图"，如图 4-70 所示，单击"确定"按钮。

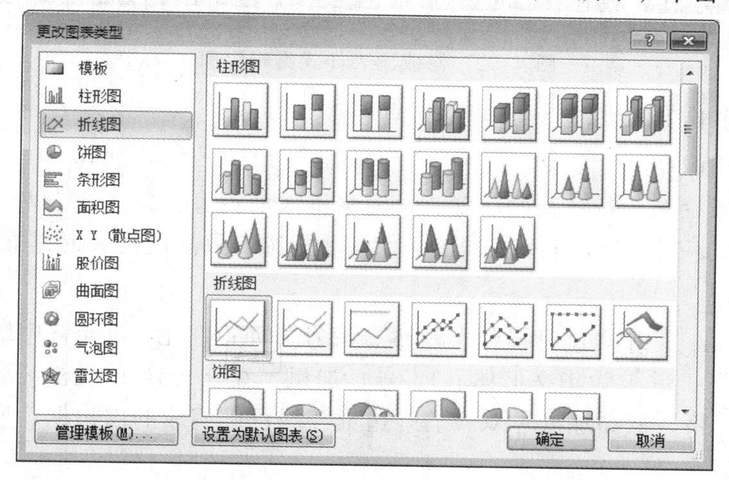

图 4-70 "更改图表类型"对话框

（3）单击"图表工具-设计"选项卡"数据"组中的"选择数据"按钮，弹出"选择数据源"对话框，选择"图例项（系列）"下方的"系列 1"，单击"编辑"按钮，修改系列名称，如图 4-71 所示，单击"确定"按钮返回到"选择数据源"对话框，单击"确定"按钮完成设置。

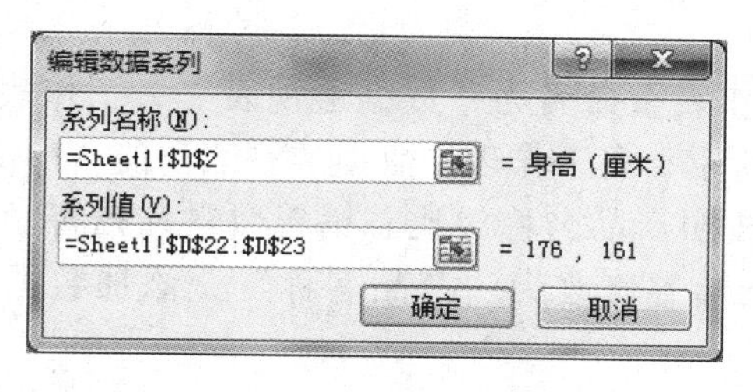

图 4-71 "编辑数据系列"对话框

（4）修改图表标题为“男女生平均身高”；在“图表工具-设计”选项卡中设置图表样式为“样式 30”，如图 4-72 所示。

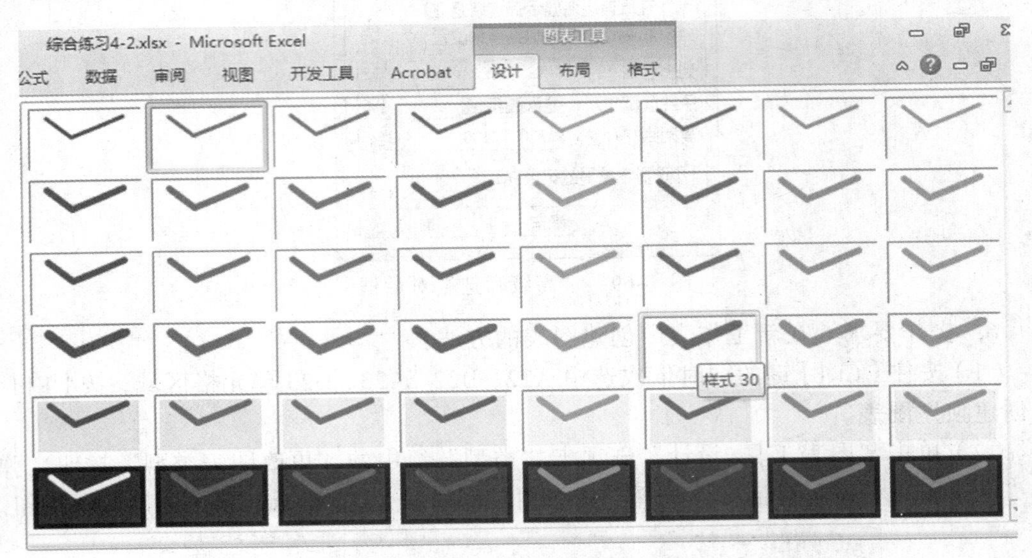

图 4-72　修改图表样式编辑界面

【综合练习 4-3】

●涉及的知识点

工作表的重命名，行、列的隐藏，单元格格式的设置，公式的输入，单元格地址的引用，函数的应用（AVERAGE、IF），自动筛选，数据透视表的建立。

●操作要求

1. 对 Sheet1 工作表进行操作，隐藏“编号”列；在 B1 单元格中输入标题“产品销售情况表”，并设为华文楷体、18 号、加粗，在 B1:G1 单元格区域跨列居中；给 B2:G13 单元格区域添加红色双线的外边框和绿色细实线的内边框，所有单元格水平居中显示；

2. 在 Sheet1 工作表中计算销售额列（销售额=销售数量×单价）、利润列（利润=销售额×利润率）；在 E13 和 F13 单元格分别计算出销售额和利润的平均值，不保留小数；

3. 使用 IF 函数，根据销售额在 F 列填写各产品型号的销售等级：销售额≥150 000 显示“优秀”，否则显示“合格”；如样张图 4-73 所示筛选出除等级为“合格”的产品的销售情况；

4. 将“Sheet3”工作表重命名为“数据透视表”，工作表标签颜色为“红色”；

5. 如样张图 4-74 所示，在工作表“数据透视表”的 A13 单元格中为工作表中的数据制作数据透视表；按照产品名称对比总销售数量和销售额的最大值；

6. 将数据透视表行标签修改为“产品名称”，添加数据透视表样式为“深色-数据透视表样式深色 1”。

● 样张（见图 4-73 和图 4-74）

	B	C	D	E	F	G	H
1	产品销售情况表						
2	产品型	销售数量	单价（元	销售额(元)	利润	等级	
5	P-3	111	2098	232878	11644	优秀	
6	P-4	66	2341	154506	7725	优秀	
9	P-7	89	3910	347990	17400	优秀	
14							
15							

图 4-73　综合练习 4-3 样张 1

	A	B	C	D	E	F
1	产品名称	类别	销售地区	销售数量	销售额	
2	沙发	家具	天津市	100	8450	
3	电视	电器	天津市	76	3453	
4	沙发	家具	上海市	104	7000	
5	空调	电器	天津市	65	6546	
6	沙发	家具	北京市	97	7788	
7	电视	电器	上海市	41	7412	
8	电视	电器	北京市	56	6323	
9	空调	电器	上海市	87	4567	
10	空调	电器	北京市	67	8789	
11						
12						
13	产品名称	求和项:销售数量	最大值项:销售额			
14	电视	173	7412			
15	空调	219	8789			
16	沙发	301	8450			
17	总计	693	8789			
18						
19						
20						

Sheet1　数据透视表

图 4-74　综合练习 4-3 样张 2

● 步骤提示

1. 操作要求 2 的公式和函数：

（1）利用公式计算销售额：选中 E3 单元格，编辑公式“=C3*D3”，利用填充柄将公式复制到 E 列的其他相关单元格中。

（2）利用公式计算利润：选中 F3 单元格，编辑公式“=E3*$J$3”（J3 单元格使用绝对地址引用），利用填充柄将公式复制到 F 列的其他相关单元格中。

（3）利用 AVERAGE 函数计算平均值：选中 E13 单元格，编辑函数“=AVERAGE(E3:E12)”；选中 F13 单元格，编辑函数“=AVERAGE(F3:F12)”。

2. 操作要求 3 利用 IF 函数计算销售等级：选中 G3 单元格，编辑函数“=IF(E3>=150000, "优秀","合格")”，利用填充柄将公式复制到 G 列的其他相关单元格中。

3. 操作要求 5 步骤：

（1）在工作表“数据透视表”下，单击“插入”选项卡“表格”组中的“数据透视表”按钮，弹出“创建数据透视表”对话框，选择要分析的数据区域为 A1:E10，选择放置数据透视表的位置为现有工作表的 A13 单元格，如图 4-75 所示，单击“确定”按钮。

（2）在“数据透视表字段列表”对话框中，在“选择要添加到报表的字段”下将字段名“产品名称”拖动到行标签的位置，将字段名“销售数量”和“销售额”拖动到“数值”位置；单击“求和项：销售额”，在展开的列表中选择“值字段设置”选项，在计算类型中选择“最大值”选项，如图 4-76 所示，单击“确定”按钮，“数据透视表字段列表”对话框如图 4-77 所示。

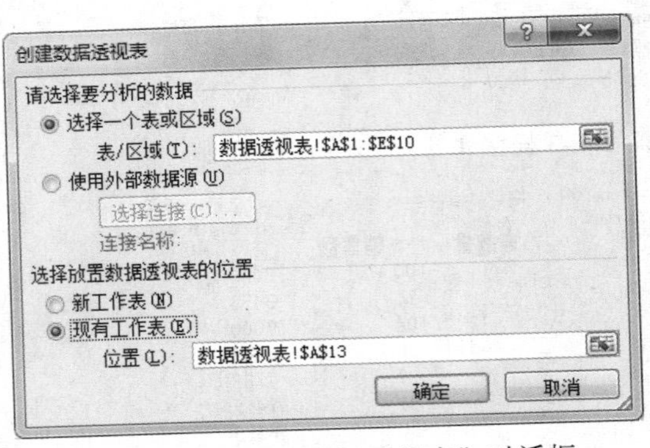

图 4-75 “创建数据透视表”对话框

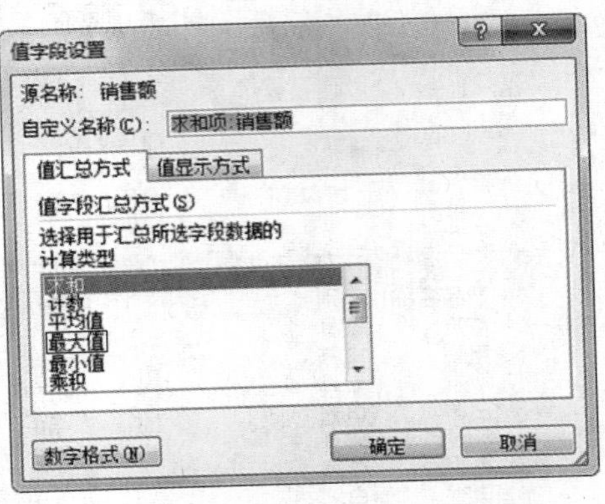

图 4-76 “值字段设置”对话框

图 4-77 “数据透视表字段列表”的设置界面

【综合练习 4-4】

● 涉及的知识点

单元格格式设置，单元格区域的命名，列宽和行高的设置，条件格式，公式的输入，函数的应用（SUMIF），高级筛选，创建图表。

● 操作要求

1. 在工作表“图书销售情况表”的 A1 单元格中输入表格标题“图书销售情况表”并设置文字格式：楷体、20 磅、加粗、深蓝；设置 A1:F1 单元格区域合并居中，行高为 30 磅，设置单元格填充为浅蓝色的“细 水平 剖面线”图案样式；

2. 设置整张表格中除标题外的表格格式：文字大小设置为 10 磅，水平居中对齐；为表格设置外框红细线、内框黑细线，列宽为最合适的宽度；

3. 如样张图 4-78 所示，用公式统计销售额列（销售额=数量 × 单价），在 D22 和 F22 单元格统计第三分店所有图书的销售数量和销售额；

4. 利用条件格式设置 F 列文字的显示色：6 000 元及以上为红色文本，介于 4 000 元到 6 000 元为蓝色文本，4 000 元以下为黄色文本；

5. 利用高级筛选，找出“第三分店大学语文的销售情况”和“第二分店第 4 季度的销售情况”，筛选条件区域为 A24:C26，筛选结果区域为 A28:F33；

6. 在工作表“Sheet1”中的相应位置生成如样张图 4-79 所示的图表，图表类型为簇状条形图，图表区域形状样式为“细微效果-红色，强调颜色 2”，设置数据系列颜色为“浅绿”。

● 样张（见图 4-78 和图 4-79）

	A	B	C	D	E	F	G
1	图书销售情况表						
2	经销部门	图书名称	季度	数量	单价	销售额(元)	
3	第三分店	大学语文	3	111	32.8	3640.8	
4	第三分店	大学语文	2	119	32.8	3903.2	
5	第一分店	高等数学	2	123	26.9	3308.7	
6	第二分店	英语	2	145	23.5	3407.5	
7	第一分店	英语	1	167	23.5	3924.5	
8	第三分店	高等数学	4	168	26.9	4519.2	
9	第一分店	高等数学	4	178	26.9	4788.2	
10	第三分店	英语	4	180	23.5	4230	
11	第二分店	英语	4	189	23.5	4441.5	
12	第二分店	高等数学	1	190	26.9	5111	
13	第二分店	高等数学	4	196	26.9	5272.4	
14	第二分店	高等数学	3	205	26.9	5514.5	
15	第二分店	英语	1	206	23.5	4841	
16	第二分店	高等数学	2	211	26.9	5675.9	
17	第三分店	高等数学	3	218	26.9	5864.2	
18	第二分店	大学语文	1	221	32.8	7248.8	
19	第三分店	大学语文	4	230	32.8	7544	
20	第一分店	高等数学	3	232	26.9	6240.8	
21							
22	第三分店总计			1026		29701.4	
23							
24	经销部门	图书名称	季度				
25	第三分店	大学语文					
26	第二分店		4				
27							
28	经销部门	图书名称	季度	数量	单价	销售额(元)	
29	第三分店	大学语文	3	111	32.8	3640.8	
30	第三分店	大学语文	2	119	32.8	3903.2	
31	第二分店	英语	4	189	23.5	4441.5	
32	第二分店	高等数学	4	196	26.9	5272.4	
33	第三分店	大学语文	4	230	32.8	7544	
34							

图 4-78 综合练习 4-4 样张 1

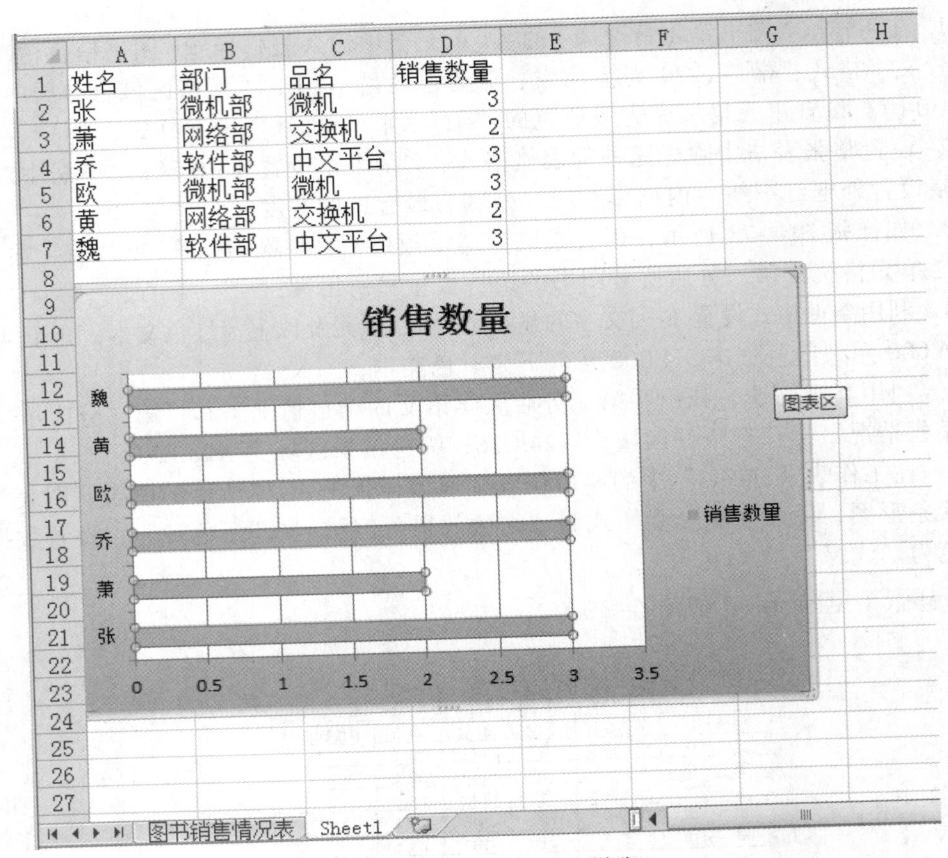

图 4-79　综合练习 4-4 样张 2

● 步骤提示

1. 操作要求 3 的公式和函数：

（1）利用公式计算销售额：选中 F3 单元格，编辑公式“=D3*E3”，利用填充柄将公式复制到 F 列的其他相关单元格中。

（2）利用 SUMIF 函数计算销售数量和销售额：选中 D22 单元格，编辑函数“=SUMIF(A3:A20,A3,D3:D20)”，选中 F22 单元格，编辑函数“=SUMIF(A3:A20,A3,F3:F20)”。

2. 操作要求 4 条件格式的设置方法：

（1）选中第 F 列，单击“开始”选项卡“样式”组中的“条件格式”下拉按钮，在展开的列表中选择“突出显示单元格规则”→“其他规则”选项，弹出“新建规则格式”对话框，编辑规则“单元格值”“大于或等于”“6000”；单击“格式”按钮，弹出“设置单元格格式”对话框，选择“字体”选项卡，设置字体颜色为红色，单击“确定”按钮；“新建格式规则”对话框如图 4-80 所示，单击“确定”按钮完成第 1 个条件格式的设置。

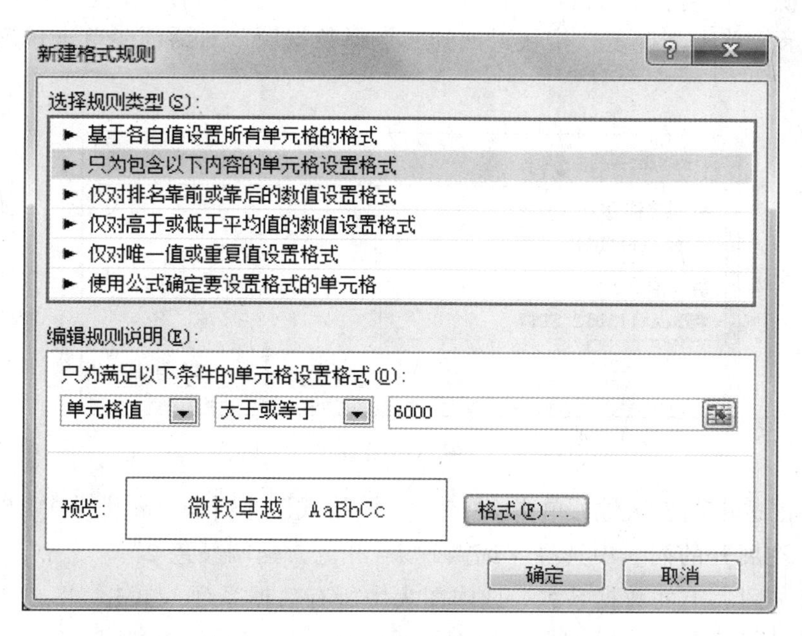

图 4-80 “新建格式规则”对话框

（2）按照上述步骤设置第 2 个条件格式：选择 F 列，设置条件格式为“突出显示单元格规则”为“介于”，如图 4-81 设置。

图 4-81 “介于”规则设置的对话框

（3）按照上述方法选择“小于”的规则设置“突出显示单元格规则”的条件格式。

3. 操作要求 5 高级筛选的设置：筛选条件如图 4-82 所示。

24	经销部门	图书名称	季度	
25	第三分店	大学语文		
26	第二分店		4	

图 4-82 筛选条件的设置界面

4. 操作要求 6 图表的插入：

（1）按住【Ctrl】键的同时选择 A2:A7 和 D2:D7 单元格区域中的数据，单击“插入”选项卡“图表”组中的“条形图”下拉按钮，在展开的列表中选择“簇状条形图”，插入图表。

（2）单击“图表工具-设计”选项卡“数据”组中的“选择数据”按钮，弹出

“选择数据源”对话框，编辑“图例项（系列）”的系列名称为 D1 单元格，如图 4-83 所示，单击“确定”按钮返回到“选择数据源”对话框，单击“确定”按钮完成设置。

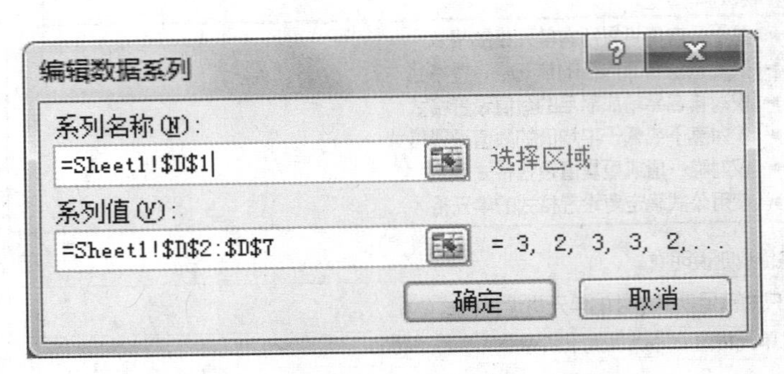

图 4-83 “编辑数据格式”对话框

（3）单击选中图表区域，单击“图表工具-格式”选项卡“形状样式”组中的“其他”按钮，在展开的列表中选择“细微效果-红色，强调颜色 2”。

（4）单击图表上的数据系列，选中图表中所有数据系列，单击“图表工具-格式”选项卡“形状样式”组中的“形状填充”下拉按钮，在展开的列表中选择“浅绿”。

【综合练习 4-5】

●涉及的知识点

单元格格式设置，列宽和行高的设置，公式的输入，函数的应用（AVERAGE、MAX、IF、COUNTIF），数据透视表的创建。

●操作要求

1. 在 A1 单元格中输入表格标题“工资情况表”并设置文字格式：黑体、20 磅、加粗，设置标题在 A1:J1 单元格区域跨列居中，行高为 30 磅；在 A1:B1、I1:J1 单元格区域填充颜色为“红色”的“水平 条纹”图案填充；设置 F3:I18 单元格区域的数字为会计专用格式，不显示小数；

2. 利用公式计算：所得税列（所得税=(基本工资+津贴)×扣费），实发工资列（实发工资=基本工资+津贴-所得税）；在 D20、D21 单元格中分别利用函数计算实发工资的平均值、实发工资的最大值；

3. 利用函数统计收入状况：实发工资>2 500 为“高”，2 000<实发工资<=2 500 为“中”，否则为“低”；在 D22 单元格统计收入状况为高的人数；

4. 设置第 2～18 行的行高为 17，A2:J18 区域的单元格水平、垂直都居中，按样张图 4-84 所示设置表格的边框线；

5. 在如样张图 4-85 所示的位置插入数据透视表，按部门和性别统计平均实发工资，数值显示均保留 2 位小数、不显示行统计。

● 样张（见图 4-84 和图 4-85）

工资情况表

编号	姓名	性别	部门	籍贯	基本工资	津贴	所得税	实发工资	收入状况
10102001	章俊	男	销售部	上海	¥ 2,700	¥ 320	¥ 302	¥ 2,718	高
10102002	宋伟嘉	男	销售部	江苏	¥ 2,500	¥ 250	¥ 275	¥ 2,475	中
10102003	朱密	女	公关部	江苏	¥ 3,000	¥ 200	¥ 320	¥ 2,880	高
10102005	黄海洋	男	企划部	浙江	¥ 2,100	¥ 210	¥ 231	¥ 2,079	中
10102006	吴小娟	女	销售部	浙江	¥ 1,850	¥ 150	¥ 200	¥ 1,800	低
10102007	罗志安	男	企划部	上海	¥ 2,600	¥ 300	¥ 290	¥ 2,610	高
10102008	赵敏	女	公关部	浙江	¥ 3,060	¥ 240	¥ 330	¥ 2,970	高
10102009	张小华	女	销售部	上海	¥ 2,020	¥ 210	¥ 223	¥ 2,007	中
10102010	李伟平	男	公关部	江苏	¥ 3,010	¥ 150	¥ 316	¥ 2,844	高
10102012	张英	女	企划部	浙江	¥ 1,820	¥ 160	¥ 198	¥ 1,782	低
10102013	赵建明	男	公关部	江苏	¥ 2,200	¥ 230	¥ 243	¥ 2,187	中
10102014	凌平芳	女	企划部	江苏	¥ 1,960	¥ 260	¥ 222	¥ 1,998	低
10102015	孙小妹	女	销售部	浙江	¥ 2,710	¥ 250	¥ 296	¥ 2,664	高
10102016	黄国强	男	销售部	江苏	¥ 2,820	¥ 230	¥ 305	¥ 2,745	高
10102017	宋国芳	女	企划部	上海	¥ 1,560	¥ 120	¥ 168	¥ 1,512	低
10102018	徐毅雄	男	公关部	浙江	¥ 2,740	¥ 230	¥ 297	¥ 2,673	高

实发工资平均值	¥ 2,372
实发工资最大值	¥ 2,970
收入状况为“高”的人数	8
扣费	10%

Sheet1 Sheet2 Sheet3

图 4-84　综合练习 4-5 样张 1

平均值项:实发工资	列标签	
行标签	男	女
公关部	2568.00	2925.00
企划部	2344.50	1764.00
销售部	2646.00	2157.00
总计	**2541.38**	**2201.63**

图 4-85　综合练习 4-5 样张 2

● 步骤提示

1. 操作要求 2 公式和函数：

（1）利用公式计算所得税：选中 H3 单元格，编辑公式“=(F3+G3)*$C$25”，C25 单元格地址需使用绝对引用；利用填充柄将公式复制到 H 列的其他相关单元格中。

（2）利用公式计算实发工资：选中 I3 单元格，编辑公式“=F3+G3-H3”，利用填充柄将公式复制到 I 列的其他相关单元格中。

（3）利用 AVERAGE 函数计算实发工资的平均值：选中 D20 单元格，编辑函数“=AVERAGE(I3:I18)”。

（4）利用 MAX 函数计算实发工资的最大值：选中 D21 单元格，编辑函数“=MAX(I3:I18)”。

2. 操作要求 3 函数：

（1）利用 IF 函数统计收入情况：选中 J3 单元格，编辑函数：“=IF(I3>2500,"高",IF(I3>2000,"中","低"))”，利用填充柄将公式复制到 J 列的其他相关单元格中。

（2）利用 COUNTIF 函数统计收入状况为高的人数：选中 D22 单元格，编辑函数：=COUNTIF(J3:J18,"高")。

3. 操作要求 5 数据透视表的插入方法：

（1）单击 A28 单元格，单击“插入”选项卡“表格”组中的“数据透视表”按钮，弹出“创建数据透视表”对话框，如图 4-86 所示进行设置，单击“确定”按钮。

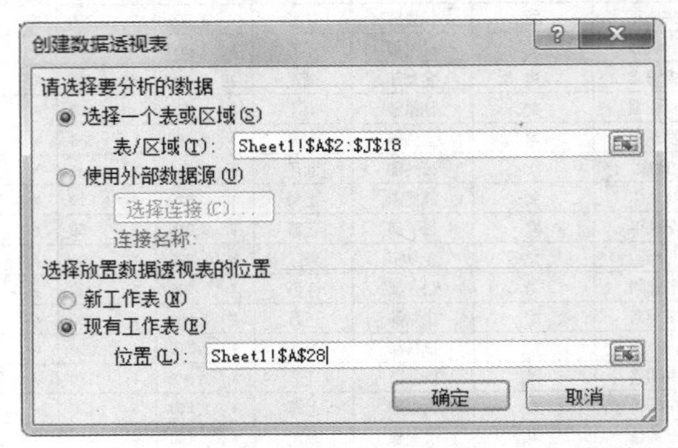

图 4-86 “创建数据透视表”对话框

（2）在“数据透视表字段列表”对话框中，在“选择要添加到报表的字段”下拖动字段名“部门”到行标签，拖动字段名“性别”到列标签，拖动字段名“实发工资”到“数值”；单击“求和项：实发工资”，在弹出的菜单中选择“值字段设置”，将值汇总方式改为“平均值”，单击“数字格式”按钮，弹出“设置单元格格式”对话框，设置数字类型为“数值”，小数位数为 2 位，如图 4-87 所示，单击“确定”按钮，最终的“数据透视表字段列表”设置界面如图 4-88 所示，单击“确定”按钮完成设置。

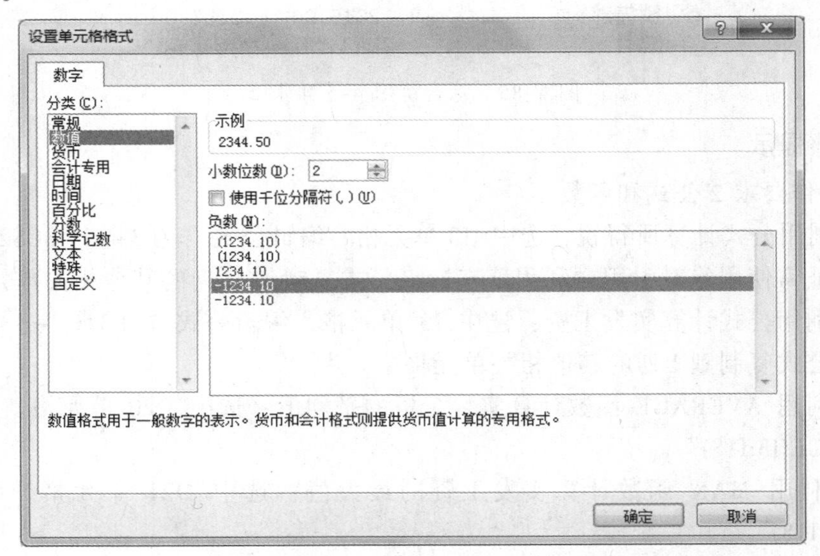

图 4-87 “设置单元格格式”对话框

（3）单击“设计”选项卡“布局”组中的“总计”下拉按钮，在展开的列表中选择“仅对列启用”选项，如图 4-89 所示。

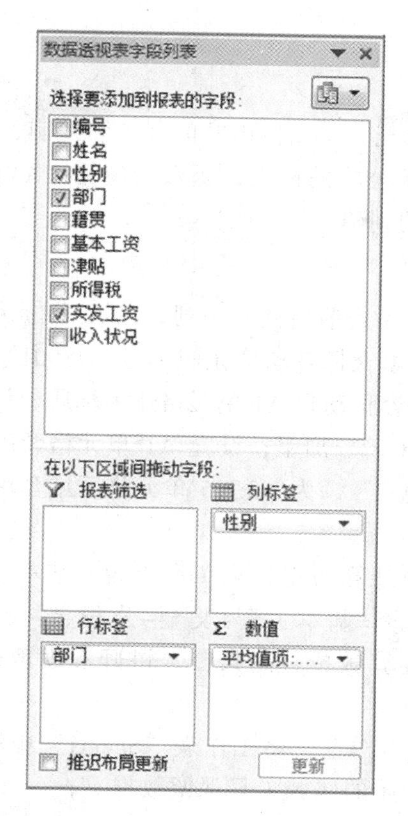

图 4-88 “数据透视表字段列表”对话框

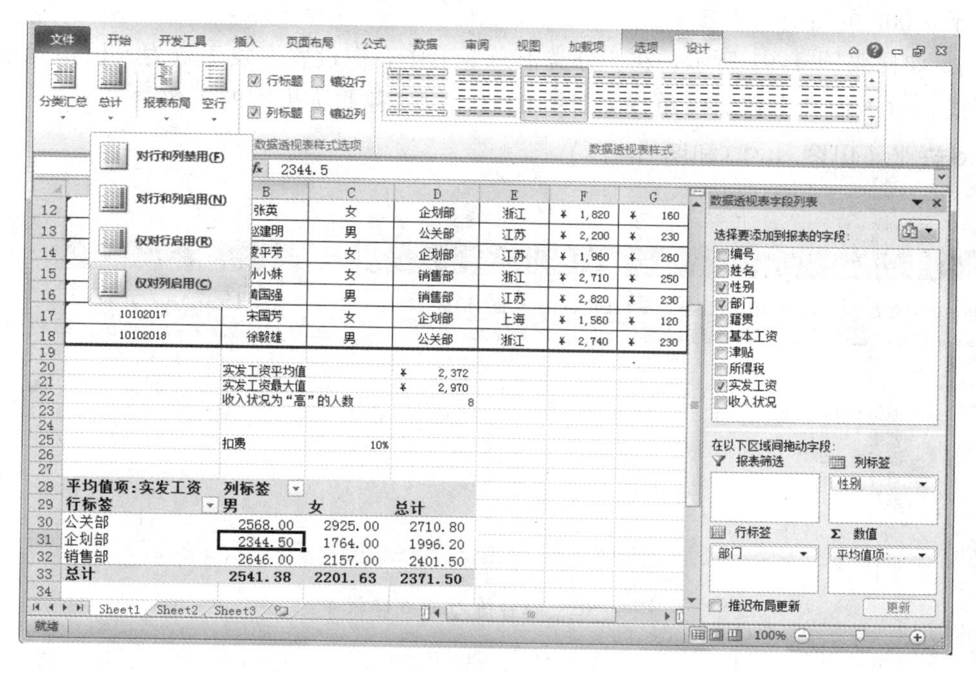

图 4-89 设置数据透视表“总计”选项的界面

【综合练习 4-6】

● 涉及的知识点

行、列的插入，自动填充，单元格内容的移动和复制，单元格格式设置，单元格样式，自动套用表格格式，公式的输入，函数的应用（AVERAGEIF）、工作表的新建，自动筛选，分类汇总的创建。

● 操作要求

1. 在 Sheet1 工作表的 A 列前新插入一列，在 A3 单元格内输入文字“职工号”，在 A4:A15 单元格区域利用填充柄自动填充职工号“JS001”～“JS012”；

2. 将 B18 单元格的内容移动到 A1 单元格作为标题，设置 A1:J1 单元格区域合并居中，并设置字体格式：18 磅、加粗；设置 A1 单元格套用单元格样式为“主题单元格样式”→“强调文字颜色 2”，为 A3:J15 单元格区域套用浅色的表格格式“表样式浅色 3”；

3. 在 Sheet1 工作表中计算所得税列（所得税=(基本工资+奖金)×所得税率），计算实发工资列（实发工资=基本工资+奖金−公积金−所得税）；在 B20、B21、B22 和 B23 单元格分别计算教授、副教授、讲师和助教的基本工资平均值，不保留小数；

4. 新建工作表“分类汇总”，将工作表“Sheet1”中的 A3:J15 单元格区域的内容复制到新工作表的 A1 开始的区域（只保留数据）；

5. 如样张图 4-90 所示，在工作表“Sheet1”中筛选出基本工资高于 2 000、奖金高于 1 000 的所有男职工；

6. 如样张图 4-91 所示，在“分类汇总”工作表中设置实发工资为人民币货币数据格式，对工作表中数据清单建立分类汇总，统计各职称男女的人数。

● 样张（见图 4-90 和图 4-91）

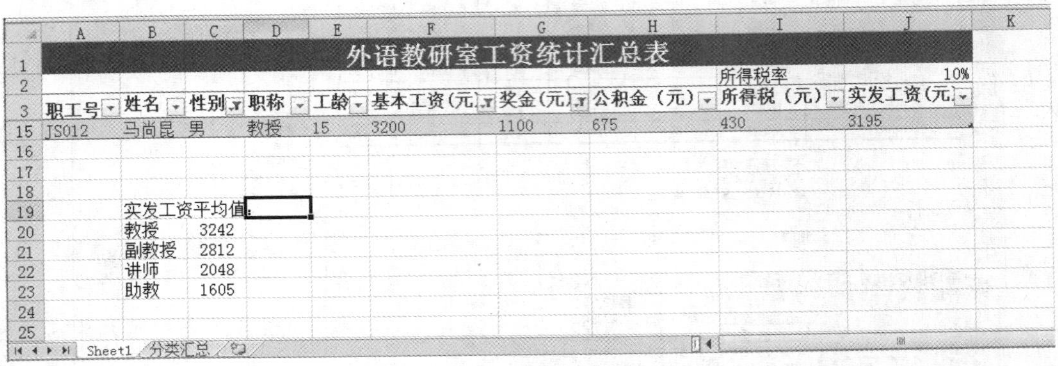

	A	B	C	D	E	F	G	H	I	J	K
1	外语教研室工资统计汇总表										
2									所得税率	10%	
3	职工号	姓名	性别	职称	工龄	基本工资（元）	奖金（元）	公积金（元）	所得税（元）	实发工资（元）	
15	JS012	马尚昆	男	教授	15	3200	1100	675	430	3195	
16											
17											
18											
19		实发工资平均值									
20		教授	3242								
21		副教授	2812								
22		讲师	2048								
23		助教	1605								
24											
25											

Sheet1 / 分类汇总

图 4-90 综合练习 4-6 样张 1

	A	B	C	D	E	F	G	H	I	J	K
1	职工号	姓名	性别	职称	工龄	基本工资(	奖金(元)	公积金（	所得税（	实发工资(元)	
2	JS004	秦铁汉	男	讲师	15	2000	500	495	250	¥1,755.00	
3	JS005	李晓明	男	讲师	17	2100	550	536	265	¥1,849.00	
4	JS008	孙红雷	男	讲师	18	2550	780	616.5	333	¥2,380.50	
5	JS009	王庆红	男	副教授	16	2800	930	628	373	¥2,729.00	
6	JS010	张昭阳	男	助教	8	1800	450	374	225	¥1,651.00	
7	JS012	马尚昆	男	教授	15	3200	1100	675	430	¥3,195.00	
8			男 计数							6	
9	JS001	张小川	女	教授	32	3500	1200	941	470	¥3,289.00	
10	JS002	李秀洪	女	讲师	27	2500	800	726	330	¥2,244.00	
11	JS003	罗国庆	女	讲师	4	1750	420	314.5	217	¥1,638.50	
12	JS006	刘志文	女	副教授	22	2920	1100	724	402	¥2,894.00	
13	JS007	苏胡圆	女	讲师	24	2600	870	702	347	¥2,421.00	
14	JS011	李清华	女	助教	4	1680	390	304	207	¥1,559.00	
15			女 计数							6	
16			总计数							12	
17											

Sheet1 分类汇总

图 4-91 综合练习 4-6 样张 2

● 步骤提示

1. 操作要求 1 填充柄的自动填充：在 A4 单元格中输入文字“JS001”，单击 A4 单元格，将鼠标移动到单元格边框右下角，当鼠标呈细十字形状时双击，A 列其他单元格数据自动填充。

2. 操作要求 2 单元格样式和表格格式的设置：

（1）A1 单元格样式的套用：单击 A1 单元格，单击“开始”选项卡“样式”组中的“单元格样式”下拉按钮，在展开的列表中选择“主题单元格样式”→“强调文字颜色 2”样式。

（2）A3:J15 单元格区域表格格式的套用：单击鼠标拖拉选中 A3:J15 单元格区域，单击“开始”选项卡“样式”组中的“表格格式”下拉按钮，在展开的列表中选择“浅色”→“表样式浅色 3”格式。

3. 操作要求 3 的公式和函数：

（1）利用公式计算所得税：选中 I1 单元格，编辑公式“=([@[基本工资(元)]]+[@[奖金(元)]])*$J$2”，J2 单元格的地址引用为绝对地址引用，因表格套用表格格式，I 列其他数据自动填充。

（2）利用公式计算实发工资：选中 J1 单元格，编辑公式：“=[@[基本工资(元)]]+[@[奖金(元)]]–[@公积金（元）]–[@所得税（元）]”，因表格套用表格格式，J 列其他数据自动填充。

（3）利用 AVERAGEIF 函数计算各职称的基本工资平均值：选中 CB20 单元格，编辑函数“=AVERAGEIF(表 1[职称],"B20",表 4[实发工资(元)])”；利用填充柄完成 C21:C23 单元格的自动填充。

4. 操作要求 4 复制单元格内容：在“Sheet1”中选中 A3:J15 单元格区域，按【Ctrl+C】组合键进行复制；单击“分类汇总”工作表，右击 A1 单元格，在弹出的快捷菜单中选择“粘贴值”命令，复制数据时不保留格式。

5. 操作要求 5 自动筛选：

（1）单击工作表“Sheet1”中字段名“基本工资”下拉按钮，在展开的列表中选择“数字筛选”→“大于”，如图 4-92 所示。

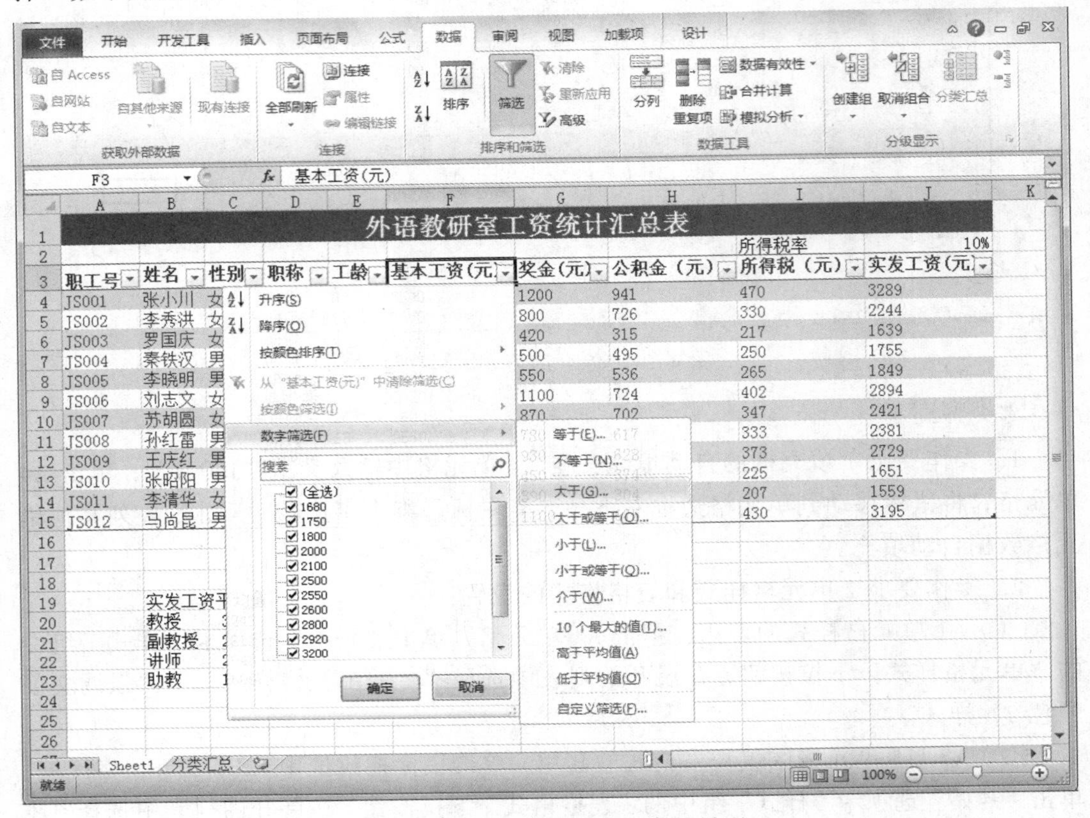

图 4-92　设置筛选基本工资的界面

（2）弹出“自定义自动筛选方式”对话框，设置基本工资“大于”“2000”，如图 4-93 所示，单击“确定”按钮。

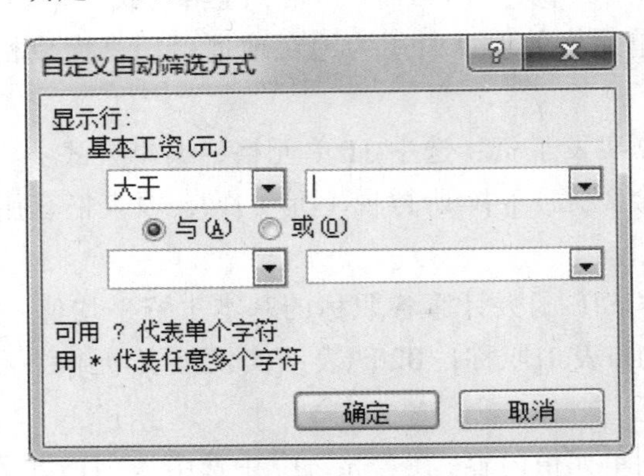

图 4-93　“自定义自动筛选方式”对话框

（3）用类似的方法设置奖金高于 1000 和性别的筛选。

6. 操作要求 6 分类汇总的创建：

（1）将表格数据按性别排序：单击“性别”列，单击“数据”选项卡“排序和筛选”组中的“升序”（或降序）按钮，弹出“排序提醒”对话框，选择“扩展选定区域”单选按钮，如图 4-94 所示，单击“排序”按钮，完成性别的排序。

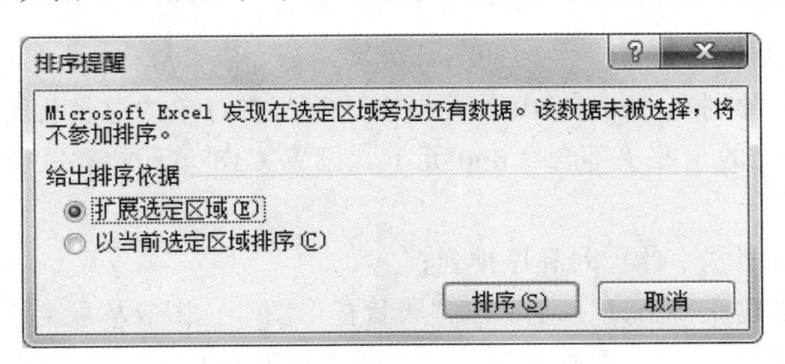

图 4-94 “排序提醒”对话框

（2）单击“数据”选项卡“分级显示”组中的“分类汇总”按钮，弹出“分类汇总”对话框，设置分类字段为“性别”，汇总方式为“计数”，选定汇总项为“实发工资（元）”，如图 4-95 所示，单击“确定”按钮，完成分类汇总。

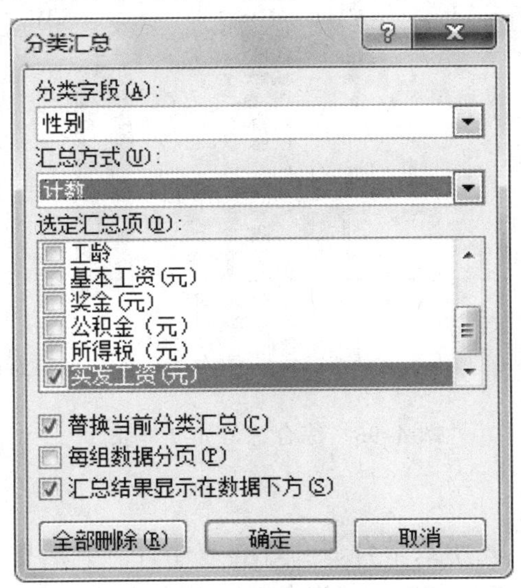

图 4-95 “分类汇总”对话框

【综合练习 4-7】

●涉及的知识点

单元格格式设置，列宽和行高的设置，函数的应用（SUM、IF、COUNTIF），创建图表、图表对象编辑，数据排序。

●操作要求

1. 将工作表 Sheet1 的 A1:E1 单元格区域合并为一个单元格，内容水平居中；将标题设为宋体 22 号字，表格中文字设为宋体 14 号字；

2. 按照样张设置表格样式为“表样式中等深浅 11”，自动调整各行行高、各列列宽，单元格水平居中；

3. 使用函数计算“小计”列（要求：如果小计大于或等于 5 000，折扣 9 折；小计大于或等于 3 000 元，折扣 9.5 折；低于 3 000，没有折扣），设置“小计”列数值货币类型，保留 0 位小数；

4. 使用函数分别在 G18、G19 单元格中计算所有订单的总销售金额、图书订单金额低于 1 000 元的个数（不含 1 000 元），设置 G18 单元格格式为货币类型，保留 0 位小数；

5. 将表格按照“小计”列降序排列；

6. 按照样张建立“小计”前 3 位“簇状柱形图”，图表标题为“图书订单前三名明细表”，无图例，显示数据标签，将图插入到表的 F2:G17 单元格区域内。

●样张（见图 4-96）

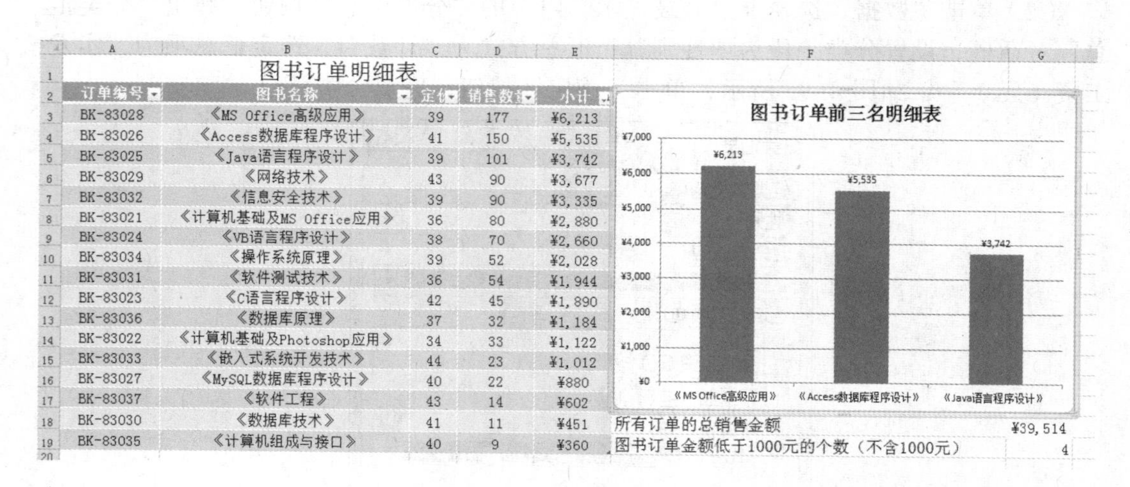

图书订单明细表

订单编号	图书名称	定价	销售数	小计
BK-83028	《MS Office高级应用》	39	177	¥6,213
BK-83026	《Access数据库程序设计》	41	150	¥5,535
BK-83025	《Java语言程序设计》	39	101	¥3,742
BK-83029	《网络技术》	43	90	¥3,677
BK-83032	《信息安全技术》	39	90	¥3,335
BK-83021	《计算机基础及MS Office应用》	36	80	¥2,880
BK-83024	《VB语言程序设计》	38	70	¥2,660
BK-83034	《操作系统原理》	39	52	¥2,028
BK-83031	《软件测试技术》	36	54	¥1,944
BK-83023	《C语言程序设计》	42	45	¥1,890
BK-83036	《数据库原理》	37	32	¥1,184
BK-83022	《计算机基础及Photoshop应用》	34	33	¥1,122
BK-83033	《嵌入式系统开发技术》	44	23	¥1,012
BK-83027	《MySQL数据库程序设计》	40	22	¥880
BK-83037	《软件工程》	43	14	¥602
BK-83030	《数据库技术》	41	11	¥451
BK-83035	《计算机组成与接口》	40	9	¥360

所有订单的总销售金额 ¥39,514

图书订单金额低于1000元的个数（不含1000元） 4

图 4-96　综合练习 4-7 样张

●步骤提示

1. 操作要求 3 利用 IF 函数结合嵌套计算“小计”：选中 E3 单元格，编辑函数“=IF([@定价]*[@销售数量]>=5000,[@定价]*[@销售数量]*0.9,IF([@定价]*[@销售数量]>=3000, [@定价]*[@销售数量]*0.95,[@定价]*[@销售数量]))”；因表格套用表格格式，E 列其他数据自动填充。

2. 操作要求 4 的函数：

（1）利用 SUM 函数计算所有订单的总销售金额：选中 G18 单元格，编辑函数“=SUM(表 4[小计])”。

（2）利用 COUNTIF 函数计算图书订单金额低于 1000 元的个数：选中 G19 单元格，编辑函数“=COUNTIF(表 4[小计],"<1000")”。

【综合练习 4-8】

● 涉及的知识点

单元格数据的输入，单元格格式设置，条件格式，函数的应用（SUM、AVERAGE），数据透视表的建立。

● 操作要求

1. 在“序号”列依次输入文本序号“001、002、003…”；利用函数分别在“平均分”“总分”列计算平均分和总分；

2. 设置 D2:G9 单元格区域不及格分数红色文本显示；

3. 设置平均分 H2:H9 单元格区域为图标集格式：三向箭头（彩色），分值>=80 为绿色向上箭头、分值>=60 为黄色水平箭头、分值 60 以下为红色向下箭头；

4. 设置总分前三名的单元格为特殊格式：字体蓝色，单元格图案填充为红色的“细 对角线 条纹”；

5. 在如样张所示位置插入数据透视表，统计每门功课的最高分，套用数据透视表样式“中等深浅 16”，自动调整各列列宽。

● 样张（见图 4-97）

	A	B	C	D	E	F	G	H	I
1	序号	学号	姓名	英语	项目管理	计算机文化基础	数据库	平均分	总分
2	001	j13003111	颜小武	83	85	90	78	84	336
3	002	j13003112	唐莉哲	64	70	78	62	69	274
4	003	j13003113	郝仁	77	81	65	80	76	303
5	004	j13003114	季开河	58	61	70	57	62	246
6	005	j13003115	刘晓	90	94	88	81	88	353
7	006	j13003116	林文健	69	50	65	49	58	233
8	007	j13003117	韩源	88	91	79	77	84	335
9	008	j13003118	陈薪璇	72	78	85	71	77	306
10									
11	各门功课最大值								
12	最大值项:英语	90							
13	最大值项:项目管理	94							
14	最大值项:计算机文化基础	90							
15	最大值项:数据库	81							
16									

图 4-97 综合练习 4-8 样张

● 步骤提示

1. 操作要求 1 文本序号“001、002、003…”的输入方式：单击 A2 单元格，将输入法切换为英文输入状态，输入“'001”；将鼠标移动到单元格右下角的黑色小方块上，待填充柄变为“+”形状时双击或拖动填充柄至 A9 单元格完成其他单元格序号的自动填充。

2. 操作要求 3 步骤：

（1）选中“平均分”列，单击“开始”选项卡“样式”组中的“条件格式”下拉按钮，在展开的列表中选择“图标集”→“其他规则”弹出“新建格式规则”对话框，如图 4-98 所示。

（2）按照图 4-98 所示，单击“图标样式”下拉按钮，在展开的列表中选择“三向箭头（彩色）”，单击“类型”下拉按钮，在展开的列表中选择“数字”；在“图标”下分别设置“绿色向上箭头”的“当值是”为“>=”、“值”为“80”；“黄色水平箭头”的“当<80 且”为“>=”、“值”为“60”。

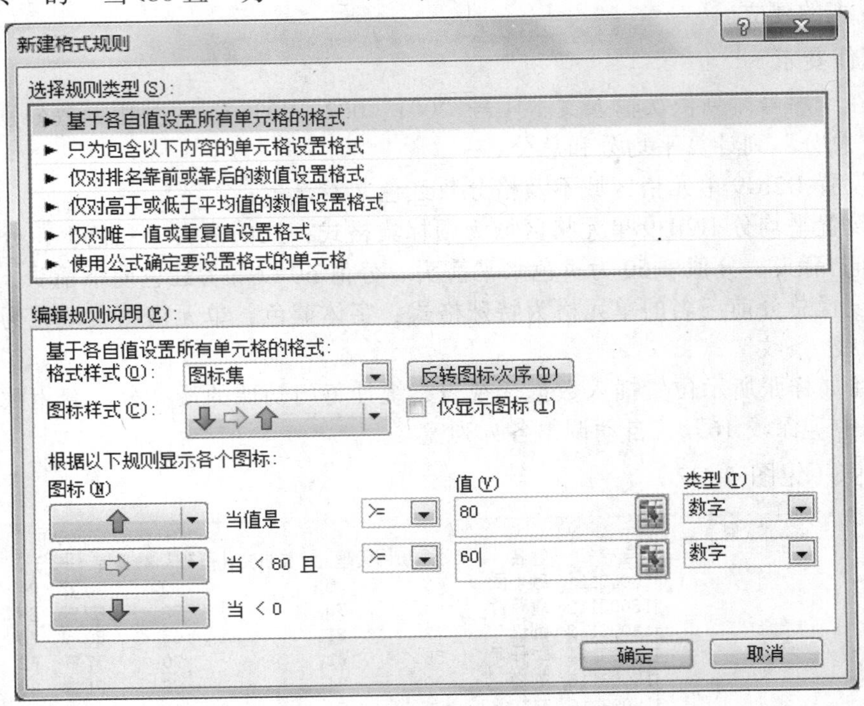

图 4-98 “新建规则类型”对话框

3. 操作要求 4 步骤：

（1）选中“总分”列，单击“开始”选项卡“样式”组中的“条件格式”下拉按钮，在展开的列表中选择“项目选取规则”→“值最大的 10 项”，弹出图 4-99 所示的“10 个最大的项”对话框，修改值为“3”，单击“设置为”下拉按钮，在展开的列表中选择“自定义格式”，弹出“设置单元格格式”对话框，如图 4-100 所示。

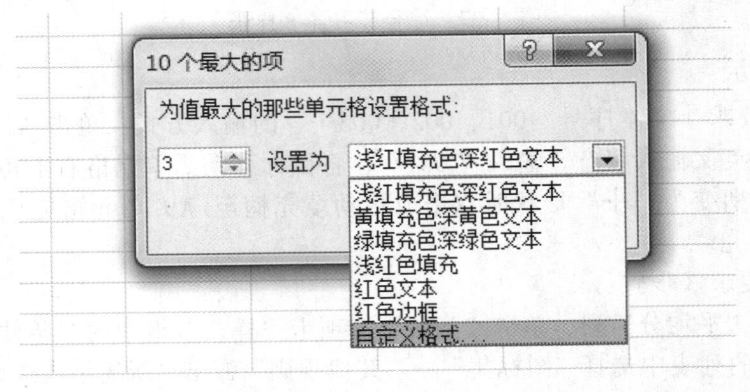

图 4-99 “10 个最大的项”对话框

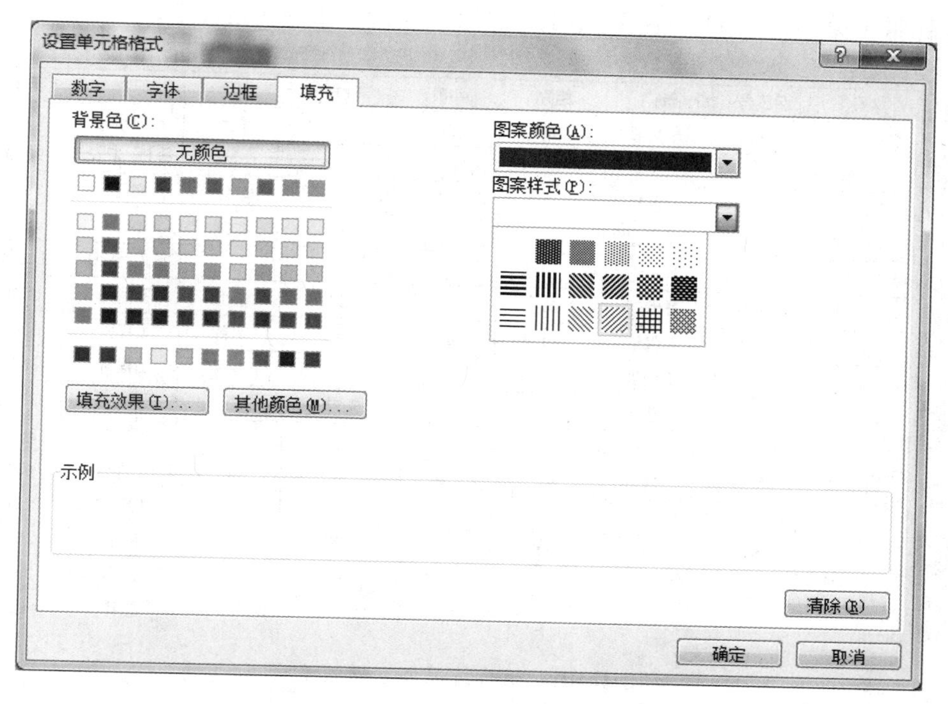

图 4-100 “设置单元格格式”对话框

（2）如图 4-100 所示，在“设置单元格格式”对话框中选择“填充”选项卡，单击“图案颜色”下拉按钮，在展开的列表中选择“标准色”→“红色”；单击“图案样式”下拉按钮，在展开的列表中选择“细 对角线 条纹”；选择“字体”选项卡，设置“颜色”为“标准色”→“蓝色”，单击“确定”按钮完成设置。

【综合练习 4-9】

●涉及的知识点

单元格格式设置，列宽和行高的设置，函数的应用（AVERAGEIF），数据排序，高级筛选，分类汇总的创建。

●操作要求

1. 按照样张设置表格外边框为红色双实线、内边框为黑色点横线，行高 22，列宽 10，单元格水平垂直居中；

2. 设置“职称”列按照“教授、高工、工程师、助工”排序；

3. 如样张所示，利用高级筛选，筛选出符合下列条件的数据清单：条件 1 为“年龄大于等于 25 并且小于等于 35”，条件 2 为“硕士或博士”；将筛选结果放到 A21 单元格；

4. 分别在 K13、K14、K15、K16 单元格利用函数计算所有教授、高工、工程师、助工的平均工资；

5. 对数据清单进行分类汇总，汇总各职称的工资总计。

● 样张（见图 4-101 ~ 图 4-103）

	A	B	C	D	E	F	G	H	I
1	序号	职工号	部门	组别	年龄	性别	学历	职称	工资
2	3	W008	开发部	D1	31	男	博士	教授	9000
3								**教授 汇总**	9000
4	2	W009	销售部	S1	37	女	本科	高工	5500
5	8	W003	培训部	T1	35	女	本科	高工	4500
6								**高工 汇总**	10000
7	1	W010	开发部	D1	36	男	硕士	工程师	5000
8	4	W007	工程部	E1	26	男	本科	工程师	3500
9	6	W005	培训部	T1	33	男	本科	工程师	3500
10	7	W004	销售部	S1	32	男	硕士	工程师	3500
11	9	W002	开发部	D1	26	女	硕士	工程师	3500
12	10	W001	工程部	E1	28	男	硕士	工程师	4000
13								**工程师 汇总**	23000
14	5	W006	工程部	E1	23	男	本科	助工	2500
15								**助工 汇总**	2500
16								**总计**	44500

图 4-101　综合练习 4-9 样张 1

J	K
所有教授的平均工资	9000
所有高工的平均工资	5000
所有工程师的平均工资	3833.333
所有助工的平均工资	2500

图 4-102　综合练习 4-9 样张 2

	A	B	C	D	E	F	G	H	I
21	序号	职工号	部门	组别	年龄	性别	学历	职称	工资
22	3	W008	开发部	D1	31	男	博士	教授	9000
23	7	W004	销售部	S1	32	男	硕士	工程师	3500
24	9	W002	开发部	D1	26	女	硕士	工程师	3500
25	10	W001	工程部	E1	28	男	硕士	工程师	4000
26									

图 4-103　综合练习 4-9 样张 3

● 步骤提示

1. 操作要求 2 步骤：

（1）单击数据清单的任意单元格，单击“开始”选项卡“编辑”组中的“排序和筛选”下拉按钮，在展开的列表中选择“自定义排序”，弹出图 4-104 所示的“排序”对话框；选中“数据包含标题”复选框，单击“主要关键字”下拉按钮，在展开的列表中选择“职称”，单击“次序”下拉按钮，在展开的列表中选择“自定义序列”，弹出“自定义序列”对话框。

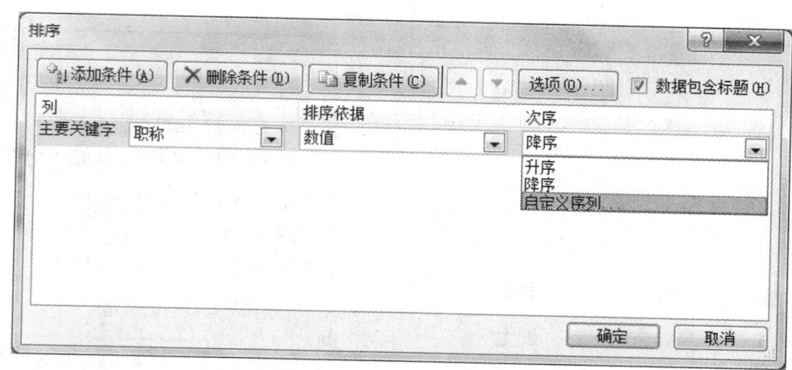

图 4-104 “排序”对话框

（2）如图 4-105 所示，在“输入序列”文本框中逐行输入“教授”“高工”“工程师”“助工”（通过按【Enter】键实现换行），单击文本框右端的“添加”按钮，单击“确定”按钮完成设置。

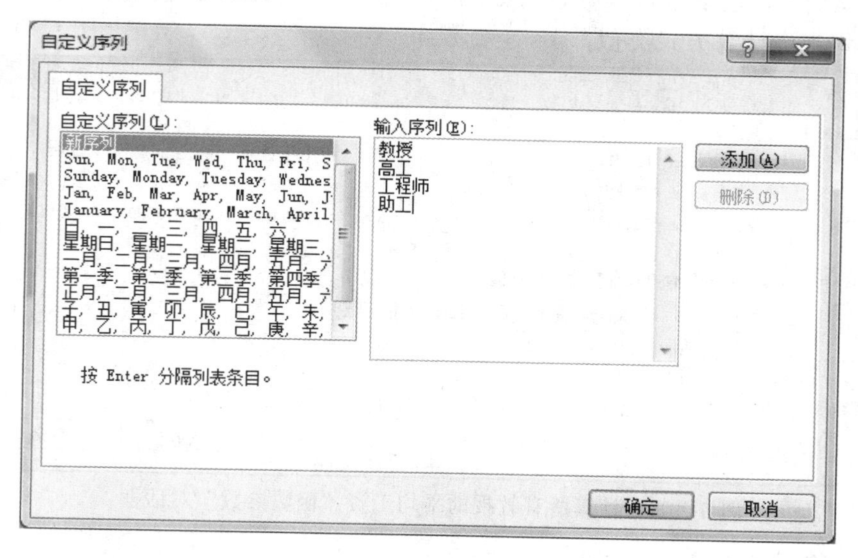

图 4-105 “自定义序列”对话框

2. 操作要求 3 步骤：

（1）编辑条件区域（注意：高级筛选中同一行表示“与”的关系，不同行表示“或”的关系），如图 4-106 所示。

（2）单击“数据”选项卡“排序和筛选”组中的“高级”按钮，弹出图 4-107 所示的“高级筛选”对话框，选中“将筛选结果复制到其他位置”单选按钮，单击“列表区域”右端的切换按钮切换到工作表界面，在工作表上选定 A1:I14 单元格区域，单击切换按钮返回到“高级筛选”对话框；单击“条件区域”右端的切换按钮切换到工作表界面，在工作表上选定条件区域为 A18:C20 单元格区域，单击切换按钮返回到“高级筛选”对话框；单击“复制到”右端的切换按钮切换到工作表界面，在工作表中选定 A21 单元格，单击切换按钮返回到“高级筛选”对话框，单击“确定”按钮完成操作。

	A	B	C
18	年龄	年龄	学历
19	>=25	<=35	硕士
20	>=25	<=35	博士

图 4-106 高级筛选“条件区域”编辑

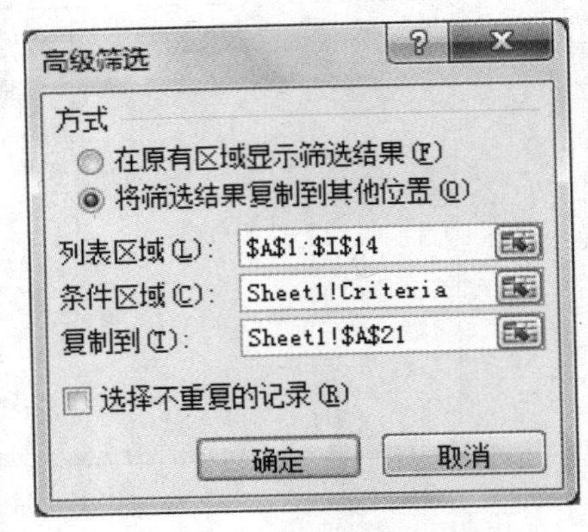

图 4-107 “高级筛选”对话框

3. 操作要求 4 利用 AVERAGEIF 函数计算各职称的平均工资：计算“教授”平均工资的 AVERAGEIF 函数参数设置如图 4-108 所示；本题中“高工”“工程师”“助工”的平均工资计算方式类似。

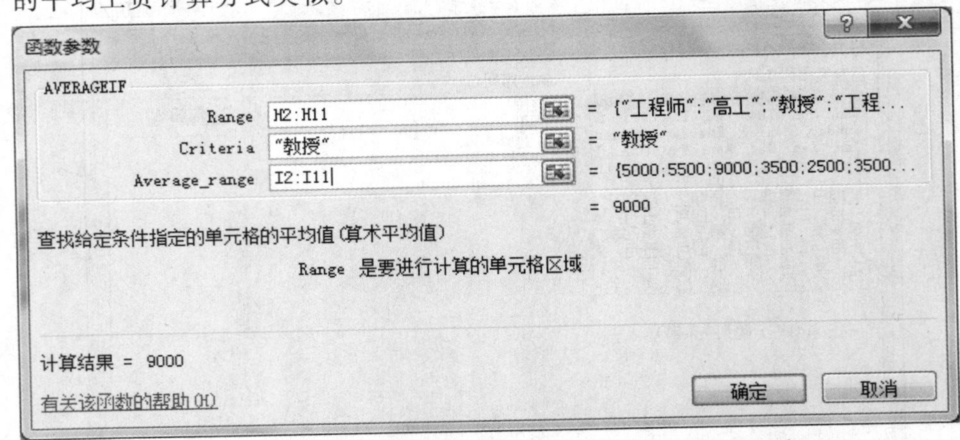

图 4-108 计算所有教授的平均工资“函数参数”对话框

【综合练习 4-10】

● 涉及的知识点

单元格格式设置，列宽和行高的设置，函数的应用（AVERAGEIF），数据排序，高级筛选，分类汇总的创建。

● 操作要求

1. 设置表格标题的字体格式：隶书、28 磅、加粗，在 A1:G1 单元格区域内跨列居中显示；设行高为 35 磅，在 A1，B1，F1，G1 单元格设置 12.5%灰色图案样式的绿色底纹；

2. 利用公式和函数计算“津贴”和“应发工资”：其中津贴发放情况为公关部 1500 元、企划部 1800 元、销售部 3000，应发工资=基本工资+津贴；设置表格中所有数值单元格为会计专用格式，并去除该格式中的货币符号，保留 2 位小数；

3. 设置表格中所有文本单元格居中对齐，并设置如样张所示的表格框线；

4. 如样张所示，对工作表中的数据清单进行分类汇总，汇总计算：①男女人数；②各部门男女应发工资总和；调整全表列宽为自动调整列宽。

● 样张（见图 4-109）

	A	B	C	D	E	F	G
1	滨海贸易公司工资表						
2	姓名	性别	部门	籍贯	基本工资	津贴	应发工资
3	李伟平	男	公关部	江苏	3,010.00	1,500.00	4,510.00
4	徐毅雄	男	公关部	浙江	2,740.00	1,500.00	4,240.00
5	张卫强	男	公关部	上海	2,360.00	1,500.00	3,860.00
6	赵建明	男	公关部	江苏	2,200.00	1,500.00	3,700.00
7			**公关部 汇总**				16,310.00
8	黄海洋	男	企划部	浙江	2,100.00	1,800.00	3,900.00
9	罗志安	男	企划部	上海	2,600.00	1,800.00	4,400.00
10	宋毅	男	企划部	浙江	3,610.00	1,800.00	5,410.00
11	王平	男	企划部	江苏	1,980.00	1,800.00	3,780.00
12	武述	男	企划部	浙江	2,300.00	1,800.00	4,100.00
13			**企划部 汇总**				21,590.00
14	顾强	男	销售部	江苏	1,680.00	3,000.00	4,680.00
15	黄国强	男	销售部	江苏	2,820.00	3,000.00	5,820.00
16	黄伟	男	销售部	江苏	2,420.00	3,000.00	5,420.00
17	宋伟嘉	男	销售部	江苏	2,500.00	3,000.00	5,500.00
18	章俊	男	销售部	上海	2,700.00	3,000.00	5,700.00
19			**销售部 汇总**				27,120.00
20	**男 计数**	14					
21	陈莉	女	公关部	上海	3,020.00	1,500.00	4,520.00
22	李萍	女	公关部	江苏	1,200.00	1,500.00	2,700.00
23	徐丽平	女	公关部	上海	2,420.00	1,500.00	3,920.00
24	赵敏	女	公关部	浙江	3,060.00	1,500.00	4,560.00
25	赵英	女	公关部	上海	3,000.00	1,500.00	4,500.00
26	朱密	女	公关部	江苏	3,000.00	1,500.00	4,500.00
27			**公关部 汇总**				24,700.00
28	林芝玲	女	企划部	江苏	3,400.00	1,800.00	5,200.00
29	凌平芳	女	企划部	江苏	1,960.00	1,800.00	3,760.00
30	宋国芳	女	企划部	上海	1,560.00	1,800.00	3,360.00
31	张丽	女	企划部	上海	2,630.00	1,800.00	4,430.00
32	张英	女	企划部	浙江	1,820.00	1,800.00	3,620.00
33			**企划部 汇总**				20,370.00
34	孙小妹	女	销售部	浙江	2,710.00	3,000.00	5,710.00
35	王慧	女	销售部	浙江	2,200.00	3,000.00	5,200.00
36	王美玲	女	销售部	江苏	2,540.00	3,000.00	5,540.00
37	吴小娟	女	销售部	浙江	1,850.00	3,000.00	4,850.00
38	张小华	女	销售部	上海	2,020.00	3,000.00	5,020.00
39			**销售部 汇总**				26,320.00
40	**女 计数**	16					
41			**总计**				136,410.00
42	**总计数**	30					
43							

图 4-109 综合练习 4-10 样张

● 步骤提示

1. 操作要求 2 利用 IF 函数计算津贴：选中 F3 单元格，编辑函数“=IF(C3="公关部", 1500,IF(C3="企划部",1800,3000))”，利用填充柄将公式复制到 F 列的其他相关单元格中。

2. 操作要求 4 步骤：

（1）分析题目，本题需采用两次分类汇总完成；

（2）分类汇总之前需排序：单击数据清单中的任意单元格，单击“开始”选项卡“编辑”组中的“排序和筛选”下拉按钮，在展开的列表中选择“自定义排序”，弹出图 4-110 所示的“排序”对话框；选中“数据包含标题”复选框，单击“主要关键字”下拉按钮，在展开的列表中选择“性别”，单击“添加条件”按钮添加次要关键字，单击“次要关键字”下拉按钮，在展开的列表中选择“部门”，单击“确定”按钮完成排序。

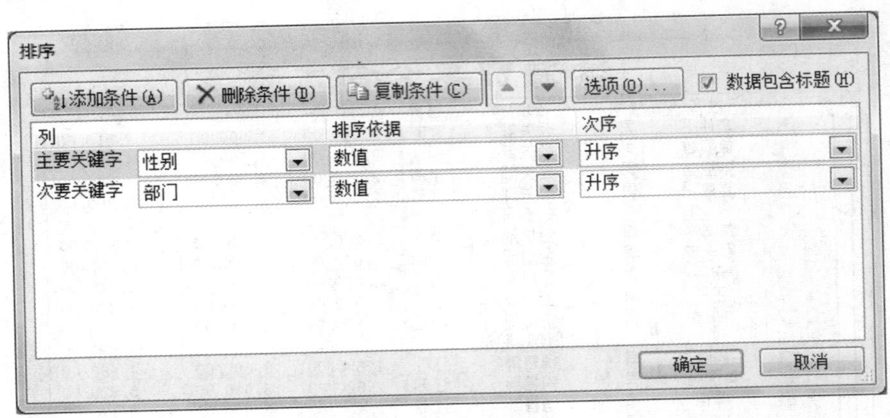

图 4-110 “排序”对话框

（3）汇总计算男女人数：单击“数据”选项卡“分级显示”组中的“分类汇总”按钮，弹出图 4-111 所示的“分类汇总”对话框，单击“分类字段”下拉按钮，在展开的列表中选择“性别”，单击“汇总方式”下拉按钮，在展开的列表中选择“计数”，选中“选定汇总项”列表框中的“性别”复选框，单击“确定”按钮完成男女人数的汇总计算。

（4）汇总计算各部门男女实发工资总和：单击“数据”选项卡“分级显示”组中的“分类汇总”按钮，弹出图 4-112 所示的“分类汇总”对话框，单击“分类字段”下拉按钮，在展开的列表中选择“部门”，单击“汇总方式”下拉按钮，在展开的列表中选择“求和”，选中“选定汇总项”列表框中的“应发工资”复选框，取消选择“替换当前分类汇总”复选框，单击“确定”按钮完成各部门男女实发工资总和计算。

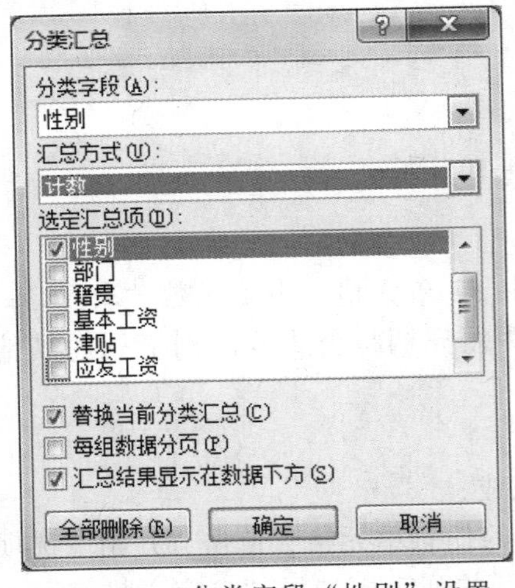

图 4-111 分类字段“性别”设置

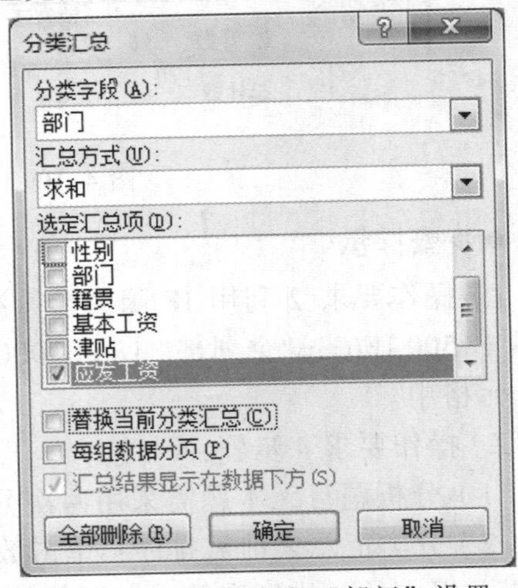

图 4-112 分类字段“部门”设置

【综合练习 4-11】

● 涉及的知识点

单元格格式设置，函数的应用（MAX、MIN、SUM、RANK），创建图表（图表类型、选择数据）、图表对象编辑。

● 操作要求

1. 设置表格标题字体格式：楷体、22 磅、加粗，在 A1:F1 单元格区域内跨列居中显示；设置行高为 35 磅，在 B1:E1 单元格区域添加黄色填充；

2. 利用函数在 I3、I4 单元格中分别计算总成绩的最高分和最低分；利用公式在 J7:J10 单元格区域中分别计算教授、副教授、讲师、助教占教师总人数的百分比，数据类型百分比，小数位数保留 2 位；

3. 如样张所示，在 G 列增加“排名”列，利用函数进行排名（降序）；

4. 设置表格所有文本单元格居中对齐，并设置如样张所示的表格框线；

5. 在 H11:J21 单元格区域建立如样张所示的图表，图表类型为“带数据标记的折线图”，设置图表布局 5，修改图表标题为“计算机系总成绩”，纵坐标轴为竖排标题，标题为“分值”。

● 样张（见图 4-113）

计算机动画技术成绩单

系别	学号	姓名	考试成绩	实验成绩	总成绩	排名
信息	991021	李新	74	16	90	13
计算机	992032	王文辉	87	17	104	5
自动控制	993023	张磊	65	19	84	15
经济	995034	郝心怡	86	17	103	7
信息	991076	王力	91	15	106	3
数学	994056	孙英	77	14	91	11
自动控制	993021	张在旭	60	14	74	19
计算机	992089	金翔	73	18	91	11
计算机	992005	杨海东	90	19	109	2
自动控制	993082	黄立	85	20	105	4
信息	991062	王春晓	78	17	95	9
经济	995022	陈松	69	12	81	17
数学	994034	姚林	89	15	104	5
信息	991025	张雨涵	62	17	79	18
自动控制	993026	钱民	66	16	82	16
数学	994086	高晓东	78	15	93	10
经济	995014	张平	80	18	98	8
自动控制	993053	李英	93	19	112	1
数学	994027	黄红	68	20	88	14

总成绩（最高分）	112
总成绩（最低分）	74

职称	人数	所占百分比
教授	125	8.81%
副教授	436	30.73%
讲师	562	39.61%
助教	296	20.86%

计算机系总成绩

	王文辉	金翔	杨海东
总成绩	104	91	109

图 4-113　综合练习 4-11 样张

● 步骤提示

1. 操作要求 2 的公式和函数：

（1）利用 MAX 函数计算总成绩的最高分：选中 I3 单元格，编辑函数“=MAX(F3:F21)”。

（2）利用 MIN 函数计算总成绩的最低分：选中 I4 单元格，编辑函数“=MIN(F3:F21)”。

（3）结合公式和 SUM 函数计算教授占教师总人数的百分比：选中 J7 单元格，编辑公式“=I7/SUM($I$7:$I$10)”（注意：I7:I10 单元格区域需使用绝对地址的引用）；利用填充柄复制公式完成其他职称占教师总人数百分比的计算。

2. 操作要求 3 的函数：

（1）利用 RANK 函数计算排名：选中 G3 单元格，公式编辑如图 4-114 所示（注意：在“Ref”文本框中单元格区域需使用绝对地址的引用，在“Order”文本框中输入“0”表示降序排列）。

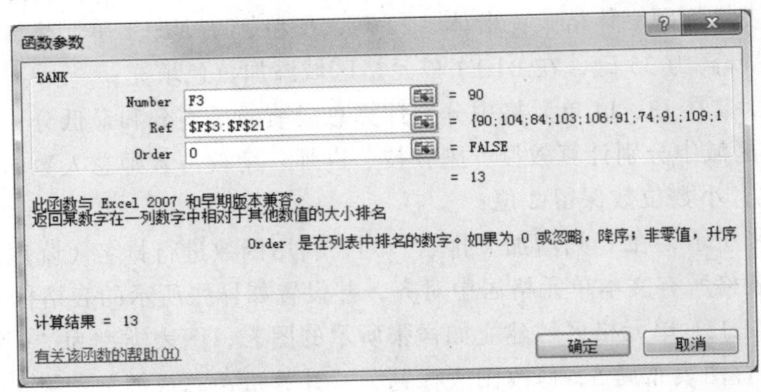

图 4-114　计算排名　“函数参数”对话框

（2）利用填充柄复制公式完成 G 列的排名计算。

【综合练习 4-12】

● 涉及的知识点

单元格格式设置，函数的应用（SUM、COUNTIF），列宽和行高的设置，数据排序，自动套用表格格式，创建图表、创建图表（图表类型、选择数据）、图表对象编辑。

● 操作要求

1. 将工作表 Sheet1 的 A1:L1 单元格区域合并为一个单元格，内容水平居中；将标题设为楷体、20 号字并加粗，表格中文字设为宋体 14 号字；将表格的表头加上绿色底纹，白色字体；

2. 利用函数计算“总分”（总分为各门功课分数之和），保留 0 位小数；利用函数在第 32 行统计各门功课成绩优秀人数（分值大于或等于 85 分属于优秀）；

3. 第 1 行行高设置为 30，自动调整列宽；给表格加上边框：外框为双细实线，内部为单细实线；为 A2 单元格添加批注，批注内容“此表数据仅供参考”；

4. 将工作表命名为“期末成绩分析表”，工作表标签颜色为黄色；为 B32 单元格套用“强调文字颜色 4”单元格样式；

5. 对工作表内数据清单的内容按主要关键字“总分”的降序次序和次要关键字“英语”的降序次序进行排序，按样张图 4-115 所示修改序号；

6. 如样张图 4-116 所示，在 A34:L55 单元格区域插入图表类型为“簇状柱形图”的图表：图表标题为“总分前十名”，无图例，图表区采用“纸莎草纸”纹理填充，调整绘图区大小，添加数据标签，修改数据标志填充颜色为“标准色”→“深蓝”。

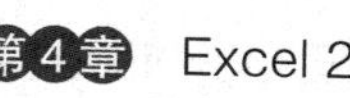

● 样张（见图 4-115 和图 4-116）

2012级法律专业学生期末成绩分析表

姓名	英语	体育	计算机	近代史	法制史	刑法	民法	法律英语	立法法	总分
盛雅	87.6	90.6	82.1	87.2	92.6	84.1	83.2	88.6	90.7	787
王晓亚	83.1	88.1	86.3	87.2	88.6	85	83.2	92.9	91.4	786
乔泽宇	86.3	84.2	90.5	80.8	86.6	82.8	87.4	85.1	91.7	775
史二映	85.2	86.8	93.5	76.6	89.6	83.8	81.1	88.1	90.4	775
王佳君	79.4	91.9	87	77.3	93.6	75.1	81.8	94.6	87.8	769
魏利娟	93	87.9	76.5	80.8	87.6	82.3	83.9	88.7	86.6	767
焦宝亮	82.7	88.2	80	80.8	93.2	84.5	82.5	82.1	88.5	763
李佳旭	89.3	77.4	73.5	75.9	94.4	88	83.2	88.8	86.3	757
周乐乐	84.9	87.1	76.3	85.1	72.1	83.2	83.2	90.2	90.1	752
周克乐	77.8	84.4	79.3	78	81.5	85.9	82.5	90.8	90.3	751
阮军胜	81	89.3	73	71	89.3	79.6	87.4	90	86.6	747
向红丽	83.8	87.5	72.1	78.8	77.7	85.2	82.5	84.8	91.7	744
苗超鹏	72.9	89.9	83.5	73.1	88.3	77.4	82.5	87.4	88.3	743
王圣斌	76.8	89.6	78.6	80.1	83.6	81.8	79.7	83.2	87.2	741
钱超群	75.4	86.2	89.1	71.7	88.6	77.1	77.6	87.8	86.4	740
蒋文奇	68.5	88.7	78.6	69.6	93.6	87.3	82.5	81.5	89.1	739
张琪琪	81.4	83	84.2	83.6	72.8	77.6	79	88.8	88.4	739
郭晓娟	86.6	84	66.5	77.3	82.3	84.5	80.4	86	88.4	736
王朦胧	86.9	87.1	66.5	76.5	80.7	84.5	79	86.7	87.1	735
王航	84.2	87.5	84.2	78.7	71.4	75.4	76.9	86	89.3	734
翁建民	80	80.1	77.2	74.4	91.6	70.1	82.5	84.4	90.6	731
潘志阳	76.1	82.8	76.5	75.8	87.9	76.8	79.7	83.9	88.9	728
邢尧磊	78.5	95.6	66.5	67.4	84.6	77.1	81.1	83.6	88.6	723
田宁	80.4	90.9	69.3	72.4	81.4	75	78.3	85.6	87.7	721
李帅帅	82	80	68	80	82.6	78.8	75.5	80.9	87.6	715
张志权	76.6	88.7	72.3	71.6	85.6	71.8	80.4	76.5	90.3	714
张会芳	74.3	84.4	82.8	78.7	80.7	75.2	58	87.4	91.7	713
王帅	67.5	70	83.5	77.2	83.6	68.4	80.4	76.5	88.5	696
陈称意	75.7	53.4	77.2	74.4	87.3	75.1	82.5	73	87.9	687
优秀人数	7	18	5	3	16	5	2	18	29	

期末成绩分析表　Sheet2　Sheet3

图 4-115　综合练习 4-12 样张 1

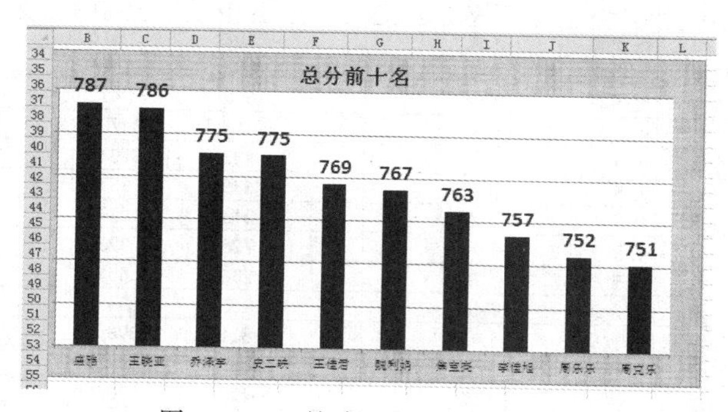

图 4-116　综合练习 4-12 样张 2

● 步骤提示

操作要求 2 利用 COUNTIF 函数计算各门功课成绩优秀的人数：选中 C32 单元格统计“英语”成绩优秀人数，编辑函数“=COUNTIF(C3:C31,">=85")”；其他科目计算可利用填充柄复制公式即可。

【综合练习 4-13】

● 涉及的知识点

单元格数据的输入，单元格格式设置，函数的应用（ROUND），数据排序，数据透视表的建立。

● 操作要求

1. 将工作表 Sheet1 的 A1:E1 单元格区域合并为一个单元格，内容水平居中；将标题设置为黑体 24 号字，表格中的文字设置为楷体 15 号字；为表格的表头添加黄色底纹；

2. 如样张图 4-117 所示，新增一列“小计”，在“小计”列利用函数对“销售额（元）”列的数据进行四舍五入（到十位）；

3. 如样张图 4-117 所示设置表格边框，边框颜色为深蓝；

4. 对工作表内数据清单的内容按主要关键字“班级”的递增次序和次要关键字“商品名称”的笔画升序进行排序；

5. 如样张图 4-118 所示，在 A45 单元格插入数据透视表，汇总各个班级平时的文具“销售量（件）”和“小什”情况，自动调整各列列宽。

● 样张（见图 4-117 和图 4-118）

	A	B	C	D	E	F
1	初一年级勤工俭学销售情况统计表					
2	班级	商品名称	时间	销售量（件）	销售额（元）	小计
3	初一（1）班	文具	寒假	302	6085.3	6090
4	初一（1）班	文具	平时	411	8281.65	8280
5	初一（1）班	文具	暑期	612	12331.8	12330
6	初一（1）班	电子产品	寒假	504	27216	27220
7	初一（1）班	电子产品	平时	707	38178	38180
8	初一（1）班	电子产品	暑期	1203	64962	64960
9	初一（1）班	纪念品	寒假	415	4245.45	4250
10	初一（1）班	纪念品	平时	808	8265.84	8270
11	初一（1）班	纪念品	暑期	1001	10240.23	10240
12	初一（1）班	运动服	寒假	102	8160	8160
13	初一（1）班	运动服	暑期	303	24240	24240
14	初一（1）班	运动服	平时	309	24720	24720
15	初一（2）班	文具	寒假	315	6347.25	6350
16	初一（2）班	文具	平时	432	8704.8	8700
17	初一（2）班	文具	暑期	680	13702	13700
18	初一（2）班	电子产品	寒假	518	27972	27970
19	初一（2）班	电子产品	平时	728	39312	39310
20	初一（2）班	电子产品	暑期	1206	65124	65120
21	初一（2）班	纪念品	寒假	455	4654.65	4650
22	初一（2）班	纪念品	平时	821	8398.83	8400
23	初一（2）班	纪念品	暑期	1085	11099.55	11100
24	初一（2）班	运动服	寒假	125	10000	10000
25	初一（2）班	运动服	平时	307	24560	24560
26	初一（2）班	运动服	暑期	312	24960	24960
27	初一（3）班	文具	寒假	324	6528.6	6530
28	初一（3）班	文具	平时	399	8039.85	8040
29	初一（3）班	文具	暑期	589	11868.35	11870
30	初一（3）班	电子产品	寒假	453	24462	24460
31	初一（3）班	电子产品	平时	785	42390	42390
32	初一（3）班	电子产品	暑期	1132	61128	61130
33	初一（3）班	纪念品	寒假	388	3969.24	3970
34	初一（3）班	纪念品	平时	869	8889.87	8890
35	初一（3）班	纪念品	暑期	1100	11253	11250
36	初一（3）班	运动服	寒假	98	7840	7840
37	初一（3）班	运动服	暑期	311	24880	24880
38	初一（3）班	运动服	平时	354	28320	28320

图 4-117　综合练习 4-13 样张 1

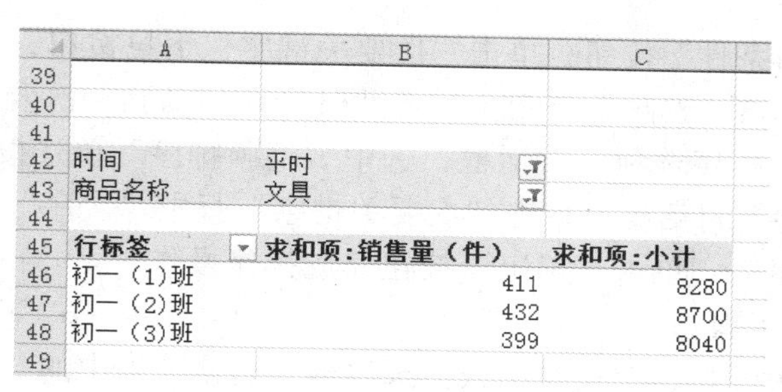

	A	B	C
39			
40			
41			
42	时间	平时	
43	商品名称	文具	
44			
45	行标签	求和项:销售量（件）	求和项:小计
46	初一（1)班	411	8280
47	初一（2)班	432	8700
48	初一（3)班	399	8040
49			

图 4-118　综合练习 4-13 样张 2

● 步骤提示

1. 操作要求 2 利用 ROUND 函数对“销售额（元）”列的数据进行四舍五入：ROUND 函数参数编辑如图 4-119 所示（注意：“Num_digits”参数表示四舍五入的位数，“-1”表示四舍五入到十位数）。

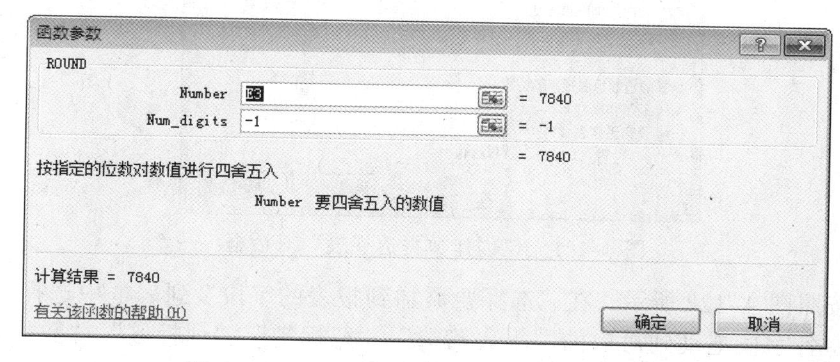

图 4-119　ROUND 函数“函数参数”对话框

2. 操作要求 4 步骤：

（1）选中 A1:F38 单元格区域，单击“开始”选项卡“编辑”组中的“排序和筛选”下拉按钮，在展开的列表中选择“自定义排序”，弹出图 4-120 所示的“排序”对话框；选中“数据包含标题”复选框，单击“主要关键字”下拉按钮，在展开的列表中选择“班级”，单击“次序”下拉按钮，在展开的列表中选择“升序”。

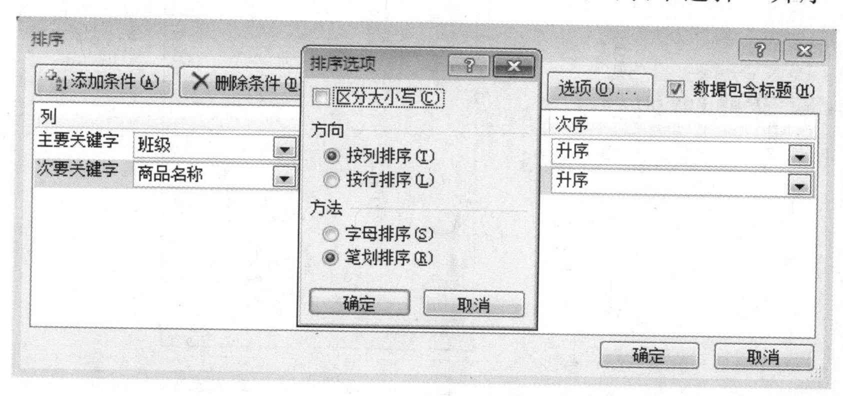

图 4-120　“排序”和“排序选项”对话框

（2）单击“添加条件”按钮，单击“次要关键字”下拉按钮，在展开的列表中选择“商品名称”，单击“选项”按钮（注意此时光标移动到“次要关键字”行），弹出图 4-120 所示的“排序选项”对话框，选中“笔画排序”单选按钮，单击“确定”按钮，返回到“排序”对话框，单击“次要关键字”行中“次序”下拉按钮，在展开的列表中选择“升序”，单击“确定”按钮完成排序操作。

3. 操作要求 5 步骤：

（1）单击 A45 单元格，单击“插入”选项卡“表格”组中的“数据透视表”下拉按钮，在展开的列表中选择“数据透视表”，弹出“创建数据透视表”对话框，按照图 4-121 所示设置数据区域和数据透视表放置位置，单击“确定”按钮。

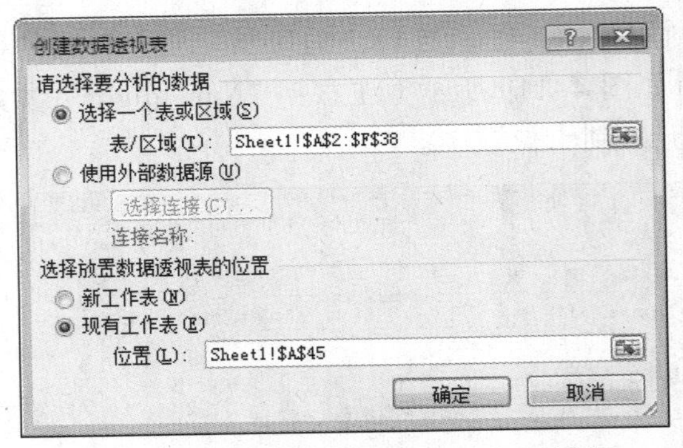

图 4-121 “创建数据透视表”对话框

（2）按照图 4-122 所示，在“选择要添加到报表的字段”列表框中选择相应的字段名，并将各字段拖动到对应的“报表筛选”“行标签”“列标签”“数值”区域。

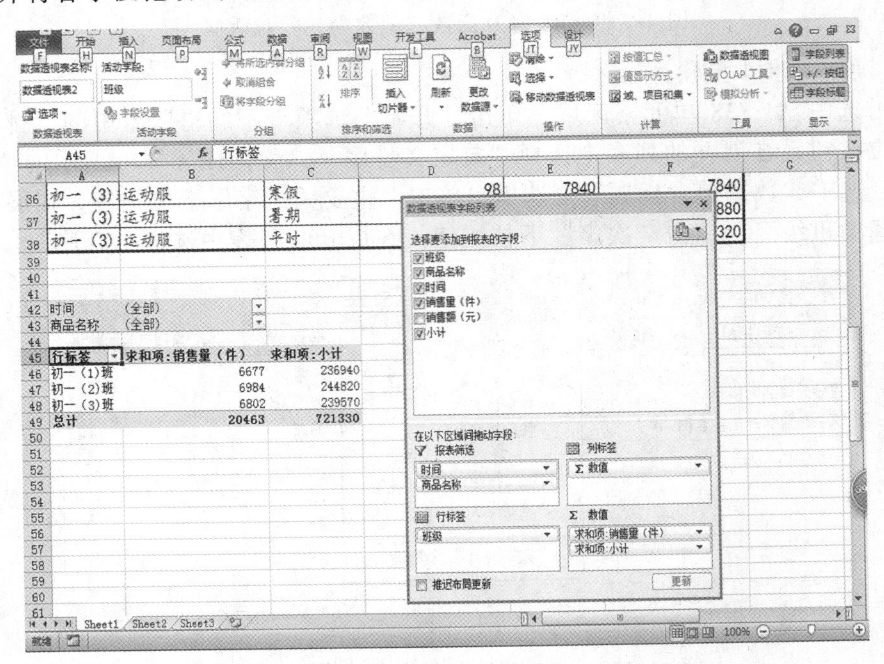

图 4-122 “数据透视表字段列表”设置界面

（3）在“报表筛选”区域按照图 4-123 所示，分别筛选出时间为“平时”，商品名称为“文具”的数据。

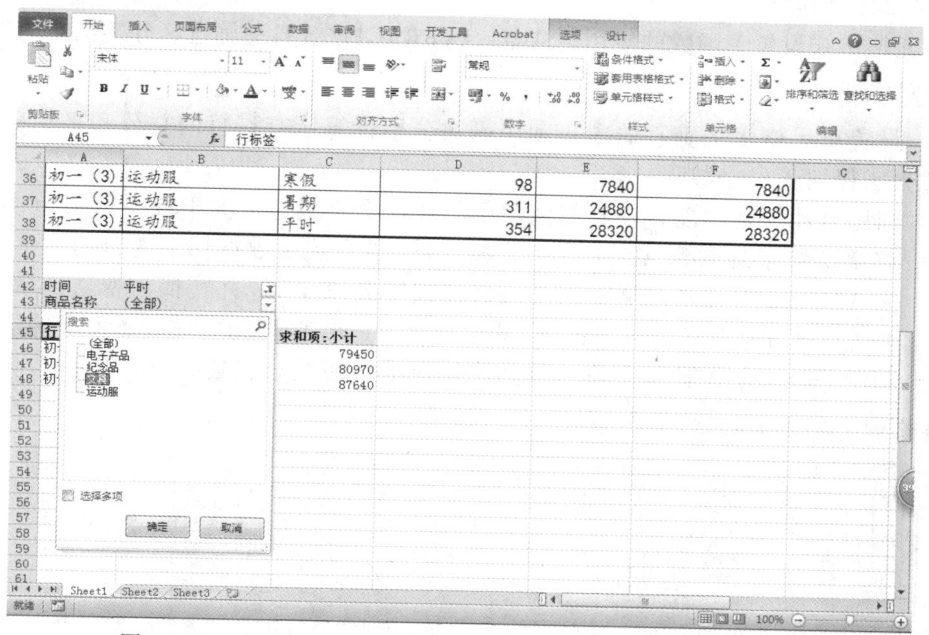

图 4-123　筛选时间为“平时”、商品名称为“文具”设置界面

（4）单击“数据透视表工具-设计”选项卡“布局”组中的“总计”下拉按钮，在展开的列表中选择“对行和列禁用”即可，如图 4-124 所示。

图 4-124　“对行和列禁用”总计设置

【综合练习 4-14】

● 涉及的知识点

单元格格式设置，函数的应用（SUM、AVERAGE），自动筛选，分类汇总的创建。

● 操作要求

1. 设置单元格水平垂直居中，利用函数分别计算所有科目的总分和平均分，设置所有数字保留 1 位小数；

2. 利用自动筛选功能，在数据清单中筛选出全年级总分大于或等于 650 分的 1 班同学；将筛选结果复制到 A21:L25 单元格区域，随后退出数据列表的自动筛选状态；

3. 为 A21:L25 单元格区域套用“表格样式中等深浅 1”并转换为普通区域；

4. 在 A21 单元格插入批注并显示，批注内容“1 班总分大于或等于 650 分的学生”；

5. 利用分类汇总统计每个班各科的平均成绩、最低分和最高分。

● 样张（见图 4-125 和图 4-126）

	A	B	C	D	E	F	G	H	I	J	K	L
1	学号	姓名	班级	语文	数学	英语	生物	地理	历史	政治	总分	平均分
2	C120101	曾令煊	1班	97.5	106.0	108.0	98.0	99.0	99.0	96.0	703.5	100.5
3	C120104	杜学江	1班	102.0	116.0	113.0	78.0	88.0	86.0	74.0	657.0	93.9
4	C120103	齐飞扬	1班	95.0	85.0	99.0	98.0	92.0	92.0	88.0	649.0	92.7
5	C120105	苏解放	1班	88.0	98.0	101.0	89.0	73.0	95.0	91.0	635.0	90.7
6	C120102	谢如康	1班	110.0	95.0	98.0	99.0	93.0	93.0	92.0	680.0	97.1
7	C120106	张桂花	1班	90.0	111.0	116.0	75.0	95.0	93.0	95.0	675.0	96.4
8			**1班 最小值**	88.0	85.0	98.0	75.0	73.0	86.0	74.0		
9			**1班 最大值**	110.0	116.0	116.0	99.0	99.0	99.0	96.0		
10			**1班 平均值**	97.1	101.8	105.8	89.5	90.0	93.0	89.3		
11	C120203	陈万地	2班	93.0	99.0	92.0	86.0	86.0	73.0	92.0	621.0	88.7
12	C120206	李北大	2班	100.5	103.0	104.0	88.0	89.0	78.0	90.0	652.5	93.2
13	C120204	刘康锋	2班	95.5	92.0	96.0	84.0	95.0	91.0	92.0	645.5	92.2
14	C120201	刘鹏举	2班	94.5	107.0	96.0	100.0	93.0	92.0	93.0	675.5	96.5
15	C120202	孙玉敏	2班	86.0	107.0	89.0	88.0	92.0	88.0	89.0	639.0	91.3
16	C120205	王清华	2班	103.5	105.0	105.0	93.0	93.0	90.0	86.0	675.5	96.5
17			**2班 最小值**	86.0	92.0	89.0	84.0	86.0	73.0	86.0		
18			**2班 最大值**	103.5	107.0	105.0	100.0	95.0	92.0	93.0		
19			**2班 平均值**	95.5	102.2	97.0	89.8	91.3	85.3	90.3		
20	C120305	包宏伟	3班	91.5	89.0	94.0	92.0	91.0	86.0	86.0	629.5	89.9
21	C120301	符合	3班	99.0	98.0	101.0	95.0	91.0	95.0	78.0	657.0	93.9
22	C120306	吉祥	3班	101.0	94.0	99.0	90.0	87.0	95.0	93.0	659.0	94.1
23	C120302	李娜娜	3班	78.0	95.0	94.0	82.0	90.0	93.0	84.0	616.0	88.0
24	C120304	倪冬声	3班	95.0	97.0	102.0	93.0	95.0	92.0	88.0	662.0	94.6
25	C120303	闫朝霞	3班	85.5	100.0	97.0	87.0	78.0	89.0	93.0	629.5	89.9
26			**3班 最小值**	78.0	89.0	94.0	82.0	78.0	86.0	78.0		
27			**3班 最大值**	101.0	100.0	102.0	95.0	95.0	95.0	93.0		
28			**3班 平均值**	91.7	95.5	97.8	89.8	88.7	91.7	87.0		
29			**总计最小值**	78.0	85.0	89.0	75.0	73.0	73.0	74.0		
30			**总计最大值**	110.0	116.0	116.0	100.0	99.0	99.0	96.0		
31			**总计平均值**	94.8	99.8	100.2	89.7	90.0	90.0	88.9		

图 4-125 综合练习 4-14 样张 1

1班总分大于等于650分的学生

	A	B	C	D	E	F	G	H	I	J	K	L
32												
33	学号			语文	数学	英语	生物	地理	历史	政治	总分	平均分
34	C120101			97.5	106.0	108.0	98.0	99.0	99.0	96.0	703.5	100.5
35	C120104	杜学江	1班	102.0	116.0	113.0	78.0	88.0	86.0	74.0	657.0	93.9
36	C120102	谢如康	1班	110.0	95.0	98.0	99.0	93.0	93.0	92.0	680.0	97.1
37	C120106	张桂花	1班	90.0	111.0	116.0	75.0	95.0	93.0	95.0	675.0	96.4
38												

图 4-126 综合练习 4-14 样张 2

● 步骤提示

1. 操作要求 2 步骤：

（1）单击数据清单中的任意单元格，单击“数据”选项卡“排序和筛选”组中的“筛选”按钮，此时，工作表中数据清单的列标题全部变成下拉列表框形式。

（2）单击“总分”下拉按钮，在展开的列表中选择“数字筛选”→“大于或等于”，弹出图 4-127 所示的“自定义自动筛选方式”对话框，设置总分大于或等于“650”，单击“确定”按钮；单击“班级”下拉按钮，在展开的列表中仅选中“1班”复选框，单击“确定”按钮完成设置。

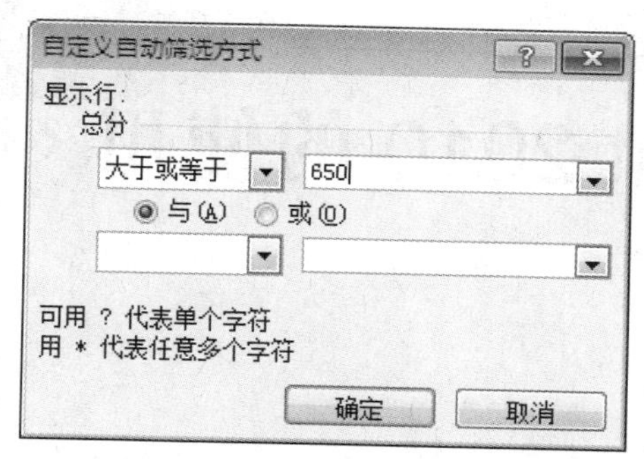

图 4-127 “自定义自动筛选方式”对话框

2. 操作要求 3 步骤：

（1）选中 A21:L25 单元格区域，单击“开始”选项卡“样式”组中的“套用表格格式”下拉按钮，在展开的列表中选择“中等深浅”→“表格样式中等深浅 1”（套用表格样式的同时也将区域转换成表格对象）。

（2）单击表格的任意单元格，单击“表格工具-设计”选项卡“工具”组中的“转换为区域”按钮，弹出图 4-128 所示的“是否将表转换成普通区域”对话框，单击“是”按钮完成设置。

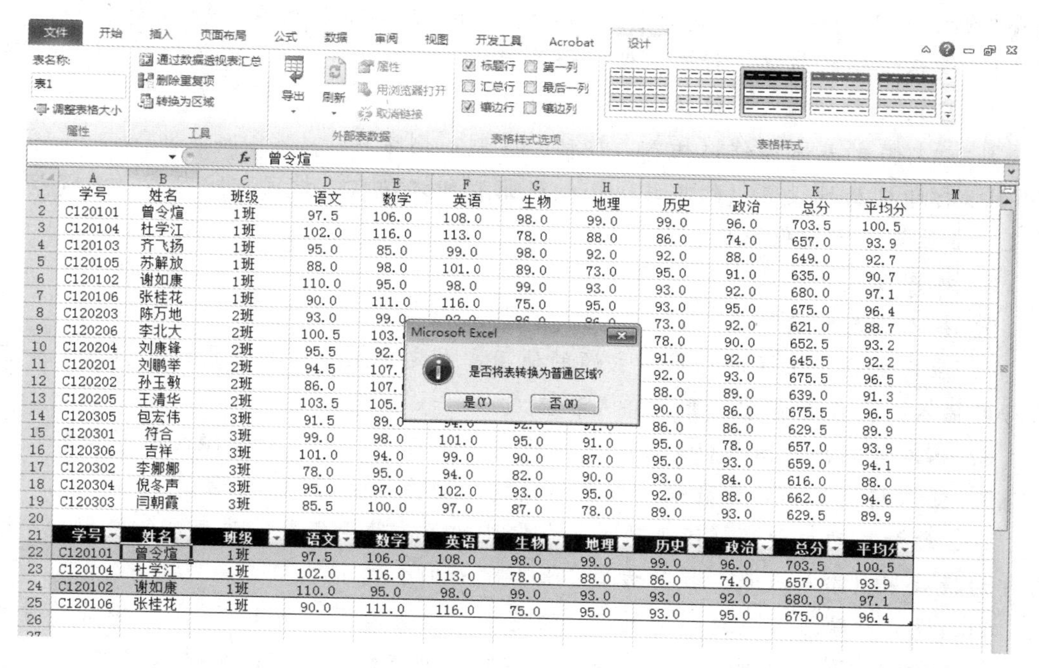

图 4-128 “将表转换为普通区域”设置界面

3. 操作要求 5 需进行 3 次分类汇总，依次汇总各科的平均成绩、最低分、最高分，步骤类似综合练习 4-10。

第5章
PowerPoint 2010的使用

PowerPoint 2010是Office 2010办公组件中用于幻灯片制作和播放的软件。在现在的学习和生活中，有越来越多的场合需要单位和个人利用计算机平台进行多媒体演示，包括多媒体教学课程、商业介绍和演示、个人陈述报告等。PowerPoint 2010可以利用其友好的用户界面，使用户快速制作有着精美外观、丰富内容、多种媒体形式相结合的演示文稿，为个人发言和观点陈述提供更精准、更多彩的表达。目前，PowerPoint 2010是应用最广泛的演示文稿制作软件。

本章主要通过知识点细化的案例讲解及强化练习方式介绍PowerPoint 2010的基本概论及使用PowerPoint 2010进行演示文稿的创建、幻灯片的基本制作和编辑、主题和幻灯片背景的使用等。读者通过本章的学习，应熟练掌握以下知识点：

1. 演示文稿的新建、打开、保存和关闭；
2. 应用文本（输入、编辑、格式、效果）；
3. 幻灯片的基本操作（插入、移动、复制、删除）；
4. 打印机属性设置（幻灯片大小、纸张打印方向）、设定打印内容（幻灯片、讲义、备注页、大纲视图）；
5. 视图模式切换；
6. 插入页眉和页脚；
7. 应用主题（主题的作用、主题的使用、自定义主题）、应用版式（版式和占位符的插入）、设置背景（背景样式和格式）；
8. 插入剪贴画、图片、形状、艺术字、文本框、表格、SmartArt图形和图表；
9. 插入超链接和动作效果（应用超链接和动作按钮的基本方法）；
10. 幻灯片动画效果（预设动画、自定义动画、动画预览、动画刷的使用）、幻灯片切换效果（添加效果、换片方式、切换声音）；
11. 设置放映方式（放映类型、放映范围、放映选项、换片方式）、排练计时放映（记录放映时间、重新记录）、自定义放映（创建放映名称、编辑放映次序）；
12. 应用母版：分类、区域、格式化；
13. 应用相册、应用音频和视频、应用逻辑节。

一、单选题

1. 在 PowerPoint 2010 中为某个对象设置添加动画效果，使用的方法是________。
   A. 单击“动画”选项卡“高级动画”组中的“添加动画”按钮，插入动画
   B. 单击“插入”选项卡“链接”组中的“动画”按钮，插入动画
   C. 右击该对象，在弹出的快捷菜单中选择“插入动画”命令
   D. 单击“插入”选项卡“链接”组中的“动作”按钮，插入动画
2. 在 PowerPoint 2010 中，需要使用帮助时可以按________键。
   A. F1　　B. F
   C. Ctrl+H　　D. F12
3. 下列不属于 PowerPoint 2010 中支持的插入视频格式的是________。
   A. RMVB　　B. AVI
   C. MPG　　D. WMV
4. 在 PowerPoint 2010 中不属于动画切换效果的是________。
   A. 进入　　B. 动作窗格
   C. 退出　　D. 动作路径
5. PowerPoint 2010 标题幻灯片中的虚线框是________。
   A. 占位符　　B. 图文框
   C. 占位框　　D. 显示符
6. 利用 PowerPoint 2010 能够实现的功能有________。
   A. 把其他演示文稿中的幻灯片加到当前演示文稿中
   B. 可以对一张幻灯片中的对象进行动画设置，并且可以改变它们的动画顺序
   C. 可以让演示文稿循环播放
   D. 其他全部
7. PowerPoint 2010 默认其文件的扩展名为________。
   A. .ppsx　　B. .pptx
   C. .potx　　D. .ppwx
8. 在“幻灯片”浏览视图中，以下哪项操作是不能进行的________。
   A. 删除幻灯片　　B. 插入幻灯片
   C. 复制或移动幻灯片　　D. 修改幻灯片内容
9. 在“幻灯片”浏览视图中，可多次使用________键+单击来选定多张不连续的幻灯片。
   A. Ctrl　　B. Alt
   C. Shift　　D. Tab
10. 在“幻灯片”浏览视图中，可使用________键+拖动来复制选定的幻灯片。
    A. Ctrl　　B. Alt
    C. Shift　　D. Tab
11. 在演示文稿放映过程中，可使用________键终止放映，回到原来的视图中。
    A. Ctrl　　B. Enter
    C. Esc　　D. Space

12. 下列哪种视图不是 PowerPoint 2010 的视图方式________。
    A. 普通视图　　B. 备注页视图
    C. 页面视图　　D. 大纲视图

13. 下列哪种不是合法的打印内容选项________。
    A. 讲义　　B. 备注页
    C. 大纲　　D. 幻灯片预览

14. 在 PowerPoint 2010 中，不能对个别幻灯片内容进行编辑修改的视图方式是________。
    A. 大纲视图　　B. 幻灯片视图
    C. 幻灯片浏览视图　　D. 其他三项均不能

15. 在 PowerPoint 2010 中，将某张幻灯片版式更改为“标题和竖排文字”，则应选择的选项卡是________。
    A. 开始　　B. 插入
    C. 设计　　D. 视图

16. 在 PowerPoint 2010 中，若想在屏幕上查看演示文稿的多张幻灯片，下面的操作能实现的是________。
    A. 单击“视图”选项卡中的“开始放映幻灯片”按钮
    B. 按【F5】键
    C. 单击“视图”选项卡中的“幻灯片浏览”按钮
    D. 单击“视图”选项卡中的“阅读视图”按钮

17. 在 PowerPoint 2010 的各种视图中，显示单个幻灯片以进行文本编辑的视图是________。
    A. 幻灯片浏览视图　　B. 普通视图
    C. 备注页视图　　D. 阅读视图

18. 在 PowerPoint 2010 的各种视图中，可以对幻灯片进行移动、删除、添加、复制、设置切换效果，但不能编辑幻灯片中具体内容的视图是________。
    A. 幻灯片浏览视图　　B. 普通视图
    C. 备注页视图　　D. 阅读视图

19. 在 PowerPoint 2010 中，若在播放时希望跳过某张幻灯片可________。
    A. 删除某张幻灯片　　B. 取消某张幻灯片的切换效果
    C. 取消某张幻灯片的动画效果　　D. 隐藏某张幻灯片

20. 在 PowerPoint 2010 中，退出幻灯片放映的快捷键是________。
    A. Esc　　B. Alt+F4
    C. Alt+Space　　D. Space

21. 在 PowerPoint 2010 中，将动作按钮从一张幻灯片复制到另一张幻灯片后，结果是________。
    A. 仅复制动作按钮　　B. 仅复制动作按钮上的文字
    C. 仅复制动作按钮上的超链接　　D. 将动作按钮和之上的超链接一起复制

22. 在 PowerPoint 2010 中，演示文稿的放映方式不能设置为________。
A. 演讲者放映（全屏幕） B. 窗口放映
C. 观众自行浏览（窗口） D. 在展台浏览（全屏幕）

23. 在 PowerPoint 2010 中，为了在切换幻灯片时播放声音，可以单击________选项卡“计时”组中的“声音”按钮。
A. 切换 B. 幻灯片放映
C. 插入 D. 动画

24. 在 PowerPoint 2010 中，双击预留区中的“图表”按钮后启动的是________。
A. Word B. Excel
C. PowerPoint D. Access

25. 在 PowerPoint 2010 中，下列说法正确的是________。
A. 只能在动作按钮上设置动作 B. 不能在图表上设置动作
C. 幻灯片中所有对象都可以设置动作 D. 不能在组织结构图上设置动作

26. 在 PowerPoint 2010 的“大纲窗格”中，不能进行的操作是________。
A. 插入幻灯片 B. 删除幻灯片
C. 移动幻灯片 D. 添加占位符

27. 在 PowerPoint 2010 中，如果需要在所有幻灯片中都插入同一张图片，以下正确的操作是________。
A. 单击“视图”选项卡中的“幻灯片母版”按钮
B. 单击“插入”选项卡中的“图片”按钮
C. 单击“开始”选项卡中的“版式”按钮
D. 单击“插入”选项卡中的“剪贴画”按钮

28. 在幻灯片放映中，可以利用绘图笔在幻灯片上做标记，这些标记内容________。
A. 自动保存到演示文稿中 B. 不可以保存在演示文稿中
C. 在本次演示中不可擦除 D. 在本次演示中可以擦除

29. 在 PowerPoint 2010 中，可以移动一张幻灯片，下面说法正确的是________。
A. 在任意视图下都可以移动 B. 只能在大纲视图下移动
C. 幻灯片放映视图下不可以移动 D. 只能在普通视图下移动

30. 在 PowerPoint 2010 的________下，可以用拖动方法改变幻灯片的顺序。
A. 阅读视图 B. 备注页视图
C. 幻灯片浏览视图 D. 幻灯片放映

31. 演示文稿的基本组成单元是________。
A. 文本 B. 图形
C. 超链接 D. 幻灯片

32. 在 PowerPoint 2010 中，可以单击________选项卡“设置”组中的“隐藏幻灯片”按钮将不准备放映的幻灯片隐藏。
A. 视图 B. 幻灯片放映
C. 动画 D. 设计

33. 在 PowerPoint 2010 中，要使幻灯片在放映时能够自动播放，需要为其设置________。

A. 自定义动画　　B. 动作按钮
C. 排练计时　　D. 录制旁白

34. 幻灯片的切换方式是指________。

A. 在编辑新幻灯片时的过渡形式
B. 在编辑幻灯片时切换不同的视图
C. 在编辑幻灯片时切换不同的主题
D. 在幻灯片放映时两张幻灯片间过渡形式

35. 在 PowerPoint 2010 中，安排幻灯片中对象的布局可选择________来设置。

A. 应用主题　　B. 幻灯片版式
C. 背景　　D. 主题颜色

36. 在编辑演示文稿时，若要选定全部对象，可按快捷键________。

A. Ctrl+S　　B. Shift+S
C. Shift+A　　D. Ctrl+A

37. 使用 PowerPoint 2010 时，在大纲视图方式下，输入标题后，若要输入文本，下面操作正确的是________。

A. 输入标题后，按【Enter】键，再输入文本
B. 输入标题后，按【Ctrl+Enter】组合键，再输入文本
C. 输入标题后，按【Shift+Enter】组合键，再输入文本
D. 输入标题后，按【Alt+Enter】组合键，再输入文本

38. “切换”选项卡“计时”组中的“换片方式”有自动换片和手动换片，以下说法中正确的是________。

A. 同时选择“单击鼠标时”和“设置自动换片时间”两种换片方式，但“单击鼠标时”方式不起作用
B. 可以同时选择“单击鼠标时”和“设置自动换片时间”两种换片方式
C. 只允许在“单击鼠标时”和“设置自动换片时间”两种换片方式中选择一种
D. 同时选择“单击鼠标时”和“设置自动换片时间”两种换片方式，但“设置自动换片时间”方式不起作用

39. 要真正更改幻灯片的大小，可通过________来实现。

A. 在普通视图下直接拖动幻灯片的四条边框
B. 单击“视图”选项卡“显示比例”组中的“显示比例”按钮，在弹出的对话框中选择
C. 单击“开始”选项卡“幻灯片”组中的“版式”按钮
D. 单击“设计”选项卡“页面设置”组中的“页面设置”按钮

40. 在为某演示文稿设置了________后，放映时就会自动播放幻灯片，而不需要键盘和鼠标的干预。

A. 超链接　　B. 动作按钮
C. 排练计时　　D. 录制旁白

41. 要让作者单位的名称出现在所有的幻灯片中，应将其加入到________中。

A. 幻灯片母版　　B. 讲义母版

C. 标题母版　　D. 备注母版

42. 在 PowerPoint 2010 中，文件不可以保存为________格式。

A. pptx　　B. pdf

C. xps　　D. dots

43. 在 PowerPoint 2010 的幻灯片浏览视图下，不能完成的操作是________。

A. 调整个别幻灯片位置　　B. 删除个别幻灯片

C. 编辑个别幻灯片内容　　D. 复制个别幻灯片

44. 在________视图中，不可以对幻灯片内容进行编辑。

A. 幻灯片　　B. 大纲

C. 幻灯片放映　　D. 普通

45. 幻灯片中占位符的作用是________。

A. 表示文本长度　　B. 限制插入对象的数量

C. 为文本、图形预留位置　　D. 表示图形大小

46. 创建幻灯片副本，只需按________键。

A. Alt+F4　　B. Ctrl+S

C. Alt+Shift　　D. Ctrl+Shift+D

47. 有关幻灯片文本框的描述正确的是________。

A. “横排文本框”的含义是文本框高度尺寸比宽度尺寸小

B. 选定一个版式后，有内容的文本框的位置不可以改变

C. 复制文本框时，内部添加的文本一同被复制

D. 文本框的大小只可以通过鼠标非精确调整

48. 幻灯片放映时的“超链接”功能，指的是转向________。

A. 用浏览器观察某个网站的内容

B. 用相应软件显示其他文档内容

C. 放映其他文稿或本文稿的另一张幻灯片

D. 其他三项都可能

49. 在 PowerPoint 2010 中有 3 种幻灯片放映类型，其中“演讲者放映”与“在展台浏览”两种类型的共同特点是________。

A. 全屏幕显示　　B. 可随时打印

C. 不能使用鼠标控制　　D. 可用绘图笔进行勾画

50. 在幻灯片浏览视图中选取了一张幻灯片作为当前幻灯片，然后进行插入新幻灯片的操作，新幻灯片将位于________。

A. 所选幻灯片之前，操作完成后，原来所选的幻灯片仍为当前幻灯片

B. 所选幻灯片之前，操作完成后，新幻灯片为当前幻灯片

C. 所选幻灯片之后，操作完成后，原来所选的幻灯片仍为当前幻灯片

D. 所选幻灯片之后，操作完成后，新幻灯片为当前幻灯片

二、填空题

1. 在 PowerPoint 2010 中，按【Ctrl+N】组合键后会新建________。
2. 在 PowerPoint 2010 中，我们需要全屏播放幻灯片时，可以使用快捷键________。
3. 在 PowerPoint 2010 中，幻灯片版式对话框中包含________种幻灯片版式。
4. 选择“文件”选项卡中的________命令可以关闭幻灯片演示文稿，并退出 PPT。
5. 在 PowerPoint 2010 中，提供了细微型、________、动态内容 3 类切换效果。
6. 使幻灯片文本框中的内容居中的快捷键是________。
7. PowerPoint 2010 中，单击“插入”选项卡“文本”组中的________命令，可以对幻灯片插入页眉页脚。
8. PowerPoint 2010 中，新建一张幻灯片的快捷键是________。
9. 复制、删除和移动幻灯片可在普通视图下进行，也可在________视图下进行。
10. 要将幻灯片编号显示在幻灯片的右上方，应该在________中进行设置。
11. 在一个演示文稿中________同时使用不同的模板。
12. 要在幻灯片中插入一个动作按钮，可单击“插入”选项卡“插图”组中的________下拉按钮，在展开的列表中选择“动作按钮”。
13. 在 PowerPoint 2010 中，在一张纸上最多可以打印________张幻灯片。
14. 在 PowerPoint 2010 中，单击“插入”选项卡“文本”组中的“插入幻灯片编号”“页眉和页脚”或“________”命令，弹出“页眉和页脚”对话框。
15. 在 PowerPoint 2010 中，母版视图分为________、讲义母版和备注母版三类。
16. 在 PowerPoint 2010 中，要让不需要的幻灯片在放映时隐藏，可以单击“幻灯片放映”选项卡“设置”组中的________来设置。
17. 若要终止幻灯片的放映，可直接按________键。
18. PowerPoint 2010 对象应用，包括文本、________、插图、相册、媒体、逻辑节等的应用。
19. 在“动画”选项卡“动画”组中有四种类型的动画方案，分别为：进入动画方案、强调动画方案、________和动作路径动画方案。
20. 在 PowerPoint 2010 中，需要复制幻灯片中的动画效果，可单击“动画”选项卡“高级动画”组中的________按钮，即将动画效果复制给其他幻灯片对象。

三、案例讲解

【实训 5-1】

●涉及的知识点

演示文稿的新建和保存，应用文本，幻灯片的基本操作、版面设置，打印机属性设置，设定打印内容，插入页眉和页脚，应用版式。

●操作要求

1. 打开 PowerPoint 2010，将素材“实训 5-1.pptx”创建为模板“花.potx”，利用新模板“花.potx”创建新的演示文稿；

2. 在新建的演示文稿中，插入版式为“标题和内容”和“两栏内容”的两张新幻灯片；

3. 设置第 1 张幻灯片的标题为“花海”（华文彩云，96 号，深蓝），副标题为自己的学号姓名（华文琥珀，深蓝）；

4. 设置第 2 张幻灯片的标题为“出门走一走”（华文行楷，加粗），在内容区占位符中输入样张所示文字；删除项目符号；

5. 将第 3 张幻灯片的版式更改为“空白”，并将其移动到第 2 张幻灯片的位置；

6. 设置幻灯片大小为“全屏显示（16:9）”；

7. 在演示文稿中插入幻灯片编号（幻灯片的起始编号为 10）和页脚（页脚内容为“花的海洋”），首页不显示；

8. 保存文件，文件名为“实训 5-1.pptx”。

● 样张（见图 5-1）

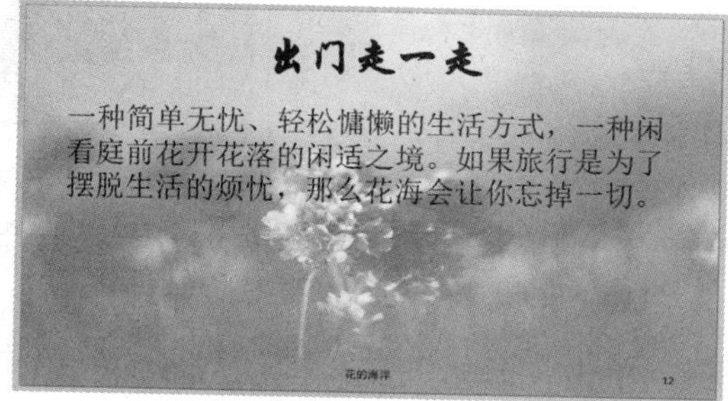

图 5-1　实训 5-1 样张

● 具体步骤

1. 操作要求 1 步骤：

（1）利用 PowerPoint 2010 打开素材文件“实训 5-1.pptx”，选择“文件”选项卡中的“另存为”命令，弹出“另存为”对话框，选择文件的“保存类型”为“PowerPoint 模板（*.potx）”，更改文件名为“花.potx”，如图 5-2 所示，单击“保存”按钮；此时若单击“设计”选项卡“主题”组右侧的“其他”按钮，在展开的列表中可找到模板“花.potx”主题。

（2）选择“文件”选项卡中的“新建”命令，在右侧的“可用的模板和主题”区域选择“我的模板”，弹出“新建演示文稿”对话框，在“个人模板”选项卡中选择“花.potx”模板，单击“确定”按钮，如图 5-3 所示，新建以该模板创建的演示文稿。

图 5-2 “另存为”对话框

图 5-3 “新建演示文稿”对话框

2. 操作要求 2 步骤：单击“开始”选项卡“幻灯片”组中的“新建幻灯片”下拉按钮，在展开的列表中分别选择“标题和内容”和“两栏内容”版式，新建两张幻灯片。

3. 操作要求 3 步骤：在幻灯片浏览窗格中选择第 1 张幻灯片，在幻灯片编辑区的标题占位符中单击并输入文字“花海”；单击标题占位符，在“开始”选项卡“字体”组中设置文字的字体为华文彩云、文字大小为 96 号、字体颜色为“深蓝”；在副标题占位符中单击并输入自己的学号姓名，单击副标题占位符，在“开始”选项卡“字体”组中设置文字的字体为华文琥珀、字体颜色为“深蓝”，效果如图 5-4 所示。

4. 操作要求 4 步骤：在幻灯片浏览窗格中单击选择第 2 张幻灯片，在幻灯片编辑区的标题占位符中单击并输入文字“出门走一走”，单击标题占位符，在“开始”选项卡“字体”组中设置文字的字体为华文行楷，单击“加粗”按钮；在内容区占位符内单击并输入相应文字“一种简单无忧、轻松慵懒的生活方式，一种闲看庭前花开花落的闲适之境。如果旅行是为了摆脱生活的烦忧，那么花海会让你忘掉一切。”用鼠标单击段落的起始位置，将光标定位在“一种简单无忧……”前，按【Backspace】键删除项目符号，如图 5-5 所示。

图 5-4　设置字体编辑的界面

图 5-5　文本编辑的界面

5. 操作要求 5 步骤：在幻灯片窗格里选中第 3 张幻灯片，单击“开始”选项卡“幻灯片”组中的“幻灯片版式”按钮，单击“空白”版式完成该幻灯片的版式修改；单击选中第 3 张幻灯片的同时将其拖动到第 1 张幻灯片和第 2 张幻灯片的中间位置，完成该幻灯片位置的移动。

6. 操作要求 6 步骤：单击“设计”选项卡“页面设置”组中的“页面设置”按钮，弹出“页面设置”对话框，在“幻灯片大小”下拉列表框中选择“全屏显示(16:9)”，如图 5-6 所示，单击“确定”按钮。

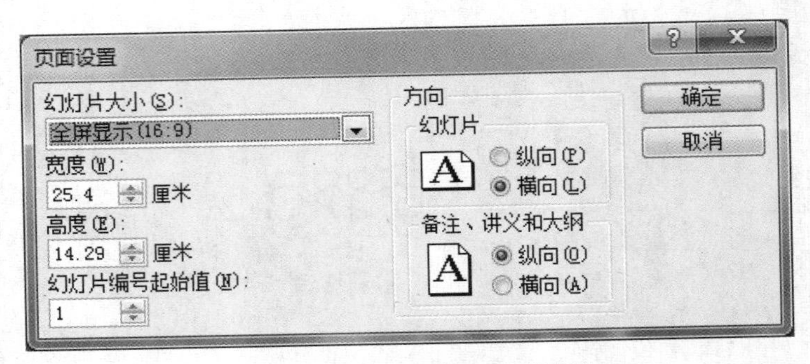

图 5-6 “页面设置”对话框

7. 操作要求 7 步骤：

（1）单击“插入”选项卡“文本”组中的“页眉和页脚”按钮，弹出“页眉和页脚”对话框，选择“幻灯片”选项卡，选中“幻灯片编号”和“页脚”复选框，并在“页脚”文本框中输入文字“花的海洋”。选中“标题幻灯片中不显示”复选框，如图 5-7 所示，单击“全部应用”按钮，完成幻灯片编号和页脚的插入。

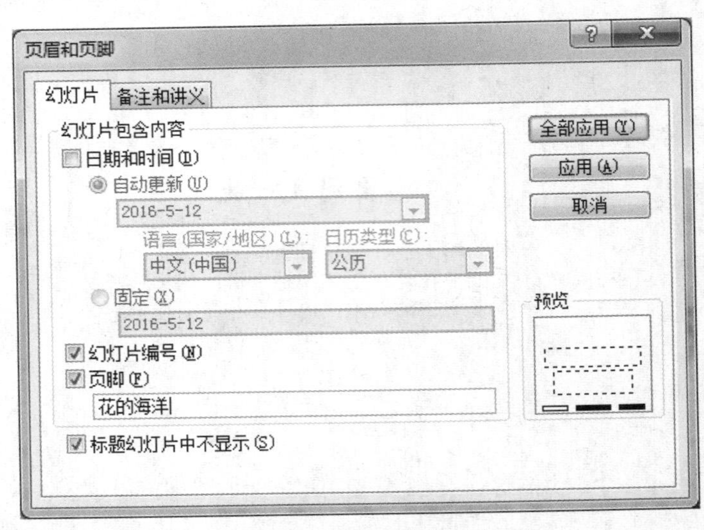

图 5-7 “页眉和页脚”对话框

（2）单击“设计”选项卡“页面设置”组中的“页面设置”按钮，弹出“页面设置”对话框，设置“幻灯片编号起始值”为 10，如图 5-8 所示，单击“确定”按钮，使幻灯片从第 10 张开始编号。

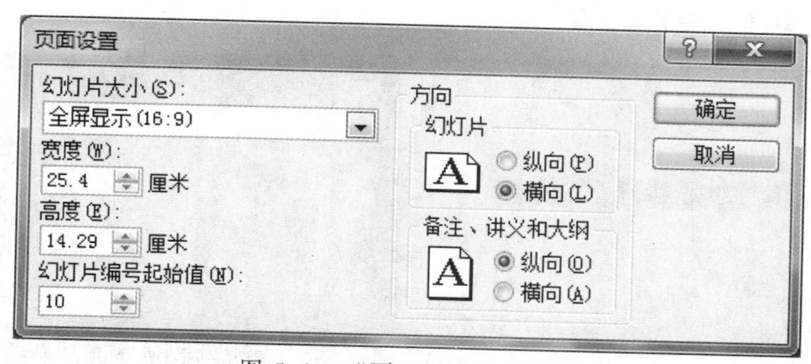

图 5-8 “页面设置”对话框

8. 操作要求 8 步骤：选择“文件”选项卡中的“保存”命令，弹出“另存为”对话框，修改文件名为“实训 5-1.pptx”，单击“保存”按钮，完成演示文稿的保存。

【实训 5-2】

● 涉及的知识点

应用文本，幻灯片的基本操作，应用主题，设置背景，插入图片，插入艺术字。

● 操作要求

1. 打开 PowerPoint 2010 设置幻灯片的主题为“时装设计”，主题颜色为“活力”、字体为“暗香扑面”、效果为“华丽”；

2. 新插入版式为“标题和内容”“内容与标题”“空白”的 3 张幻灯片；

3. 设置所有幻灯片的背景为素材图片“背景.jpg”（透明度为 50%），隐藏第 1 张图片的背景图形；

4. 设置第 1 张幻灯片的标题为“Happy Children's Day!”，设置标题的艺术字样式为“填充-粉红，强调文字颜色 2，双轮廓-强调文字颜色 2”（第 3 行第 5 列），艺术字的文字效果为发光“深紫，18pt 发光，强调文字颜色 4”，文字大小为 54；设置副标题为自己的学号姓名，文本右对齐；删除第 2 张幻灯片；

5. 在第 2 张幻灯片的标题占位符中输入文字“一起的节日”，文字大小为 40，艺术字样式为“渐变填充-粉红，强调文字颜色 1，轮廓-白色”（第 4 行第 4 列），设置文字效果为“朝鲜鼓”的转换效果；在幻灯片的左侧占位符中插入素材图片“小伙伴.jpg”，设置图片样式为“旋转，白色”；在幻灯片的右侧占位符中插入素材文档“文本素材.txt”中的文字，设置占位符的大小为高 8 厘米、宽 9.6 厘米，设置文字大小为 16；

6. 在第 3 张幻灯片中插入素材图片“文字.jpg”，设置图片位置为水平自左上角 6 cm、垂直自左上角 5 cm，图片效果为 25 磅的“柔化边缘”；

7. 保存文件，文件名为“实训 5-2.pptx”。

● 样张（见图 5-9）

图 5-9　实训 5-2 样张

● 具体步骤

1. 操作要求 1 步骤：打开 PowerPoint 2010，单击“设计”选项卡“主题”组中的“其他”按钮，在展开的列表中选择幻灯片的主题为“时装设计”，如图 5-10 所示；单击“设计”选项卡“主题”组中的“颜色”下拉按钮，在展开的列表中选择“活力”选项；再设置字体为“暗香扑面”、效果为“华丽”。

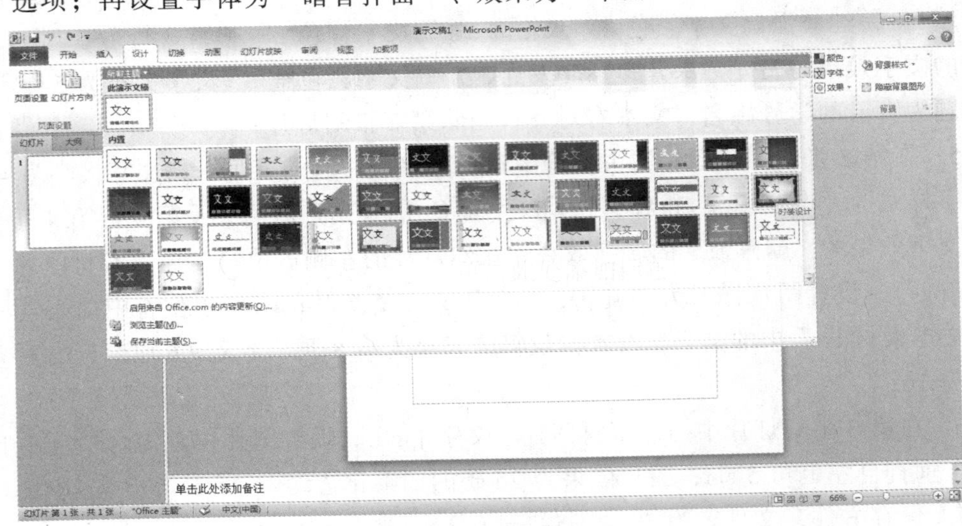

图 5-10　主题设置的界面

2. 操作要求 2 步骤：单击“开始”选项卡“幻灯片”组中的“新建幻灯片”下拉按钮，在展开的列表中依次选择“标题和内容”“内容与标题”“空白”版式新建 3 张幻灯片，如图 5-11 所示。

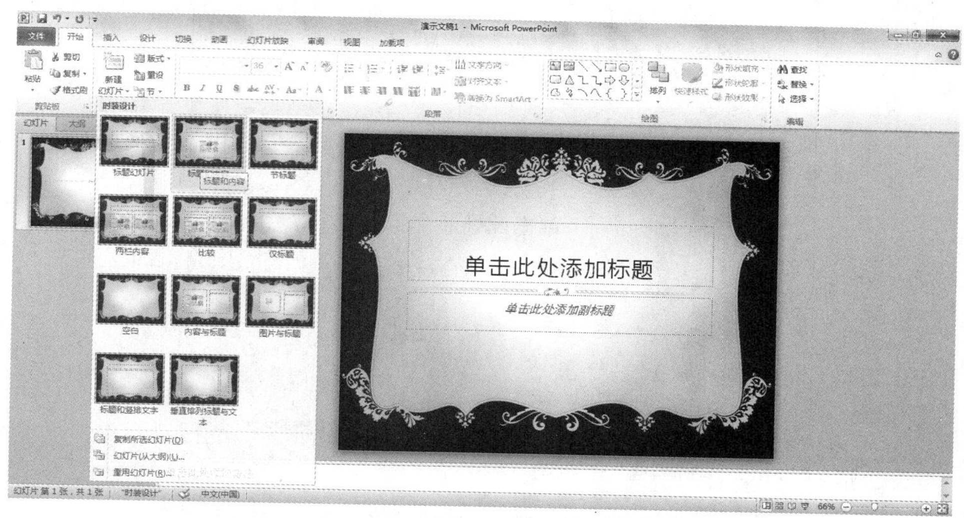

图 5-11　新建幻灯片的界面

3. 操作要求 3 步骤：

（1）在幻灯片浏览窗格中单击选择任意一张幻灯片。单击“设计”选项卡“背景”组右下角的“对话框启动器”按钮，弹出“设置背景格式”对话框，在左侧选择“填充”选项，在右侧选择“图片或纹理填充”单选按钮，单击“文件”按钮，弹出“插入图片”对话框，选择素材图片“背景.jpg”所在的正确路径，单击“插入”按钮；设置图片的透明度为 50%，如图 5-12 所示，单击“全部应用”按钮，关闭对话框，所有幻灯片的背景图片都更改为半透明的“背景.jpg”。

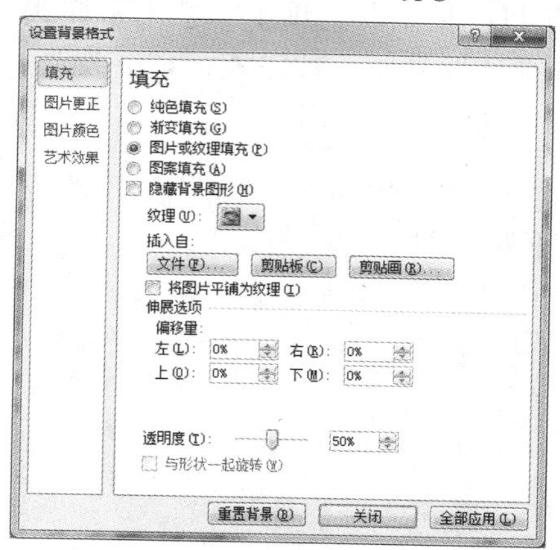

图 5-12　“设置背景格式”对话框

（2）在幻灯片浏览窗格中单击选择第 1 张幻灯片，在“设计”选项卡“背景”组中选择“隐藏背景图形”复选框，如图 5-13 所示，第 1 张幻灯片的黑色背景图形消失。

图 5-13　隐藏幻灯片背景图形的界面

4. 操作要求 4 步骤：

（1）在幻灯片浏览窗格中单击选择第 1 张幻灯片，在幻灯片编辑区的标题占位符中单击并输入文字“Happy Children's Day!”，单击“开始”选项卡“字体”组中的“更改大小写”下拉按钮，选择“每个单词首字母大写”选项；选中标题占位符，单击“绘图工具–格式”选项卡“艺术字样式”组右侧的“其他”按钮，在展开的列表中选择“填充–粉红，强调文字颜色 2，双轮廓–强调文字颜色 2”（第 3 行第 5 列）样式，如图 5-14 所示；单击“绘图工具–格式”选项卡“艺术字样式”组中的“文本效果”下拉按钮，在展开的列表中选择“发光”→“深紫，18pt 发光，强调文字颜色 4”效果，如图 5-15 所示。

图 5-14　设置艺术字的界面

图 5-15　设置艺术字文本效果的界面

（2）单击标题占位符，在“开始”选项卡“字体”组中设置文字大小为 54。

（3）在副标题占位符中单击并输入自己的学号姓名，单击副标题占位符，单击“开始”选项卡“段落”组中的“文本右对齐”按钮，最终效果如图 5-16 所示。

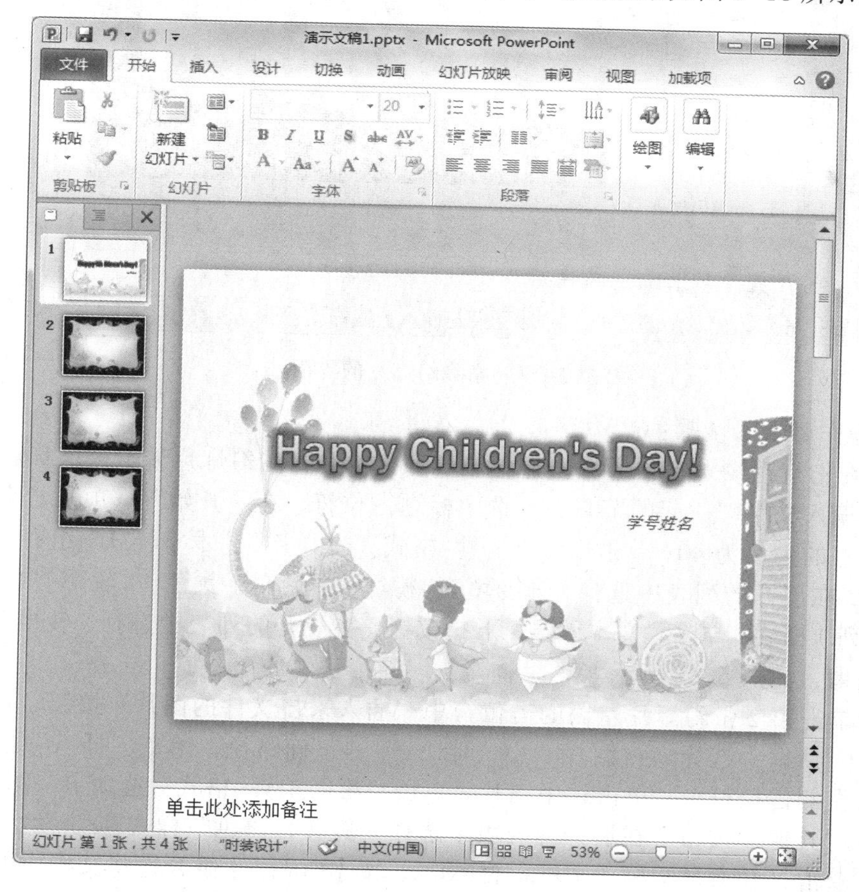

图 5-16　幻灯片编辑的界面

（4）在幻灯片浏览窗格中右击第 2 张幻灯片，在弹出的快捷菜单中选择“删除幻灯片”命令，如图 5-17 所示，将第 2 张幻灯片删除。

图 5-17　删除幻灯片的界面

5. 操作要求 5 步骤：

（1）在幻灯片浏览窗格中单击选择第 2 张幻灯片，在幻灯片编辑区的标题占位符中单击并输入文字“一起的节日”；选中标题占位符，在“开始”选项卡“字体”组中设置文字的大小为 40；单击“绘图工具-格式”选项卡“艺术字样式”组右侧的“其他”按钮，在展开的列表中选择“渐变填充-粉红，强调文字颜色 1，轮廓-白色”（第 4 行第 4 列）样式；单击“文本效果”下拉按钮，在展开的列表中选择“转换”→“朝鲜鼓”效果，如图 5-18 所示。

（2）单击第 2 张幻灯片左侧的占位符中“插入来自文件的图片”按钮，弹出“插入图片”对话框，选择素材图片“小伙伴.jpg”的正确路径，单击“插入”按钮，将图片插入左侧占位符中；单击选中图片，单击“绘图工具-格式”选项卡“图片样式”组右侧的“其他”按钮，在展开的列表中选择“旋转，白色”样式。

（3）双击打开素材文档“文本素材.txt”，按【Ctrl+A】组合键将文档中的文字全部选中，按【Ctrl+C】组合键将文本复制；返回到正在编辑的演示文稿，单击第 2 张幻灯片右侧的占位符，按【Ctrl+V】组合键粘贴素材文本；选中文本占位符，在“绘图工具-格式”选项卡“大小”组中设置占位符高度为 8 cm、宽度为 9.6 cm；在“开始”选项卡“字体”组中设置文字大小为 16，最终效果如图 5-19 所示。

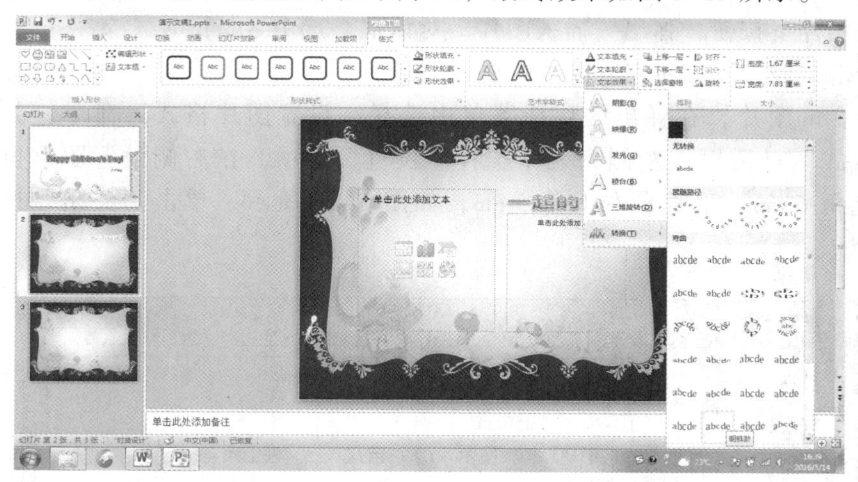

图 5-18　设置艺术字文本效果的界面

图 5-19　编辑幻灯片的最终界面

6. 操作要求 6 步骤：

（1）在幻灯片浏览窗口中单击选择第 3 张幻灯片，单击“插入”选项卡“图像”组中的“图片”按钮，弹出“插入图片”对话框，选中素材图片“文字.jpg”的正确路径，单击“插入”按钮完成图片的插入。

（2）右击图片，在弹出的快捷菜单中选择“设置图片格式”命令，弹出“设置图片格式”对话框在左侧列表中选择“位置”选项，在右侧设置图片位置为水平自左上角 6 cm、垂直自左上角 5 cm，如图 5-20 所示，单击“关闭”按钮完成设置。

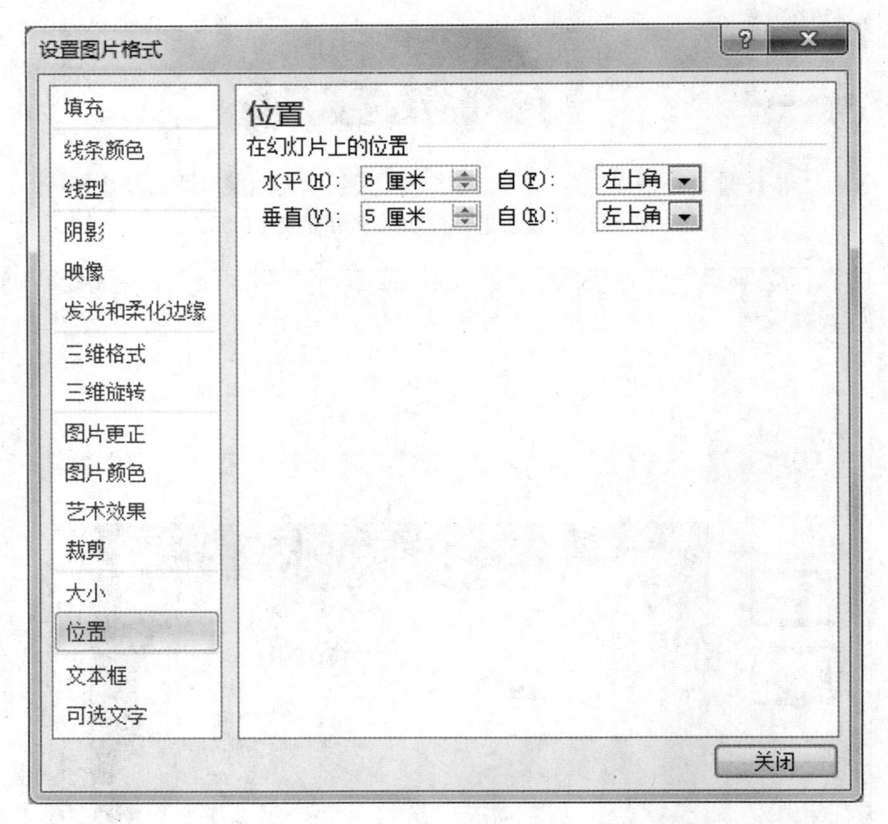

图 5-20 “设置图片格式”对话框

（3）单击选中图片，单击“图片工具-格式”选项卡“图片样式”组中的“图片效果”下拉按钮，在展开的列表中选择“柔化边缘”→“25 磅”，最终效果如图 5-21 所示。

7. 操作要求 7 步骤：选择“文件”选项卡中的“保存”命令，弹出“另存为”对话框，修改文件名为“实训 5-2.pptx”，单击“保存”按钮，完成演示文稿的保存。

图 5-21　设置图片效果的界面

【实训 5-3】

● 涉及的知识点

视图模式切换，应用主题，设置背景，插入剪贴画，插入形状，插入 SmartArt 图形，插入文本框，应用视频。

● 操作要求

1. 打开素材“实训 5-3.pptx”，将第 3、4、5 张幻灯片的标题变为第 2 张幻灯片标题下的第一级别目录文字；

2. 设置第 1 张幻灯片的主题为“相邻”，其他幻灯片的主题为“夏至”；

3. 在第 1 张幻灯片的编辑状态下设置幻灯片背景为“5%”的图案填充，前景色为“紫色”、背景色为“茶色，强调文字颜色 6，淡色 80%”，并全部应用至所有幻灯片；

4. 在第 1 张幻灯片的右上角处插入如样张所示的剪贴画“balloons”，将该剪贴画重新着色为“冲蚀”；

5. 在第 2 张幻灯片中插入高为 10 cm、宽为 12 cm 的心形形状，设置心形的形状填充颜色为 RGB(255、213、250)，形状轮廓无，将其移动到如样张所示的位置并置于底层；

6. 在第 3 张幻灯片的左侧插入如样张所示的垂直文本框，在文本框中输入文字“在此，送上我为您制作的贺卡”，字体加粗；在幻灯片的右侧插入动画“贺卡.swf”，动画大小为原来的 150%；

7. 保存并播放演示文稿。

● 样张（见图 5-22）

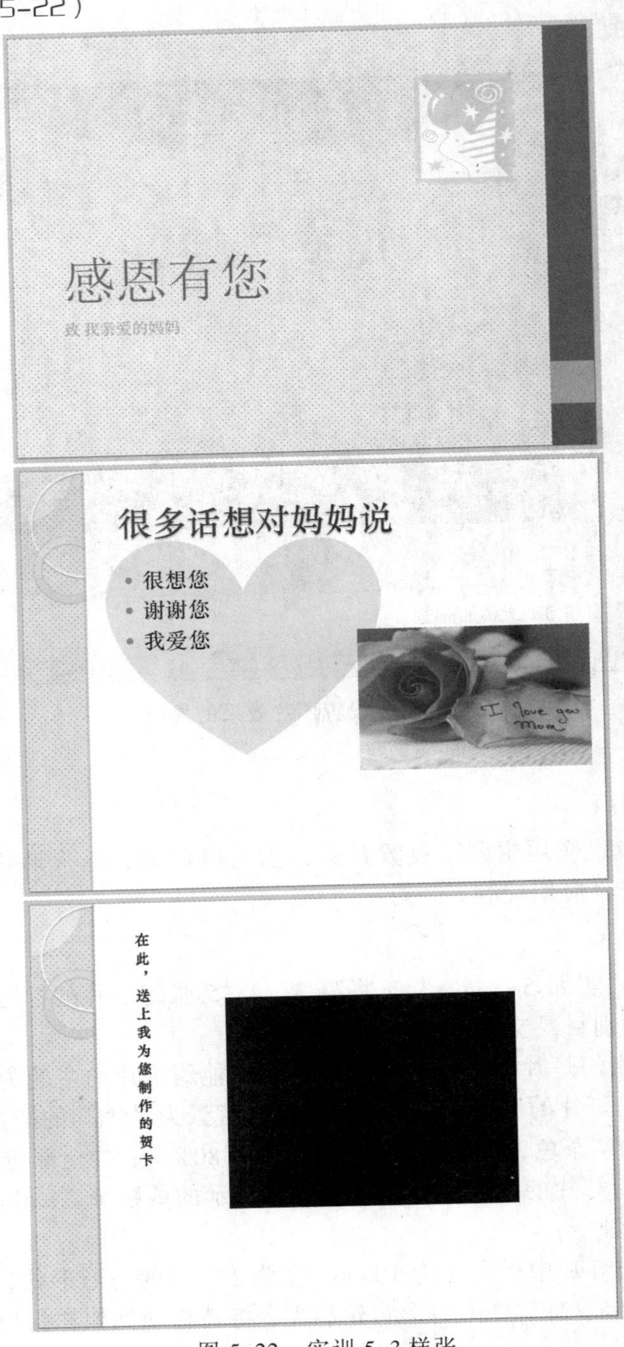

图 5-22　实训 5-3 样张

● 具体步骤

1. 操作要求 1 步骤：双击打开素材文件“实训 5-3.pptx”，在普通视图中单击视图左侧的“大纲”浏览窗格，将鼠标定位在第 3 张幻灯片的标题文字“很想您”前，按【Tab】键使标题缩进成为第 2 张幻灯片标题下的第一级目录文字；用相同的步骤完成第 4 张和第 5 张幻灯片的操作，最终效果如图 5-23 所示。

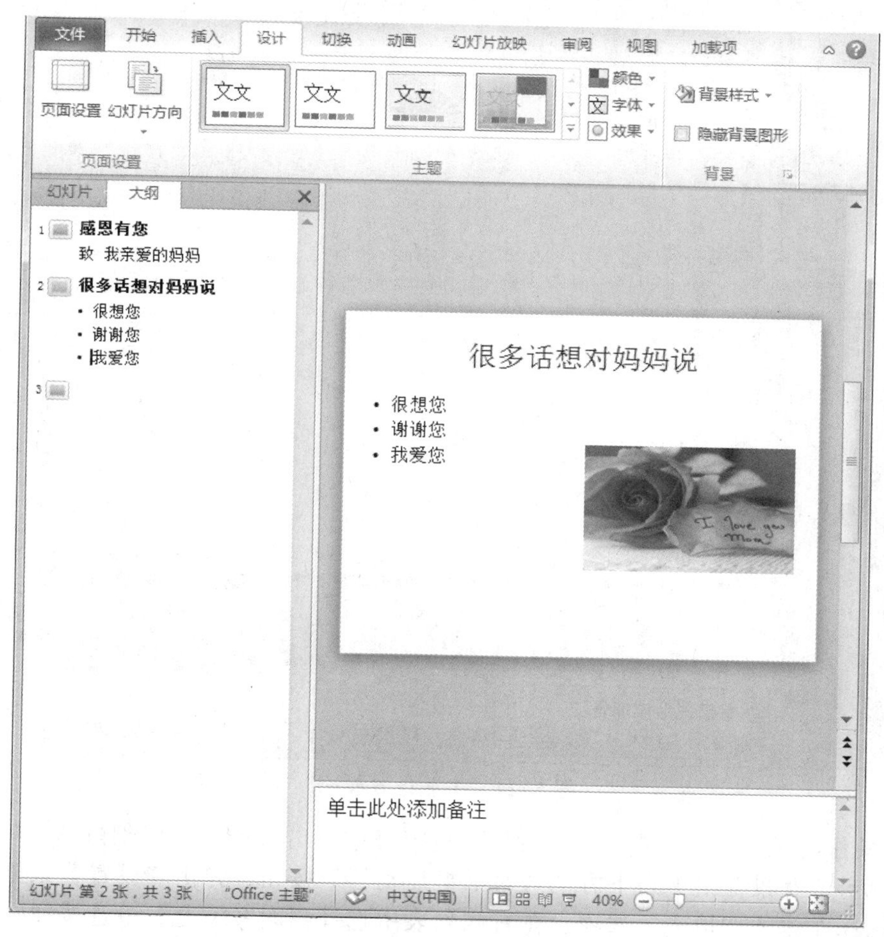

图 5-23　利用“大纲”窗口设置文字级别的界面

2. 操作要求 2 步骤：

（1）切换到普通视图的“幻灯片”浏览窗格方式，单击选择第 1 张幻灯片，单击“设计”选项卡“主题”组右侧的“其他”按钮，在展开的列表中右击“相邻”主题，在弹出的快捷菜单中选择“应用于选定幻灯片”命令，更改第 1 张幻灯片的主题。

（2）在“幻灯片”浏览窗格中单击选择第 2 张幻灯片，按住【Ctrl】键的同时单击第 3 张幻灯片，完成同时选中第 2 张和第 3 张幻灯片；单击“设计”选项卡“主题”组中右侧的“其他”按钮，在展开的列表中右击“夏至”主题，在弹出的快捷菜单中选择“应用于选定幻灯片”命令，最终效果如图 5-24 所示。

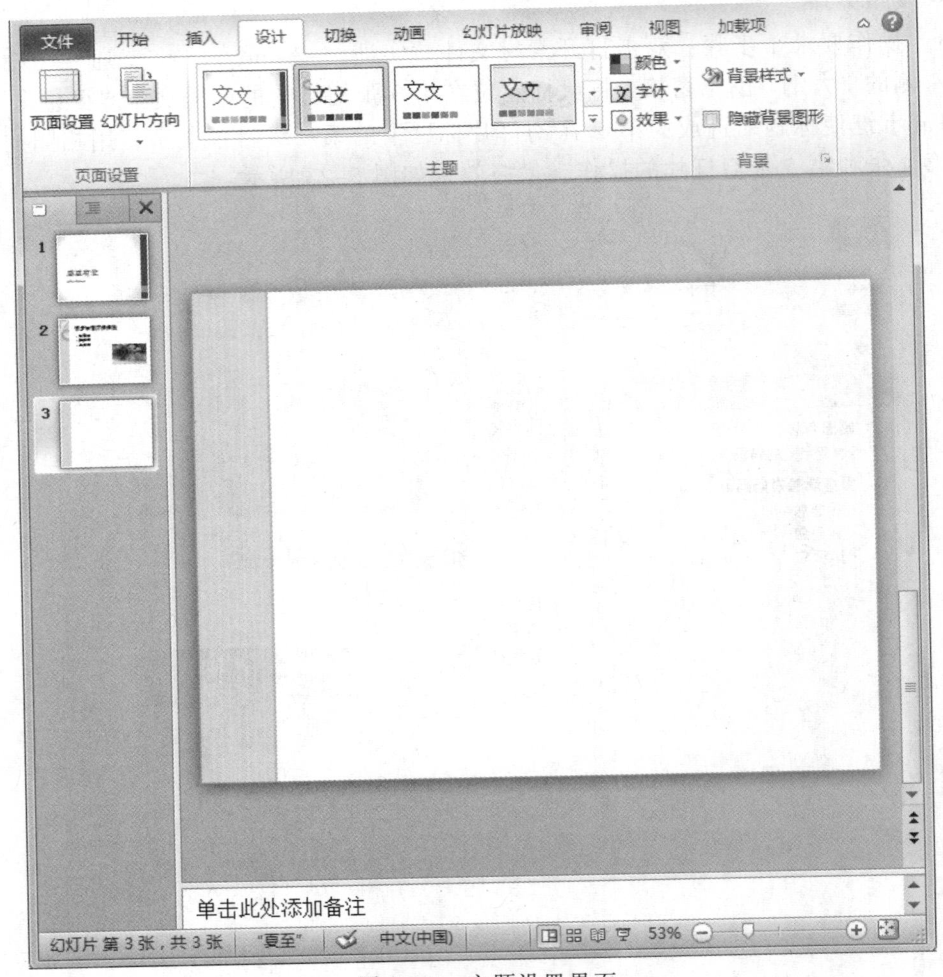

图 5-24　主题设置界面

3. 操作要求 3 步骤：在“幻灯片”浏览窗格中单击选择第 1 张幻灯片，单击“设计”选项卡“背景”组中右下方的“对话框启动器”按钮，弹出“设置背景格式”对话框，选择左侧的“填充”选项，在右侧列表中选择“图案填充”单选按钮，并在下方的图案列表中选择“5%”的图案样式；在下方的“前景色”下拉列表中选择“紫色”，在“背景色”下拉列表中选择“茶色，强调文字颜色 6，淡色 80%”，如图 5-25 所示，单击“全部应用”按钮，所有幻灯片的背景格式都有相应改变，单击“关闭”按钮完成背景格式设置。

4. 操作要求 4 步骤：

（1）在“幻灯片”浏览窗格中单击选择第 1 张幻灯片，单击“插入”选项卡“图像”组中的“剪贴画”按钮，打开“剪贴画”任务窗格，输入搜索文字“balloons”，单击“搜索”按钮，单击选中第 1 张剪贴画插入幻灯片；单击并拖拉该剪贴画到幻灯片右上角的合适位置，如图 5-26 所示；关闭右侧的“剪贴画”任务窗格。

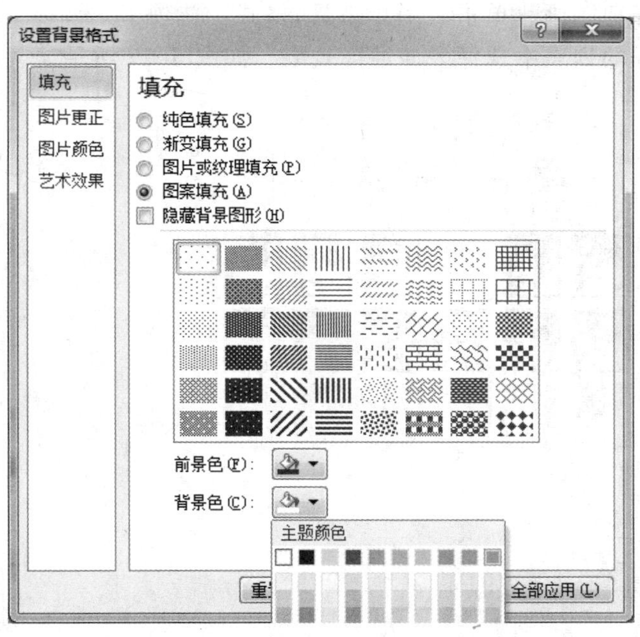

图 5-25 “设置背景格式”对话框

图 5-26 插入剪贴画的界面

（2）单击选择剪贴画，单击“图片工具-格式”选项卡“调整”组中的“颜色”下拉按钮，在展开的列表中选择“冲蚀”效果，如图 5-27 所示。

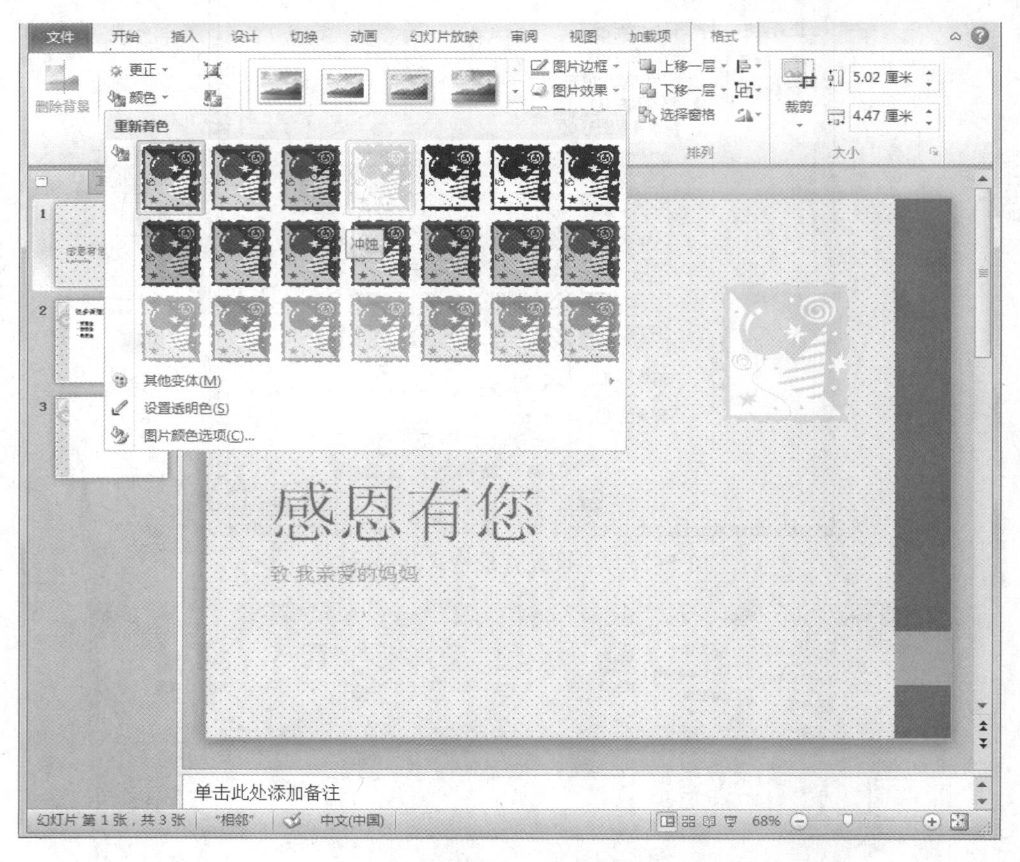

图 5-27　设置剪贴画重新着色的界面

5. 操作要求 5 步骤：

（1）在“幻灯片”浏览窗格中单击选择第 2 张幻灯片，单击“插入”选项卡“插图”组中的“形状”下拉按钮，在展开的列表中选择“心形”基本形状；在第 2 张幻灯片上按住鼠标左键拖拉绘制心形形状；选中心形形状，在“绘图工具-格式”选项卡“大小”组中设置心形的高为 10 cm、宽为 12 cm。

（2）单击心形形状，单击“绘图工具-格式”选项卡“形状样式”组中的“形状填充”下拉按钮，在展开的列表中选择“其他填充颜色”；弹出“颜色”对话框，设置颜色的 RGB 值分别为 255、213 和 250，如图 5-28 所示，单击“确定”按钮，完成颜色的设置。

（3）单击“绘图工具-格式”选项卡“形状样式”组中的“形状轮廓”下拉按钮，在展开的列表中选择“无轮廓”选项。

（4）单击心形形状，将其拖动到样张位置；如图 5-29 所示，右击心形形状，在弹出的快捷菜单中选择“置于底层”命令，则心形形状处于文字下层。

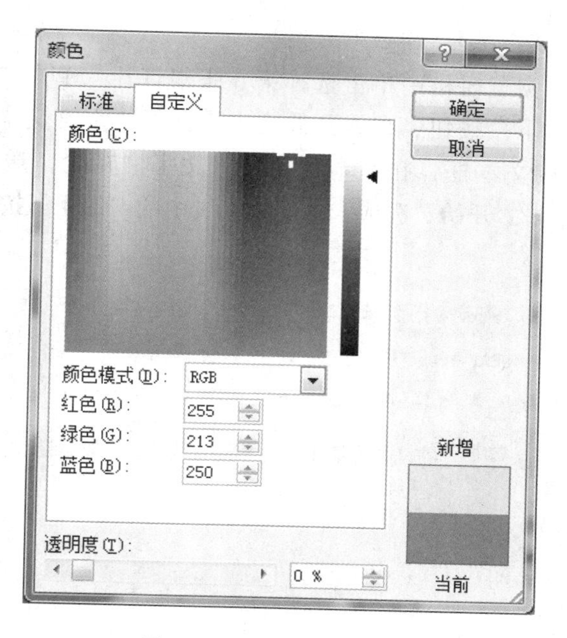

图 5-28 “颜色”对话框

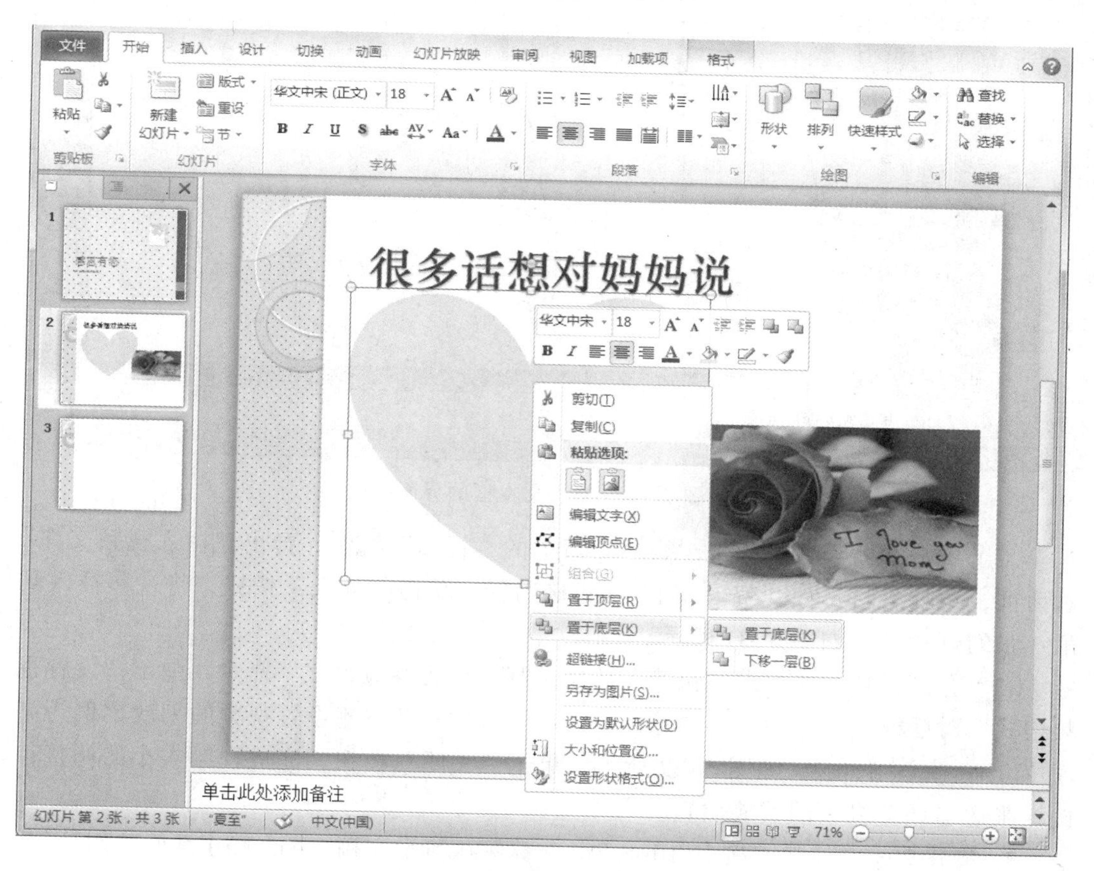

图 5-29 设置图片顺序的界面

6. 操作要求 6 步骤：

（1）在“幻灯片”浏览窗格中单击选择第 3 张幻灯片，单击“插入”选项卡“文本”组中的“文本框”下拉按钮，在展开的列表中选择“垂直文本框”，用鼠标在该幻灯片的左侧拖拉生成文本框，在文本框中输入文字“在此，送上我为您制作的贺卡”，单击文本框，单击“开始”选项卡“字体”组中的“加粗”按钮，效果如图 5-30 所示。

图 5-30　插入文本框的界面

（2）单击“插入”选项卡“媒体”组中的“视频”按钮，弹出“插入视频文件”对话框，选择素材文件“贺卡.swf”的正确路径，单击“插入”按钮，将视频插入到第 3 张幻灯片中，如图 5-31 所示。

（3）右击视频，在弹出的快捷菜单中选择“设置视频格式”命令，弹出“设置视频格式”对话框，在左侧列表中选择“大小”选项，在右侧设置视频的缩放比例为高度 150%、宽度 150%，如图 5-32 所示，单击“关闭”按钮，完成视频大小的调整；按样张适当调整视频的摆放位置。

7. 操作要求 7 步骤：按【Ctrl+S】组合键保存演示文稿，按【F5】键放映幻灯片。

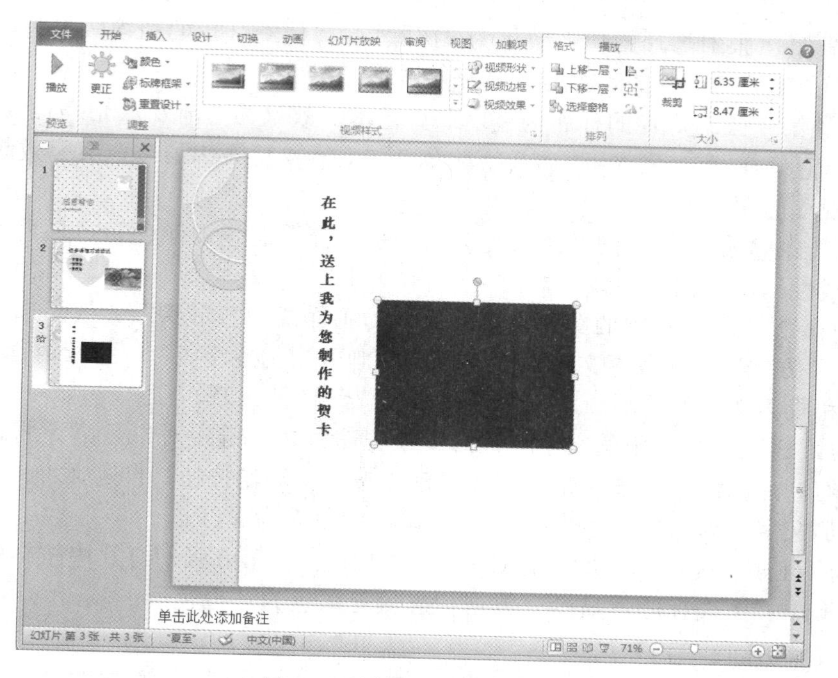

图 5-31　插入视频编辑界面

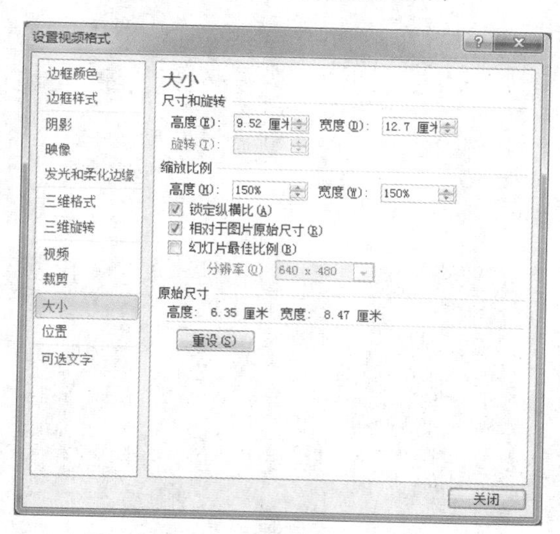

图 5-32　“设置视频格式”对话框

【实训 5-4】

●涉及的知识点

应用主题，设置背景，插入艺术字，插入图表，插入超链接和动作效果，幻灯片动画效果，幻灯片切换效果，设置放映方式。

●操作要求

1. 打开素材“实训 5-4.pptx”，将演示文稿的主题设置为“活力”，设置放映方式为“在展台浏览（全屏幕）”；

2. 设置第 1 张幻灯片的切换效果为“擦除”，其他幻灯片的切换效果为“推进”；设置所有幻灯片在 3 s 后自动切换（鼠标点击不可用）；

3. 设置第 1 张幻灯片的标题为艺术字，艺术字效果为“渐变填充-粉红，强调文字颜色 1，轮廓-白色，发光-强调文字颜色 2”（第 4 行第 1 列），文字效果为“右上对角透视”的阴影效果；

4. 设置第 3 张幻灯片的背景填充为“渐变填充”，预设颜色为“暮霭沉沉”，类型为“线性”，方向为“线性对角-左下到右上”；

5. 为第 2 张幻灯片中的图片设置动画，动画样式为“形状”，效果选项设置为“形状”→“方框”；为段落文本设置动画，动画效果为“浮入”，持续时间为 1.5 s；更改图片和段落文本的动画顺序，使段落文本先于图片出现；

6. 为第 3 张幻灯片中的文本“镜海”设置超链接，链接对象是第 5 张幻灯片；为第 5 张幻灯片添加返回第 3 张幻灯片的动作按钮（动作按钮：自定义），并要求在按钮上添加文字“返回”（字号 24），按钮形状填充为深红；

7. 利用 Excel 素材“门票价格.xlsx”中的数据，在第 6 张幻灯片中按样张所示插入簇状柱形图：图表标题不显示，数据标志填充颜色为“橙色”。

●样张（见图 5-33）

图 5-33　实训 5-4 样张

● 具体步骤

1. 操作要求 1 步骤：

（1）双击打开素材“实训 5-4.pptx”，单击“设计”选项卡“主题”组中的“活力”主题，则所有幻灯片的主题都发生相应更改。

（2）单击“幻灯片放映”选项卡“设置”组中的“设置幻灯片放映”按钮，弹出“设置放映方式”对话框，在“放映类型”区域选择“在展台浏览（全屏幕）”单选按钮，如图 5-34 所示，单击“确定”按钮完成设置。

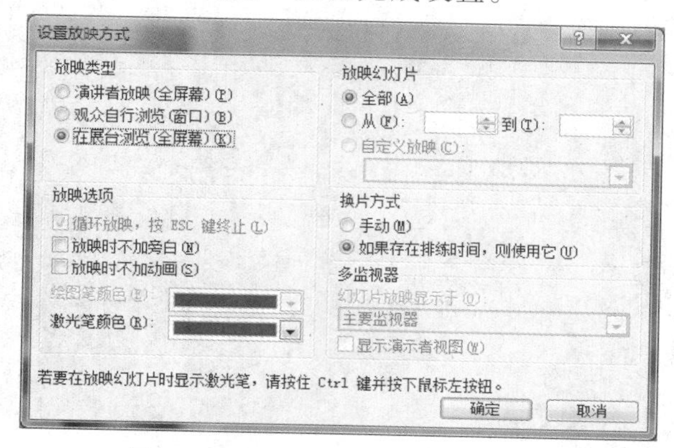

图 5-34 “设置放映方式”对话框

2. 操作要求 2 步骤：

（1）在“幻灯片”浏览窗格中单击第 1 张幻灯片，如图 5-35 所示，单击“切换”选项卡“切换到此幻灯片”组右侧的“其他”按钮，在展开的列表中选择“细微型”→“擦除”切换方案，设置完成后，可以在“幻灯片”浏览窗格的第 1 张幻灯片的标号“1”下方显示一个流星符号。

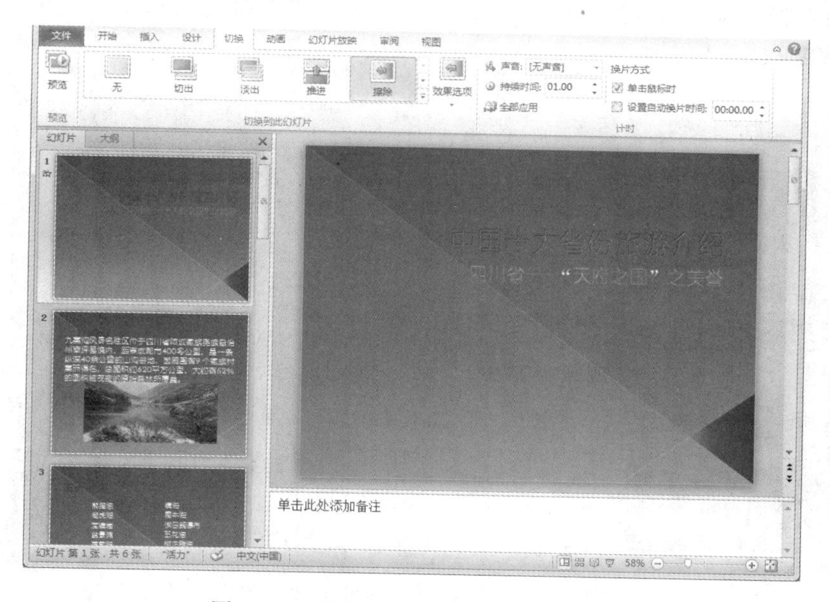

图 5-35 设置幻灯片切换效果的界面

（2）在“幻灯片”浏览窗格中单击选择第 2 张幻灯片，按住【Shift】键的同时单击第 6 张幻灯片，实现同时选中第 2～6 张幻灯片，单击“切换”选项卡“切换到此幻灯片”组右侧的“其他”按钮，在展开的列表中选择“细微型”→“推进”切换方案，如图 5-36 所示，设置完成后第 2～6 张幻灯片都添加了切换效果。

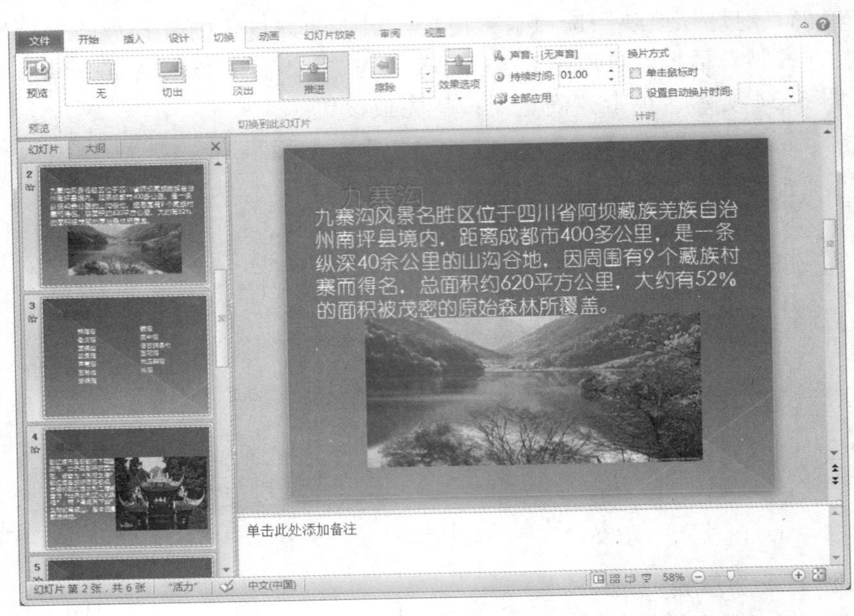

图 5-36　设置多张幻灯片切换效果的界面

（3）单击“幻灯片”浏览窗格中的空白位置，按【Ctrl+A】组合键同时选中所有幻灯片，设置“切换”选项卡“计时”组中的“换片方式”，取消选择“单击鼠标时”复选框，只选择“设置自动换片时间”复选框，将换片时间设置为 3 s，如图 5-37 所示。

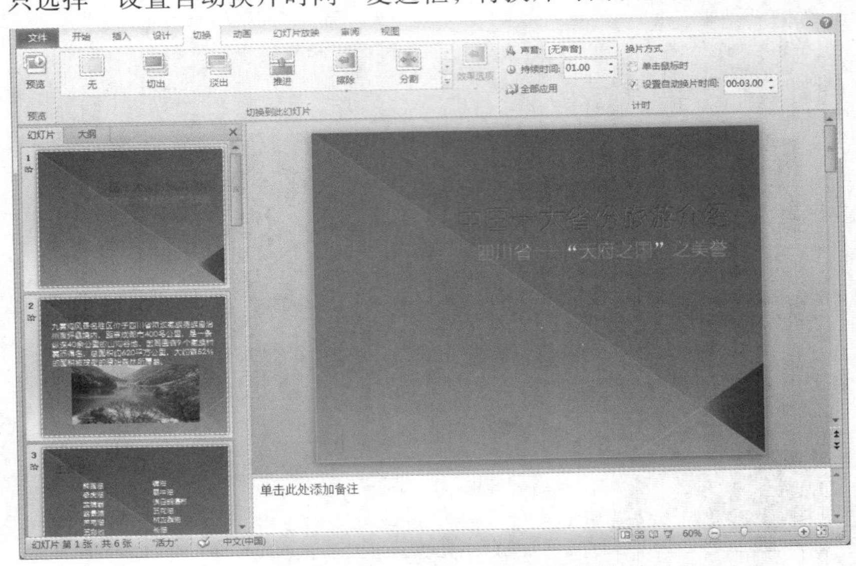

图 5-37　设置幻灯片换片方式的界面

3. 操作要求 3 步骤：

（1）在“幻灯片”浏览窗格中单击选择第 1 张幻灯片，单击幻灯片编辑区的标题占位符，单击“绘图工具-格式”选项卡“艺术字样式”组右侧的“其他”按钮，在展开的列表中选择“渐变填充-粉红，强调文字颜色 1，轮廓-白色，发光-强调文字颜色 2”（第 4 行第 1 列）样式。

（2）单击“绘图工具-格式”选项卡“艺术字样式”组中的“文本效果”下拉按钮，在展开的列表中选择“阴影”→“右上对角透视”的透视效果，如图 5-38 所示。

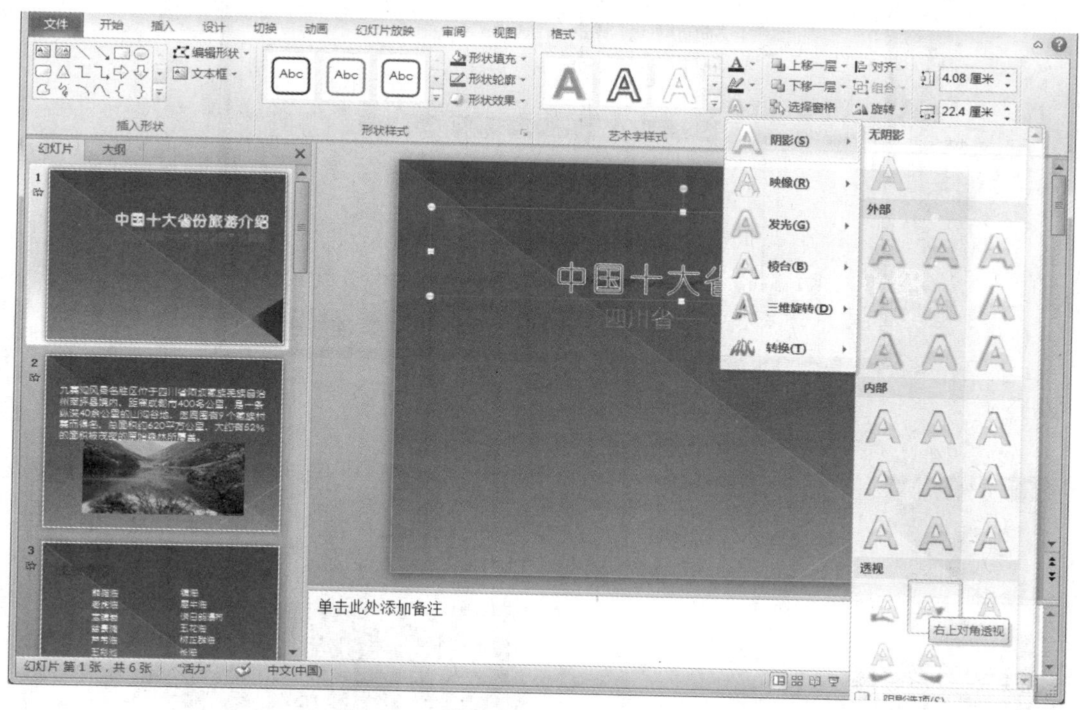

图 5-38 设置艺术字文本效果的界面

4. 操作要求 4 步骤：在“幻灯片”浏览窗格中单击第 3 张幻灯片，单击“设计”选项卡“背景”组右下角的“对话框启动器”按钮，弹出“设置背景格式”对话框，在左侧列表中选择“填充”选项，在右侧列表中选择“渐变填充”单选按钮；在“预设颜色”下拉列表框中选择“暮霭沉沉”效果，在“类型”下拉列表框中选择“线性”，方向为“线性对角-左下到右上”，如图 5-39 所示，单击“关闭”按钮。

5. 操作要求 5 步骤：

（1）在“幻灯片”浏览窗格中单击选择第 2 张幻灯片，在幻灯片编辑区单击图片，单击“动画”选项卡“动画”组右侧的“其他”按钮，在展开的列表中选择“进入”→“形状”动画效果，如图 5-40 所示；单击“动画”选项卡“动画”组中的“效果选项”下拉按钮，在展开的列表中选择“方框”形状，如图 5-41 所示。

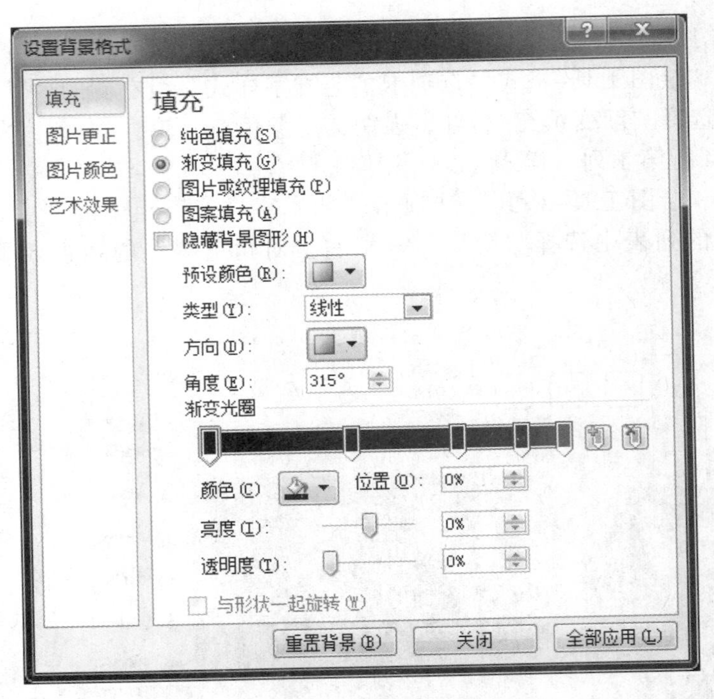

图 5-39 “设置背景格式”对话框

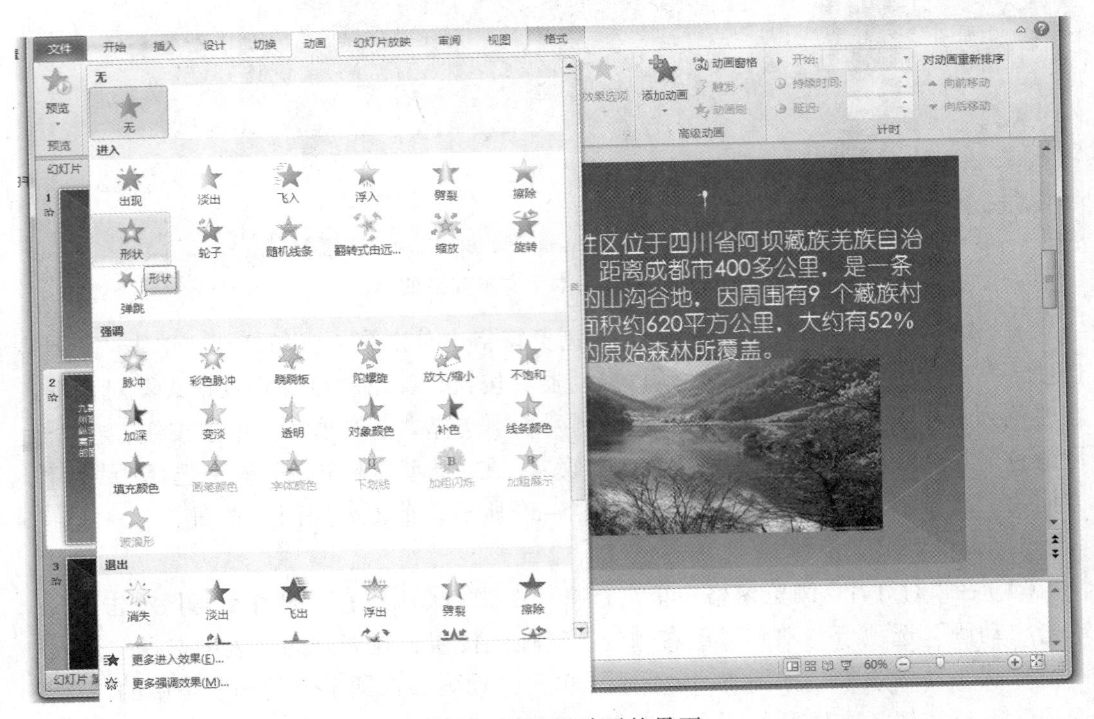

图 5-40 设置动画的界面

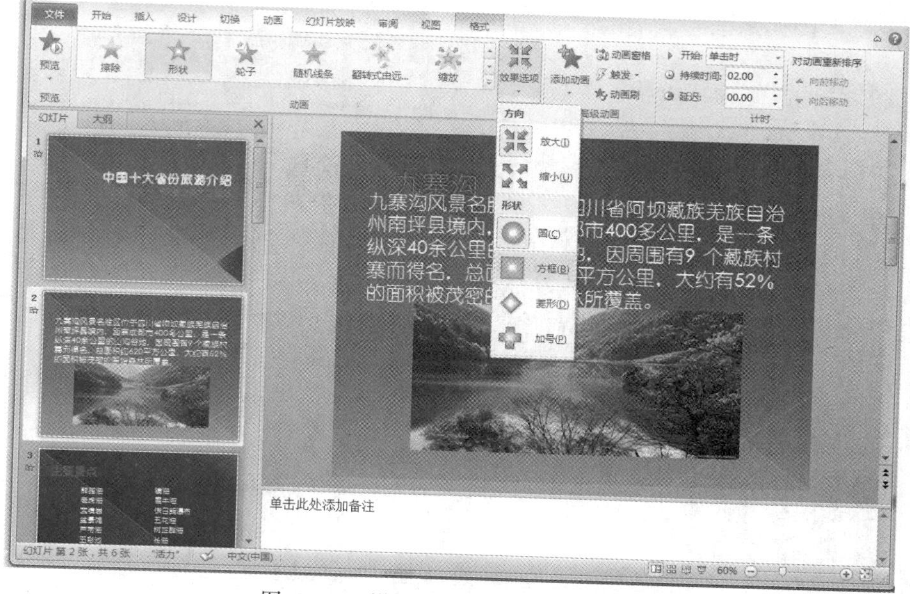

图 5-41　设置动画效果选项的界面

（2）单击第 2 张幻灯片的内容区占位符，单击“动画”选项卡“动画”组右侧的“其他”按钮，在展开的列表中选择“进入”→“浮入”动画样式；在“动画”选项卡“计时”组中的“持续时间”文本框中设置持续时间为 1.5 s，如图 5-42 所示。

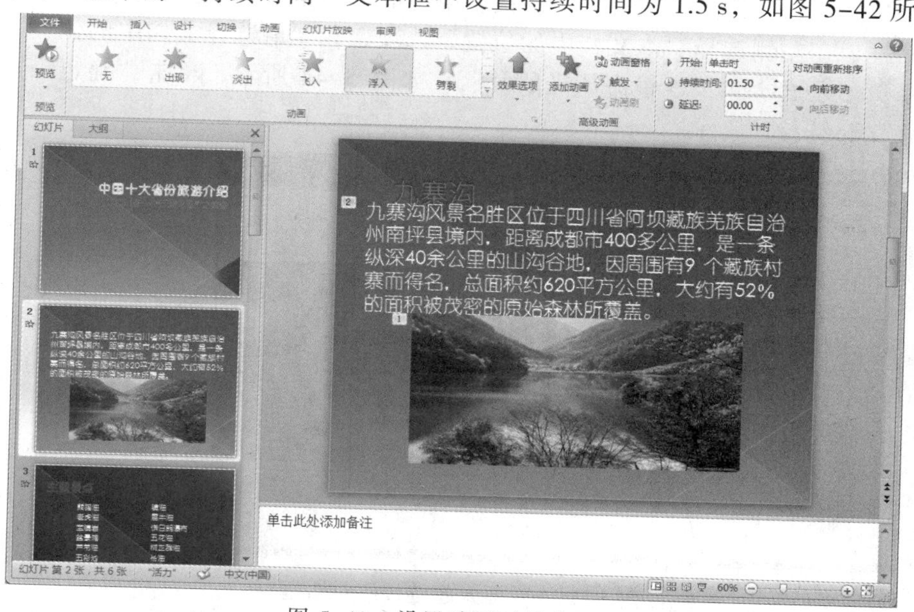

图 5-42　设置动画时长的界面

（3）单击“动画”选项卡“高级动画”组中的“动画窗格”按钮，在右侧打开“动画窗格”任务窗格，在其中可看到当前幻灯片的所有动画设置；在“动画窗格”任务窗格中单击拖拉第 1 条图片的动画，将其移动到段落文本动画的下方，使段落文本先于图片出现，如图 5-43 所示，关闭“动画窗格”任务窗格。

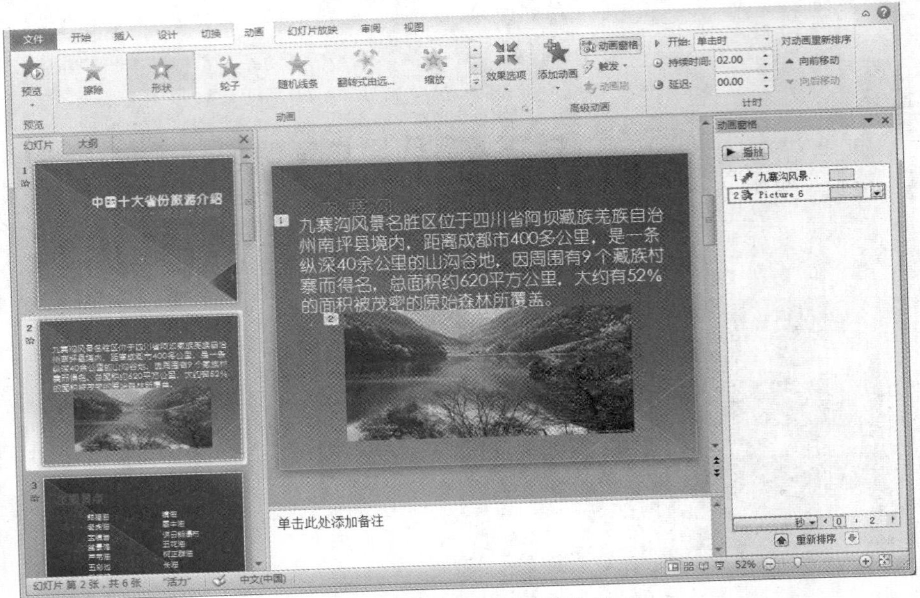

图 5-43　设置动画顺序的界面

6. 操作要求 6 步骤：

（1）在“幻灯片”浏览窗格中单击选择第 3 张幻灯片，在幻灯片编辑区中选中文字“镜海”，单击“插入”选项卡“链接”组中的“超链接”按钮，弹出“插入超链接”对话框，在左侧选择“本文档中的位置”选项，在“请选择文档中的位置”列表框中选择第 5 张幻灯片“5.镜海风光欣赏”，如图 5-44 所示，单击“确定”按钮，为文本建立超链接。

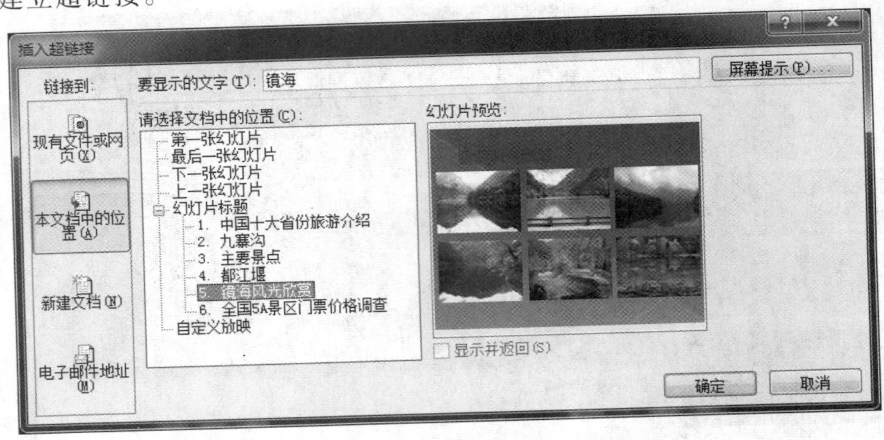

图 5-44　“插入超链接”对话框

（2）在“幻灯片”浏览窗格中单击选择第 5 张幻灯片，如图 5-45 所示，单击“插入”选项卡“插图”组中的“形状”下拉按钮，在展开的列表中选择“动作按钮：自定义”，鼠标变成十字形状，按住鼠标在第 5 张幻灯片的右上角拖拉绘制按钮，弹出“动作设置”对话框；选择“单击鼠标”选项卡，设置“单击鼠标时的动作”为“超链接到”，并在下拉列表框中选择“幻灯片”选项，弹出“超链接到幻灯片”对话框，选择第 3 张幻灯片“3.主要景点”，如图 5-46 所示，单击“确定”按钮，再单击“动作设置”对话框的“确定”按钮，完成按钮超链接的插入。

图 5-45 添加动作按钮超链接的界面

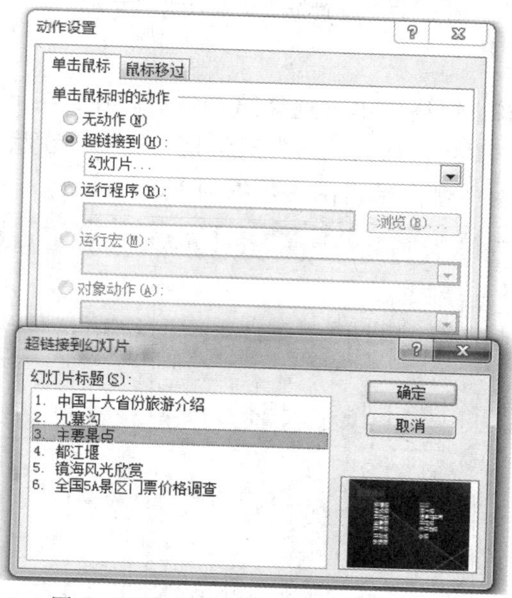

图 5-46 “超链接到幻灯片”对话框

（3）单击选中按钮，输入文字“返回”；单击按钮边框，在“开始”选项卡“字体”组中设置字体大小为 24；单击“绘图工具-格式”选项卡“形状样式”组中的“形状填充”下拉按钮，在展开的列表中选择“标准色”→“深红”，最终效果如图 5-47 所示。

图 5-47　设置按钮样式效果的界面

7. 操作要求 7 步骤：

（1）在"幻灯片"浏览窗格中单击选择第 6 张幻灯片，在下方的内容区占位符中单击"插入图表"按钮，弹出"插入图表"对话框，选择"簇状柱形图"，如图 5-48 所示，单击"确定"按钮，跳出编辑图表数据的 Excel 窗口。

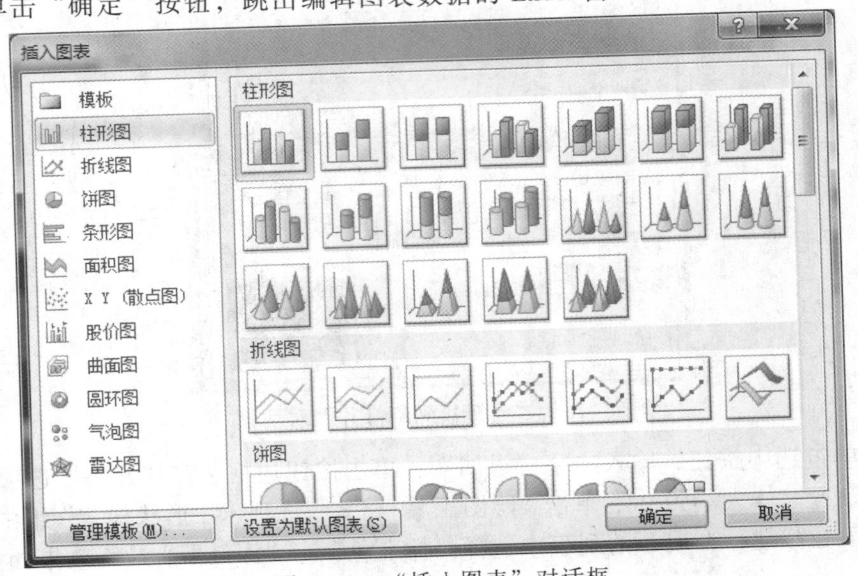

图 5-48　"插入图表"对话框

（2）双击打开素材“门票价格.xlsx”，将 A2:B5 单元格区域内的数据复制（按【Ctrl+C】组合键），返回到上一步打开的编辑图表数据的 Excel 文件中，在 A2 单元格粘贴数据（按【Ctrl+V】组合键），更改 B1 单元格的内容为“数量”；将鼠标移动到图表数据区域的蓝色边框的右下角，当鼠标变成斜双向箭头时，拖动蓝色边框，使其只包含 A1:B5 单元格区域，如图 5-49 所示，关闭 Excel 表格和素材文件，则在第 6 张幻灯片中插入了图表。

	A	B	C	D	E
1		数量	系列 2	系列 3	
2	100元-200	81	2.4	2	
3	200元以上	17	4.4	2	
4	100元以下	77	1.8	3	
5	免费景区	15	2.8	5	
6					

图 5-49　编辑图表数据区域的界面

（3）单击“图表工具-布局”选项卡“标签”组中的“图表标题”按钮，在展开的列表中选择“无”选项，如图 5-50 所示，使图表标题不显示。

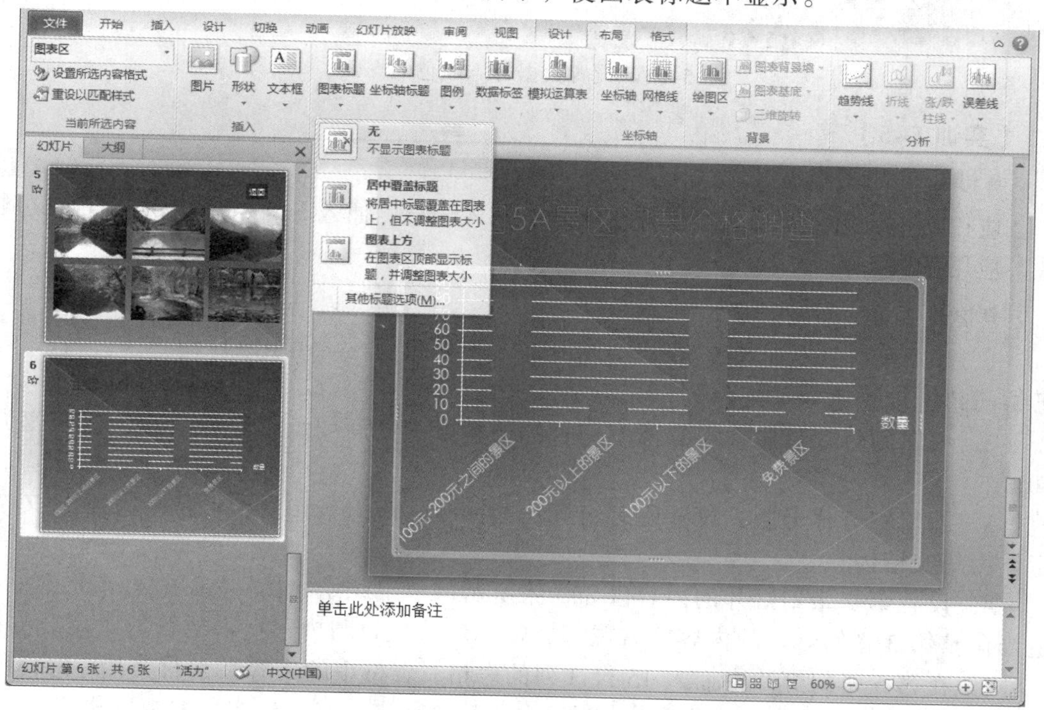

图 5-50　设置图表标题的界面

（4）单击图表中的任一数据标志即可选中图表中的所有数据标志，单击“图表工具-格式”选项“形状样式”组中的“形状填充”下拉按钮，在展开的列表中选择“橙色”，如图 5-51 所示。

（5）以原文件名保存文件。

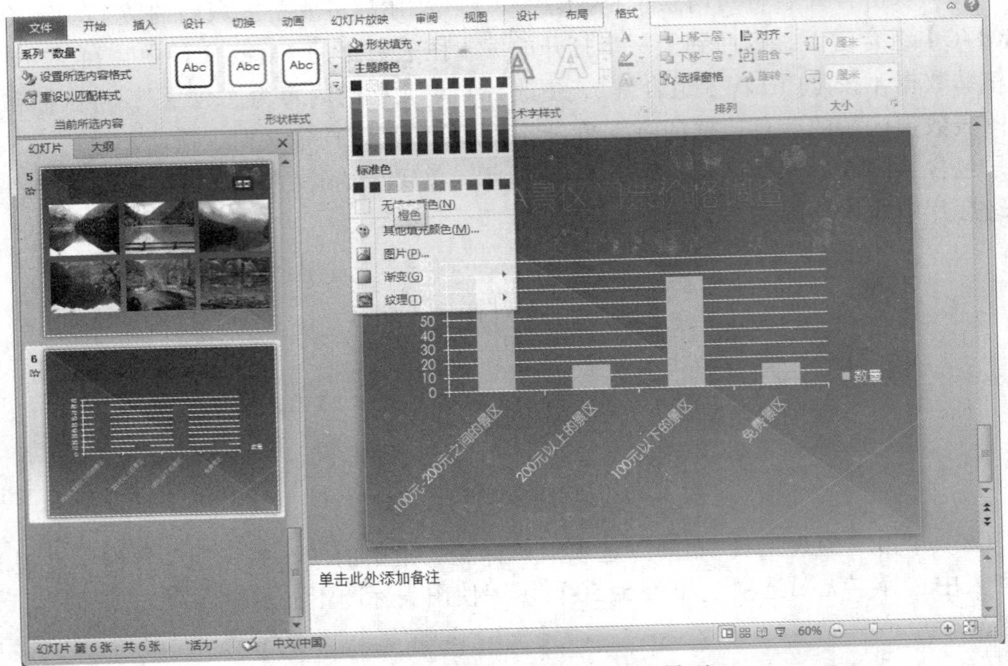

图 5-51　设置数据标志颜色的界面

【实训 5-5】

●涉及的知识点

应用文本，插入页眉页脚，应用主题，插入表格，插入 SmartArt 图形，自定义放映，应用母版。

●操作要求

1. 打开素材“实训 5-5.pptx”，应用主题“都市”；设置超链接颜色为“黑色”，已访问超链接颜色为“红色”；

2. 编辑幻灯片母版，设置所有幻灯片的背景为“新闻纸”纹理填充，透明度为 40%；

3. 编辑幻灯片母版，设置所有幻灯片的标题字体为华文琥珀、字号为 48，文本字体为华文楷体；

4. 设置第 2 张幻灯片的内容以如样张所示的“组织结构图”SmartArt 图形显示；适当调整第 3 张幻灯片的内容区占位符，使标题占位符与内容区占位符的距离合适；

5. 在第 5 张幻灯片中插入 15 行 3 列的表格，表格中的内容在素材文档“电商代表.xlsx”中；调整表格大小为高度 12 cm、宽度 23 cm，表格样式为“中度样式 2-强调 4”；

6. 在所有幻灯片中插入幻灯片页码，页码置于幻灯片的左上角，字体为华文琥珀、大小为 24、橙色；

7. 新建幻灯片自定义放映模式“单数”，在此放映模式中只放映第 1、3 和 5 张幻灯片。

● 样张（见图 5-52）

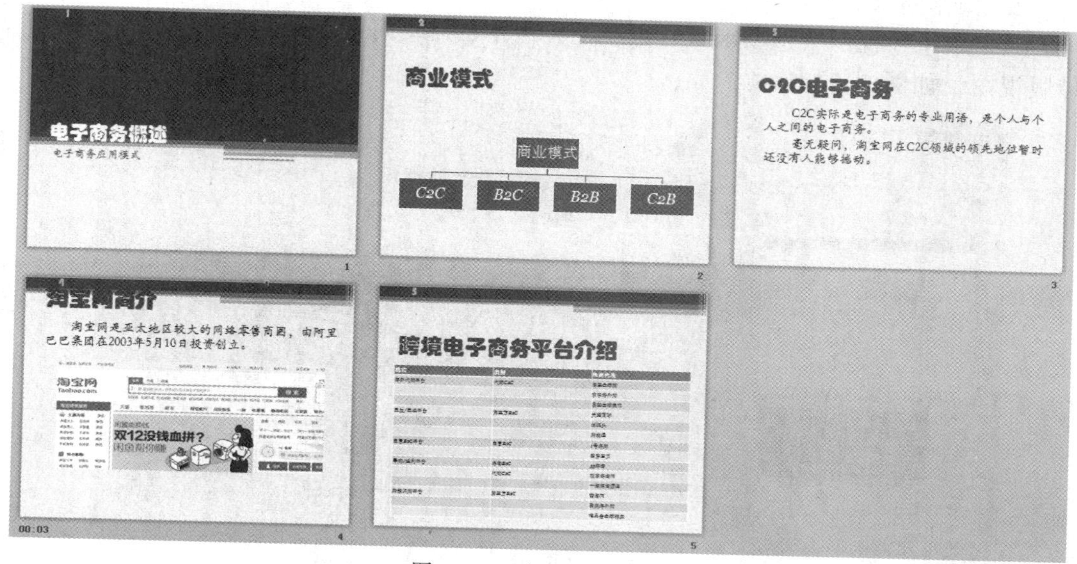

图 5-52　实训 5-5 样张

● 具体步骤

1. 操作要求 1 步骤：

（1）打开素材“实训 5-5.pptx”，单击“设计”选项卡“主题”组右侧的“其他”按钮，在展开的列表中选择“都市”。

（2）单击“设计”选项卡“主题”组中的“颜色”下拉按钮，在展开的列表中选择“新建主题颜色”，弹出“新建主题颜色”对话框，如图 5-53 所示，其中设置超链接颜色为“黑色”，已访问超链接颜色为“红色”，单击“保存”按钮。

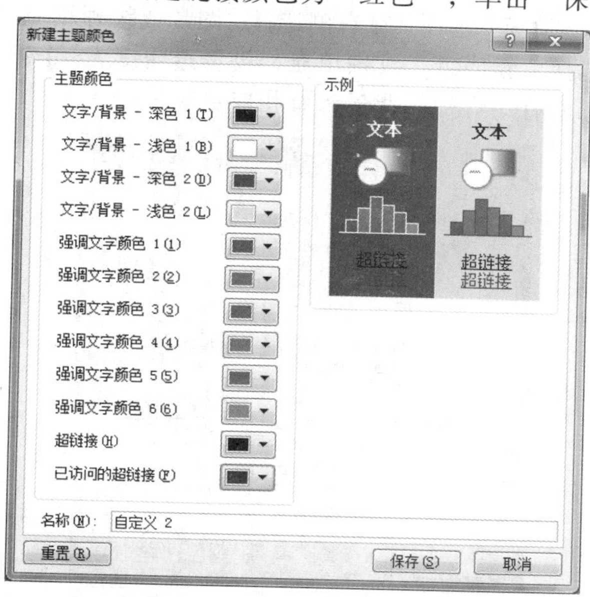

图 5-53　“新建主题颜色”对话框

2. 操作要求 2 步骤：

（1）单击“视图”选项卡“母版视图”组中的“幻灯片母版”按钮，打开幻灯片母版视图，如图 5-54 所示。

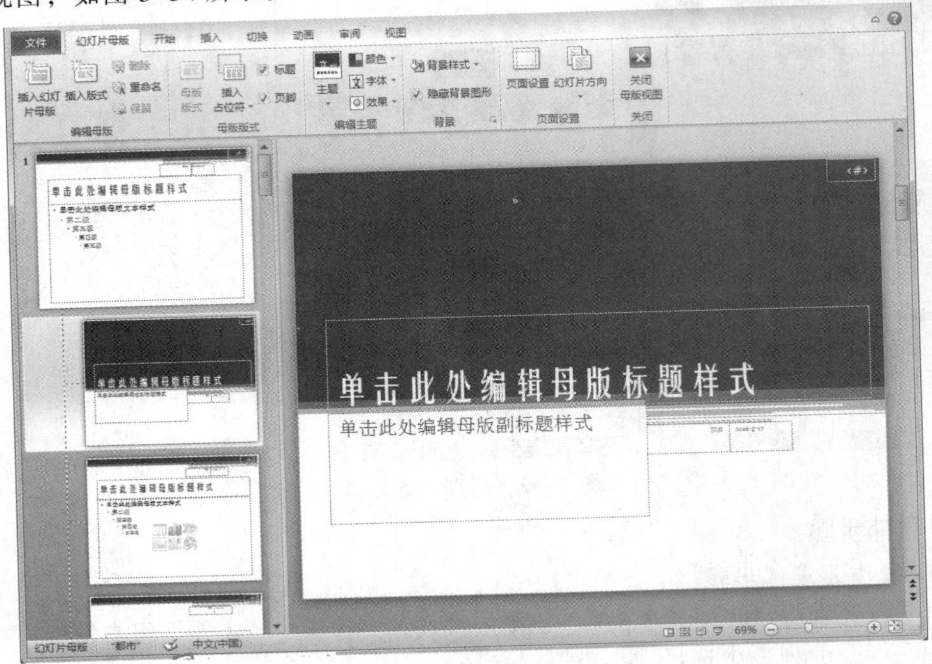

图 5-54 幻灯片母版视图

（2）单击“幻灯片”浏览窗格中第 1 张幻灯片“都市 幻灯片母版”，单击“幻灯片母版”选项卡“背景”组右下角的“对话框启动器”按钮，弹出“设置背景格式”对话框；在左侧选择“填充”选项，在右侧选择“图片或纹理填充”单选按钮；在“纹理”下拉列表框中选择“新闻纸”纹理填充，设置透明度为 40%，如图 5-55 所示，单击“关闭”按钮，所有幻灯片的背景都有相应更改。

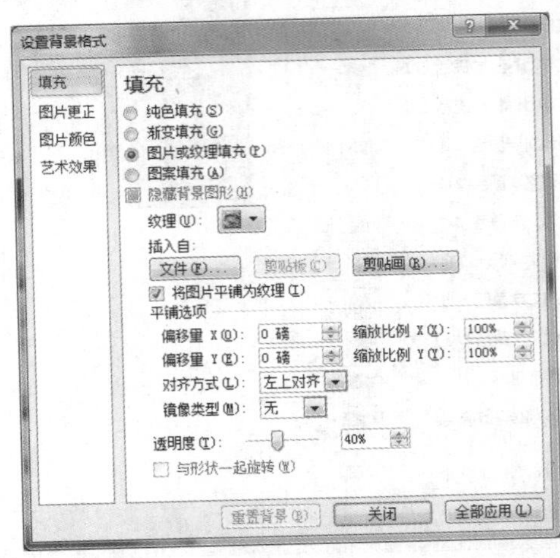

图 5-55 “设置背景格式”对话框

3. 操作要求 3 步骤：

（1）在幻灯片母版视图下，单击“幻灯片”浏览窗格中第 1 张“都市 幻灯片母版”，在幻灯片编辑区域单击幻灯片的标题占位符，在“开始”选项卡“字体”组中设置标题的字体为华文琥珀，字号为 48；单击幻灯片下方的内容区占位符，在“开始”选项卡“字体”组中设置文本的字体为华文楷体；最终效果如图 5-56 所示。

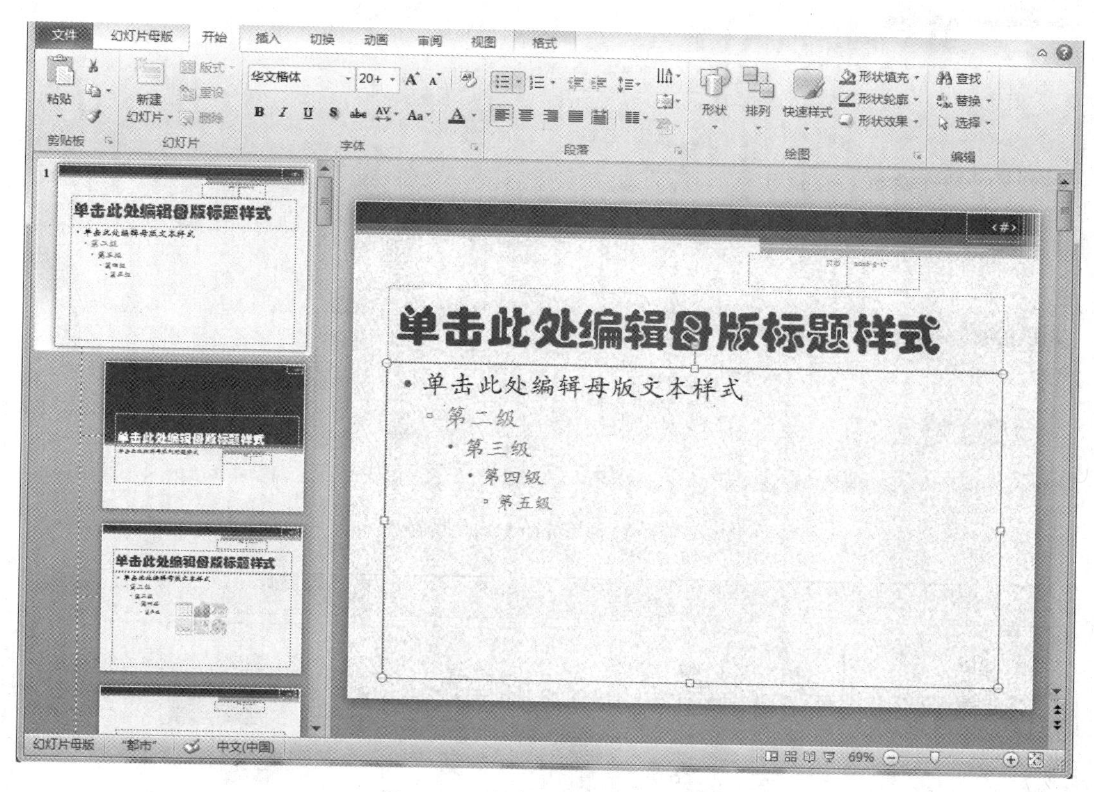

图 5-56 母版字体设置的界面

（2）单击“幻灯片母版”选项卡“关闭”组中的“关闭母版视图”按钮，返回到普通视图。

4. 操作要求 4 步骤：

（1）在“幻灯片”浏览窗格中选中第 2 张幻灯片，如图 5-57 所示，拖动鼠标选中内容区占位符中的文字并右击，在弹出的快捷菜单中选择“转换成 SmartArt”→“其他 SmartArt 图形”命令；如图 5-58 所示，弹出“选择 SmartArt 图形”对话框，在左侧列表中选择“层次结构”选项，在右侧选择“组织结构图”，单击“确定”按钮，文本自动转换为同级别的组织结构图。

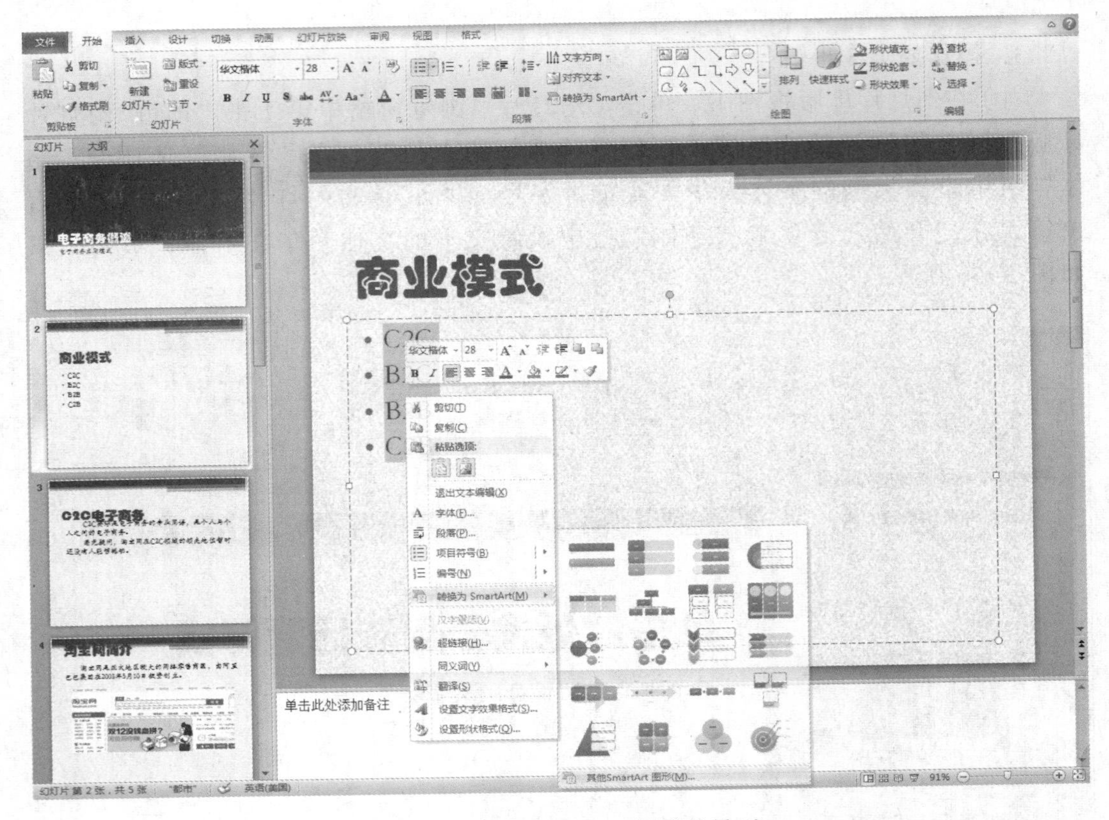

图 5-57 转换 SmartArt 图形的界面

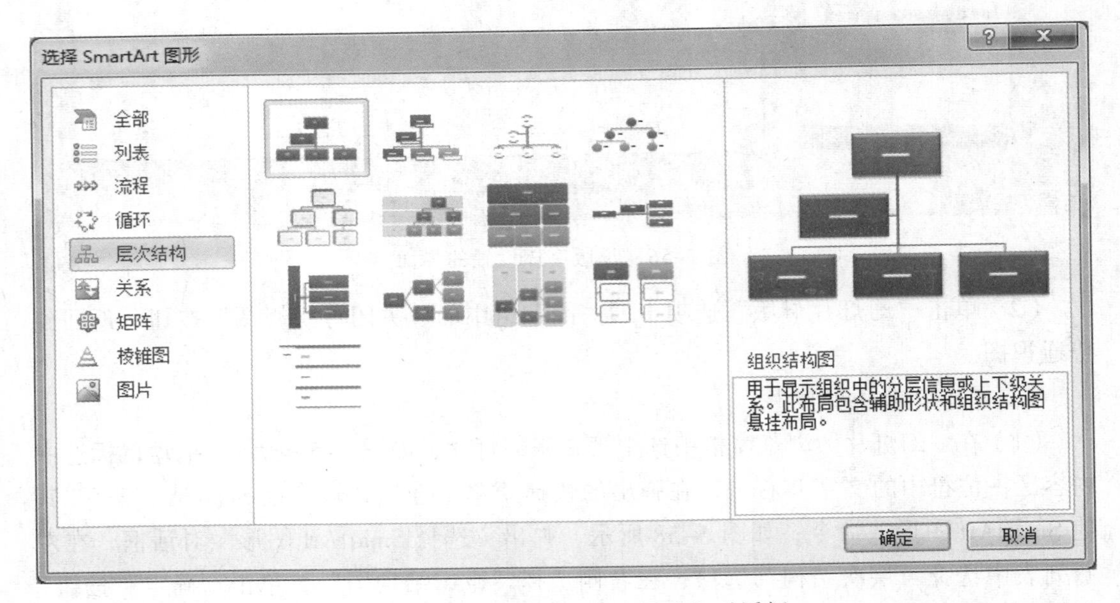

图 5-58 “选择 SmartArt 图形”对话框

（2）单击生成的 SmartArt 图，单击图形左侧的小三角处，弹出 SmartArt 图形的文本级别编辑界面，如图 5-59 所示。

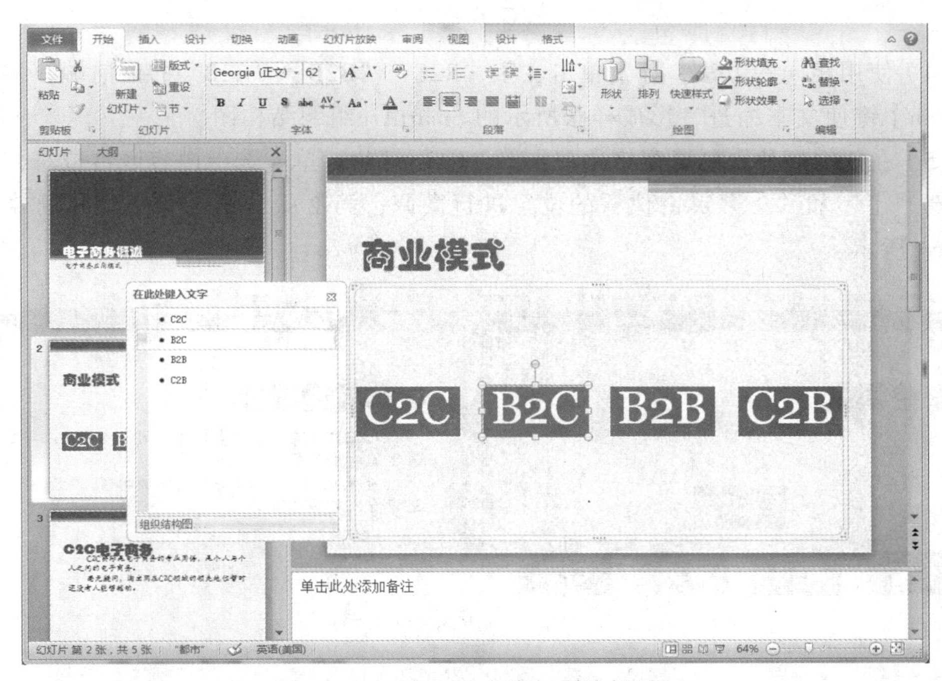

图 5-59　SmartArt 文本级别编辑界面

（3）将鼠标定位在第 1 行文字“C2C”的最前面，输入文字“商业模式”，按【Enter】键使文字“C2C”换行并成为同级别的文本；再按【Tab】键使文字“C2C”缩进成为“商业模式”的子级别目录，如图 5-60 所示。

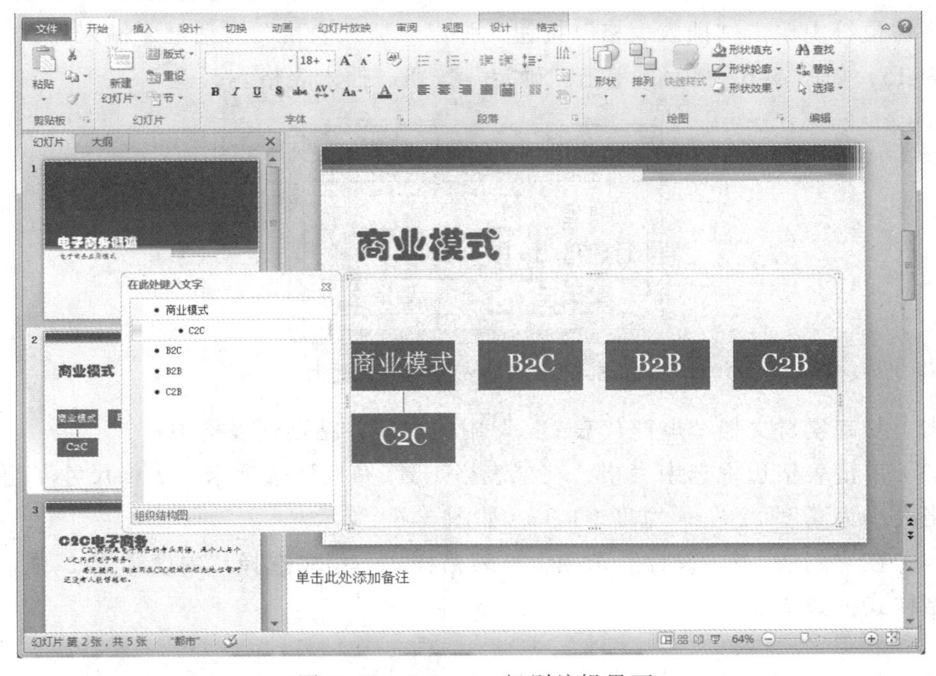

图 5-60　SmartArt 级别编辑界面

（4）使用相同的方法，分别单击文字“B2C”“B2B”“C2B”的最前端，结合使用【Tab】键使文本缩进，形成样张所示的 SmartArt 组织结构图。

（5）在“幻灯片”浏览窗格中单击第 3 张幻灯片，单击选中内容区占位符，使用方向键“↑”和“↓”对占位符的位置进行微调；第 2 张和第 3 张幻灯片的效果如图 5-61 所示。

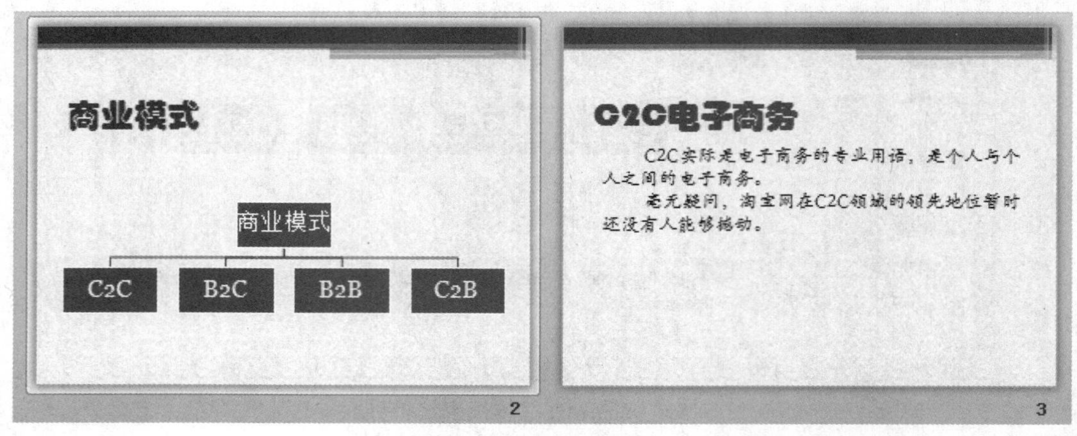

图 5-61　幻灯片调整的效果界面

5. 操作要求 5 步骤：

（1）在“幻灯片”浏览视图中单击选中第 5 张幻灯片，在下方的幻灯片编辑区的内容区占位符中单击“插入表格”按钮，弹出“插入表格”对话框，输入列数为 3，行数为 15，如图 5-62 所示；单击“确定”按钮，插入表格。

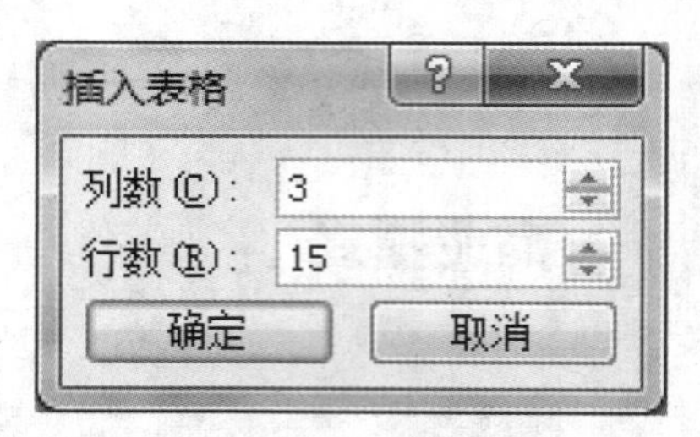

图 5-62　“插入表格”对话框

（2）复制素材文档“电商代表.xlsx”中的内容并粘贴到表格中。

（3）单击表格边框选中表格，在“表格工具-布局”选项卡“表格尺寸”组中设置表格大小为高度 12 cm、宽度 23 cm，如图 5-63 所示。

（4）在“表格工具-设计”选项卡“表格样式”组中选择“中度样式 2-强调 4”的表格样式；如图 5-64 所示。

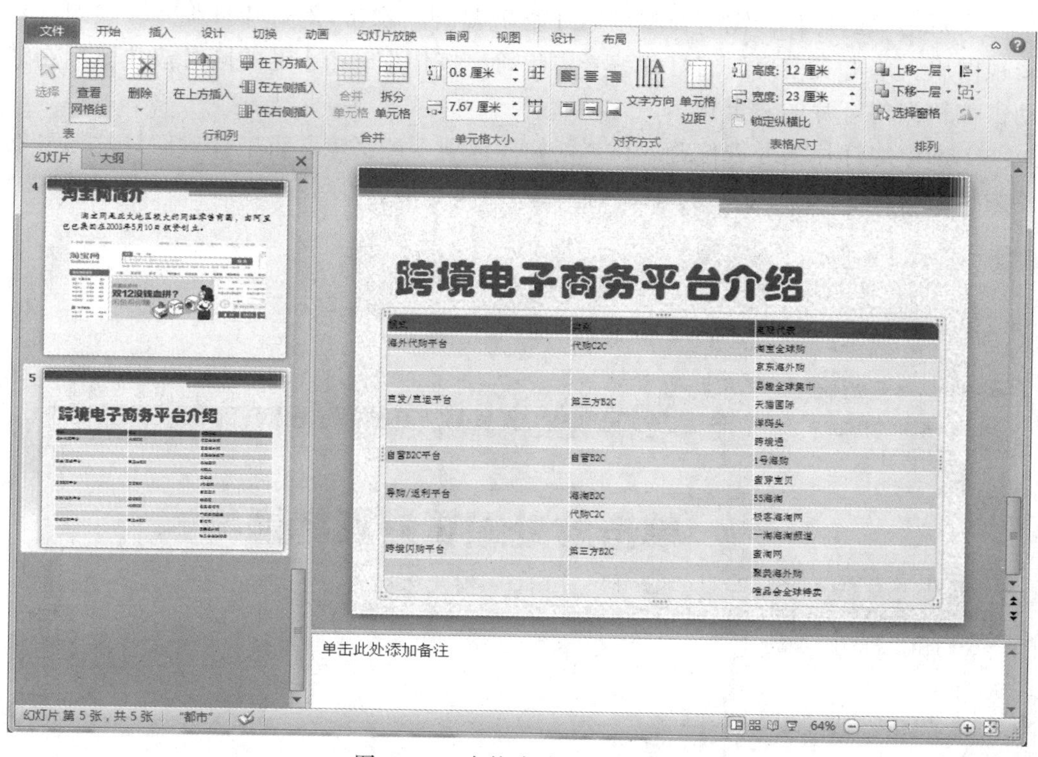

图 5-63 表格大小设置的界面

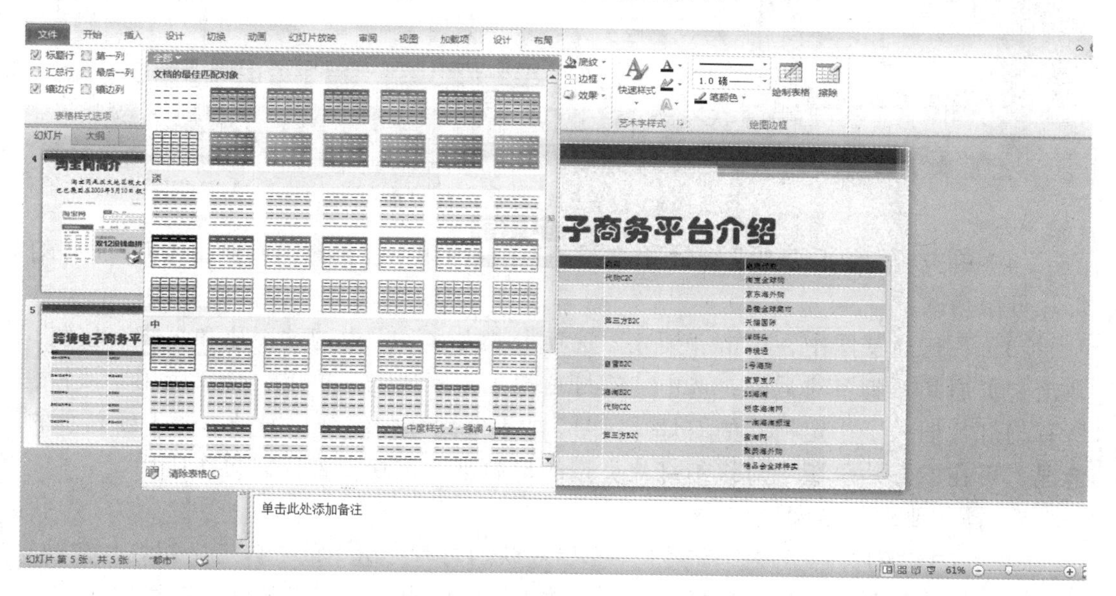

图 5-64 表格样式设置的界面

6. 操作要求 6 步骤：

（1）单击“视图”选项卡“母版视图”组中的“幻灯片母版”按钮，打开幻灯片母版视图。

（2）单击“幻灯片”浏览窗格中第 1 张幻灯片“都市 幻灯片母版”，在幻灯片编辑视图中，单击右上角的幻灯片编号占位符，按住【Shift】键的同时按住鼠标左键拖动占位符到幻灯片的左上角。

（3）选中幻灯片编号占位符，在“开始”选项卡“字体”组中设置幻灯片编号的字体为华文琥珀、大小为 24、颜色为橙色，如图 5-65 所示。

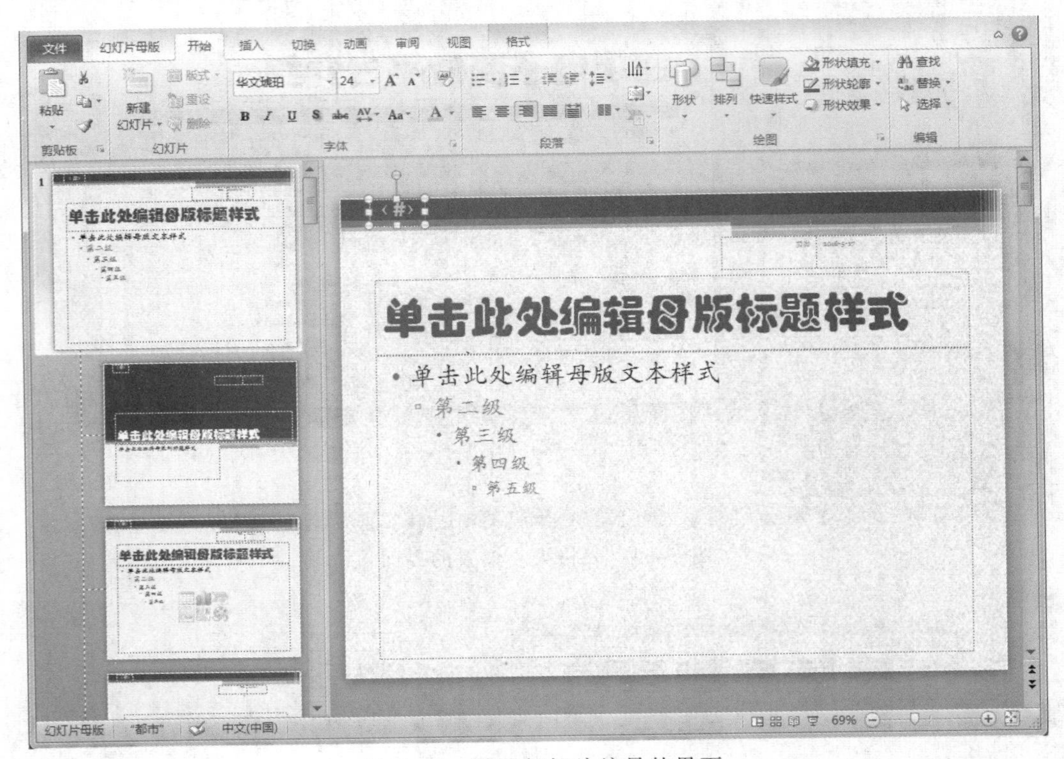

图 5-65　设置幻灯片编号的界面

（4）单击“幻灯片母版”选项卡“关闭”组中的“关闭母版视图”按钮，关闭幻灯片母版模式。

（5）在普通视图中，单击“插入”选项卡“文本”组中的“页眉和页脚”按钮，弹出“页眉和页脚”对话框，选中“幻灯片编号”复选框，单击“全部应用”按钮，所有幻灯片插入了指定格式的幻灯片编号。如果遇到部分幻灯片编号不能正确显示的情况，可在幻灯片母版中对该幻灯片类型的母版进行重新设置，并再次应用。

7. 操作要求 7 步骤：

（1）单击“幻灯片放映”选项卡“开始放映幻灯片”组中的“自定义幻灯片放映”下拉按钮，在展开的列表中选择“自定义放映”；弹出“自定义放映”对话框，单击“新建”按钮。

（2）在弹出的“定义自定义放映”对话框中设置“幻灯片放映名称”为“单数”；

（3）在左侧“在演示文稿中的幻灯片”列表框中选择第 1 张幻灯片，单击“添加”按钮，使其添加入右侧的“在自定义放映中的幻灯片”列表框中，如图 5-66 所示；

用相同的方式添加第 3 张和第 5 张幻灯片，单击“确定”按钮，完成添加；返回到“自定义放映”对话框，单击“关闭”按钮。

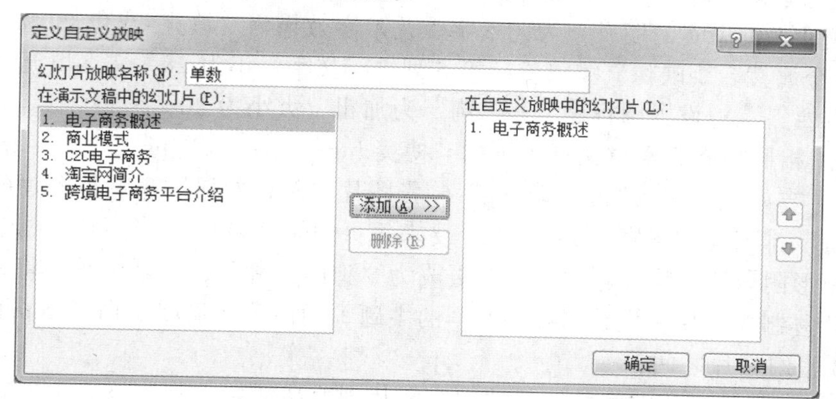

图 5-66　“定义自定义放映”对话框

（4）此时，若单击“幻灯片放映”选项卡“开始放映幻灯片”组中的“自定义幻灯片放映”下拉按钮，在展开的列表中可看见新添加的自定义放映模式“单数”，如图 5-67 所示。

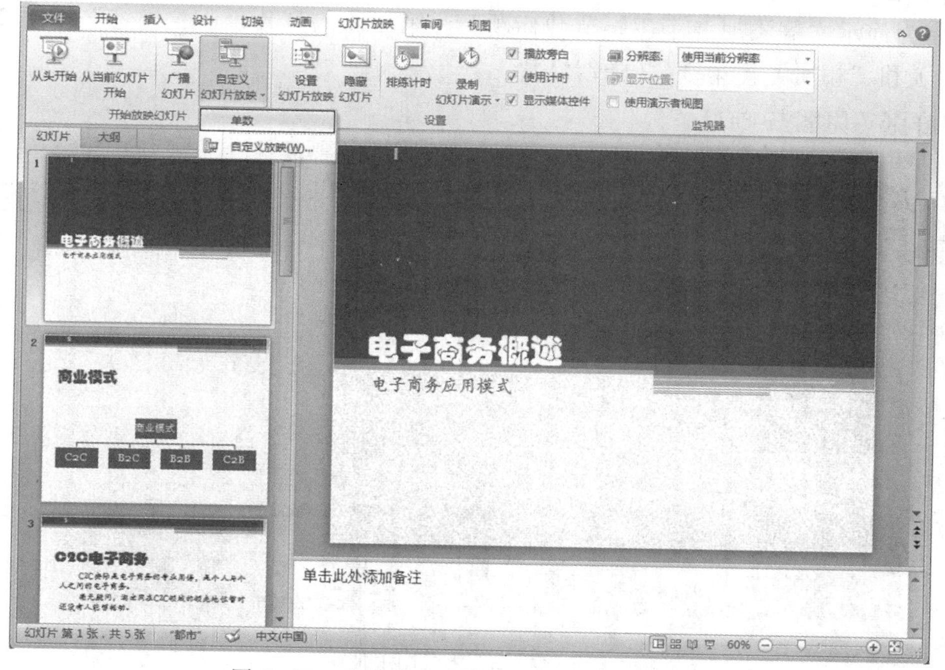

图 5-67　查看自定义幻灯片放映模式的界面

【实训 5-6】

●涉及的知识点

应用文本，应用主题，插入超链接和动作效果，幻灯片的动画效果，幻灯片的切换效果，应用相册，应用音频，应用逻辑节。

● 操作要求

1. 设置演示文稿“实训 5-6.pptx”应用主题为“黑领结”；设置第 1 张幻灯片中的主标题“人类忠实的朋友”为艺术字，艺术字效果为“填充-灰色-50%，强调文字颜色 1，金属棱台，映像”（第 6 行第 5 列），文字大小为 28，文本填充选择渐变预设“红日西斜”；设置副标题“——狗”为加粗、大小为 20；

2. 利用相册功能为素材文件夹下的“博美.jpg”“斗牛犬.jpg”“贵宾.jpg”“哈士奇.jpg”“吉娃娃.jpg”“雪纳瑞.jpg”6 张图片“新建相册”；调整图片顺序，使“雪纳瑞.jpg”排列在“贵宾.jpg”后面；要求每页幻灯片显示 2 张图片，相框的形状为“居中矩形阴影”；将标题“相册”更改为“狗的品种”，无副标题；将相册中的所有幻灯片复制（使用“实训 5-6.pptx”的主题）到演示文稿“实训 5-6.pptx”中第 2 张和第 3 张幻灯片之间；

3. 为第 5 张幻灯片右侧的“雪纳瑞”图片创建超链接，链接至第 7 张幻灯片；

4. 设置所有幻灯片的切换方式为“立方体”；为第 4～6 张幻灯片的所有图片设置“脉冲”的动画效果；

5. 利用素材文件“背景音乐.mp3”为第 1 张幻灯片添加背景音乐；隐藏播放器，设置背景音乐自动开始并循环播放；

6. 为演示文稿添加 3 个逻辑节“标题”（第 1 张幻灯片）、“内容”（第 2 张幻灯片）和“相册”（第 3～7 张幻灯片）。

● 样张（见图 5-68）

图 5-68 实训 5-6 样张

● 具体步骤

1. 操作要求 1 步骤：

（1）打开“实训 5-6.pptx”，在“幻灯片”浏览窗格中选中任意一张幻灯片，单击“设计”选项卡“主题”组右侧的“其他”按钮，在展开的列表中选择“黑领结”主题。

（2）单击标题占位符，单击“绘图工具-格式”选项卡“艺术字样式”组右侧的“其他”按钮，在展开的列表中选择“填充-灰色-50%，强调文字颜色 1，金属棱台，映像”（第 6 行第 5 列）样式；在“开始”选项卡“字体”组中设置字体大小为 28；如图 5-69 所示，单击“绘图工具-格式”选项卡“艺术字样式”组中的“文本填充”下拉按钮，在展开的列表中选择“渐变填充”→“其他渐变”，弹出“设置文本效果格式”对话框；如图 5-70 所示，在对话框右侧的“文本填充”区域选择“渐变填充”单选按钮，预设颜色为“红日西斜”，单击“关闭”按钮。

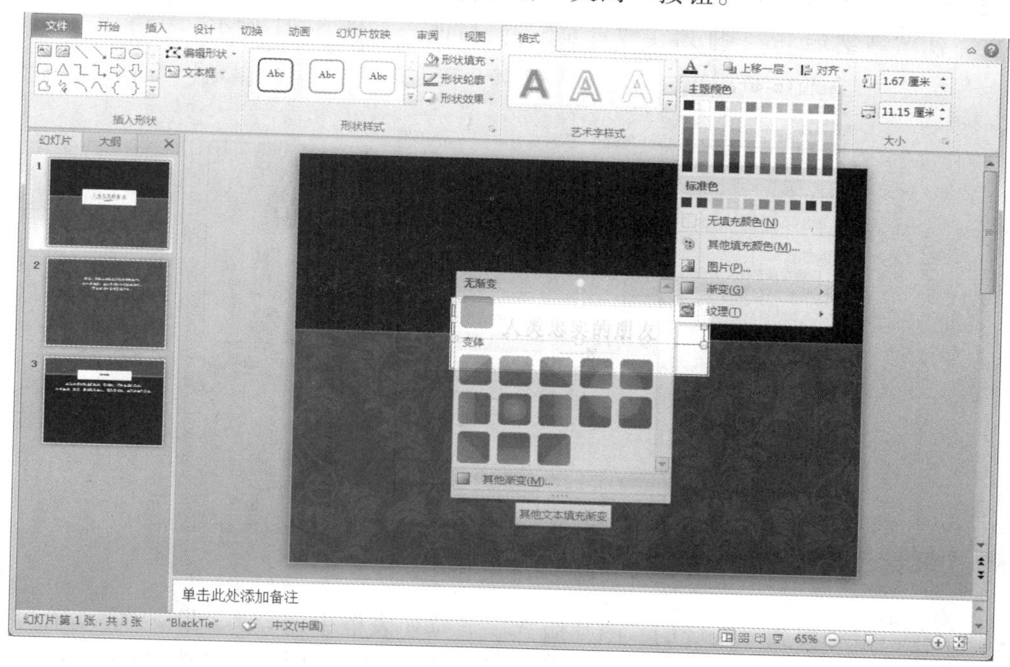

图 5-69　设置艺术字文本填充颜色的界面

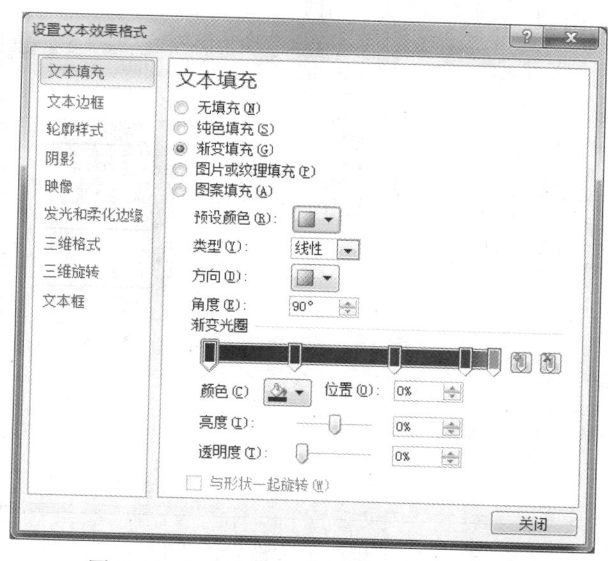

图 5-70　“设置文本效果格式”对话框

（3）在幻灯片编辑区中选择副标题占位符，单击“开始”选项卡“字体”组中的“加粗”按钮，设置文字大小为 20。

2. 操作要求 2 步骤：

（1）单击“插入”选项卡“图像”组中的“相册”按钮，弹出“相册”对话框，单击“文件/磁盘”按钮，弹出“插入新图片”对话框，选择素材文件夹的路径，按住鼠标左键拖拉选中 6 张素材图片，单击“插入”按钮，将 6 张图片插入相册中。

（2）在“相册中的图片”列表中单击选中图片“6.雪纳瑞”，单击列表下方的↑按钮两次，使“雪纳瑞.jpg”排列在“贵宾.jpg”后面，如图 5-71 所示。

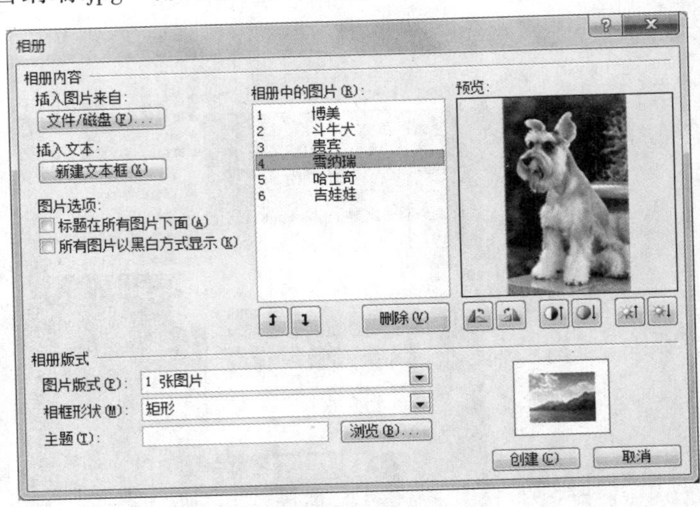

图 5-71　相册中图片顺序调整界面

（3）在“相册版式”区域的“图片版式”下拉列表框中选择“2 张图片”，在“相框形状”下拉列表框中选择“居中矩形阴影”，如图 5-72 所示，单击“创建”按钮，在新文件“演示文稿 1.pptx”中新创建了相册。

图 5-72　相册版式设置的界面

（4）在新的相册演示文稿中，在幻灯片浏览窗格中单击第 1 张幻灯片，单击并选中标题占位符中的文本“相册”，按【Delete】键删除，重新输入文字“狗的品种”；单击并选中副标题占位符中的文本，按【Delete】键删除，最终效果如图 5-73 所示。

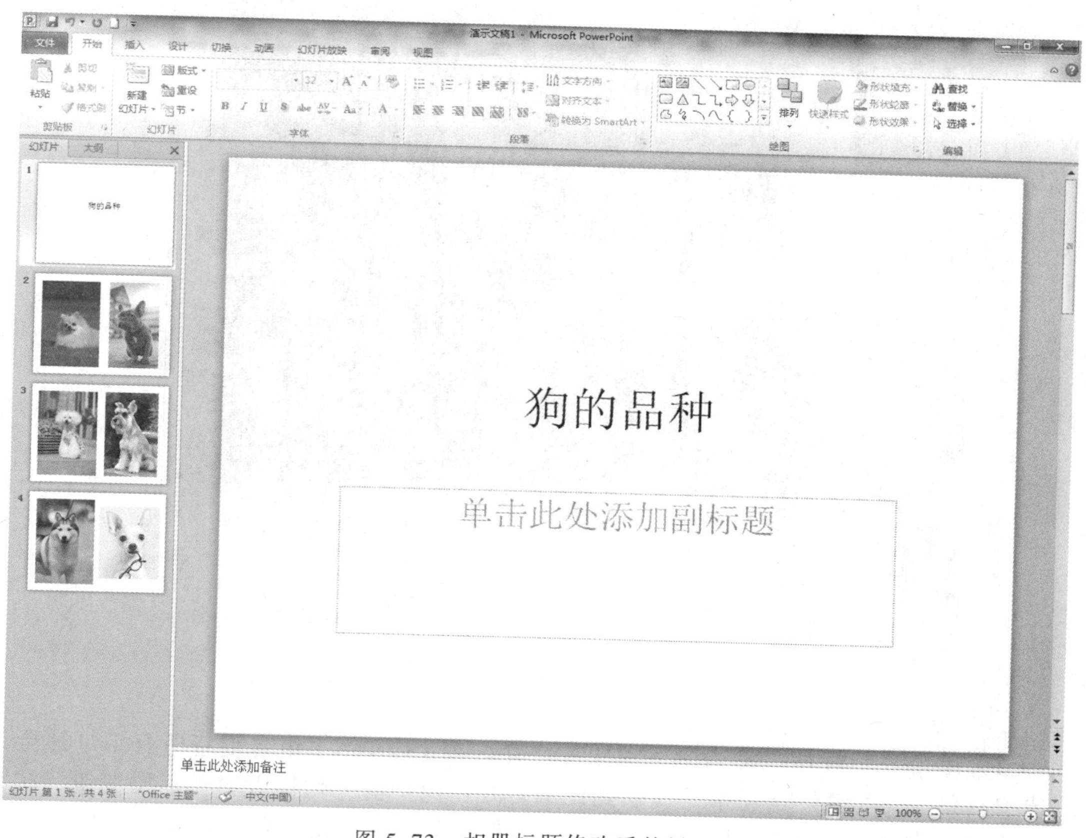

图 5-73　相册标题修改后的界面

（5）在相册“演示文稿 1.pptx”的“幻灯片”浏览窗格中，按【Ctrl+A】组合键，同时选中所有幻灯片，在任意一张幻灯片上右击，在弹出的快捷菜单中选择“复制”命令。

（6）切换到演示文稿“实训 5-6.pptx”，在“幻灯片”浏览窗格中右击第 2 张和第 3 张幻灯片的中间位置，在弹出的快捷菜单中选择“粘贴选项”→“使用目标主题”命令（见图 5-74），则相册中的 4 张幻灯片复制到“实训 5-6.pptx”中，并且沿用了“实训 5-6.pptx”的主题。

（7）关闭新建的相册文件“演示文稿 1.pptx”，不需要保存。

3. 操作要求 3 步骤：在幻灯片浏览窗格中单击第 5 张幻灯片，在幻灯片编辑区单击右侧的“雪纳瑞”图片，单击“插入”选项卡“链接”组中的“超链接”按钮，弹出“插入超链接”对话框，在左侧选择“本文档中的位置”，在“请选择文档中的位置”列表框中选择“7.雪纳瑞”，单击“确定”按钮完成超链接的创建。

图 5-74　粘贴相册幻灯片的界面

4. 操作要求 4 步骤：

（1）单击“幻灯片”浏览窗格的任意位置，按【Ctrl+A】组合键将所有幻灯片全部选中；单击“切换”选项卡“切换到此幻灯片”组中的“切换方案”下拉按钮，在展开的列表中选择“华丽型”→“立方体”切换效果，完成所有幻灯片切换效果的设置。

（2）在“幻灯片”浏览窗格中单击第 4 张幻灯片，在幻灯片编辑区中选择左侧的图片，单击“动画”选项卡“动画”组中的“动画样式”下拉按钮，在展开的列表中选择“强调”→“脉冲”动画效果，完成对左侧图片动画的设置；选中左侧图片，双击“动画”选项卡“高级动画”组中的“动画刷”按钮，如图 5-75 所示，用刷子形状的鼠标指针单击右侧图片，则左侧图片的动画效果套用到右侧图片上；用动画刷继续单击第 5 张和第 6 张幻灯片中的图片，完成动画效果的重复设置；按下【Esc】键，退出动画效果的复制。

5. 操作要求 5 步骤：

（1）在“幻灯片”浏览窗格中选中第 1 张幻灯片，单击“插入”选项卡“媒体”组中的“音频”按钮，弹出“插入音频”对话框，选择素材文件“背景音乐.mp3”的正确路径，单击“插入”按钮，在第 1 张换片中出现一个喇叭标志和播放器，如图 5-76 所示。

图 5-75 使用动画刷的界面

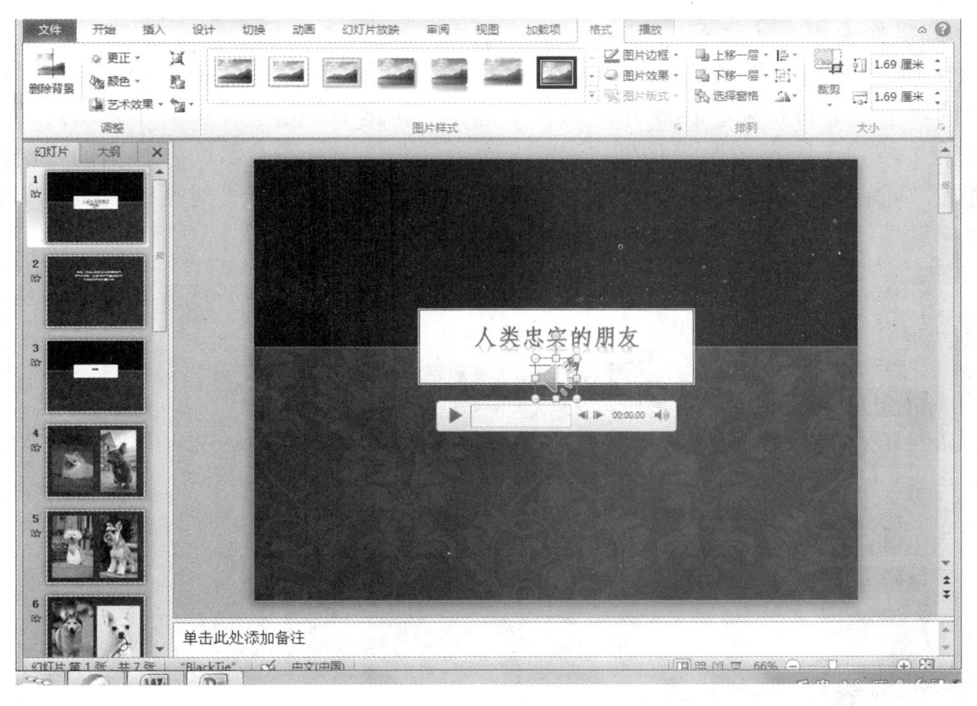

图 5-76 插入音乐的效果界面

（2）单击喇叭标志，在“音频工具-播放”选项卡“音频选项”组中选中“放映时隐藏”复选框和“循环播放，直到停止”复选框，在“开始”下拉列表框中选择“自动”选项，如图 5-77 所示，完成背景音乐的设置。

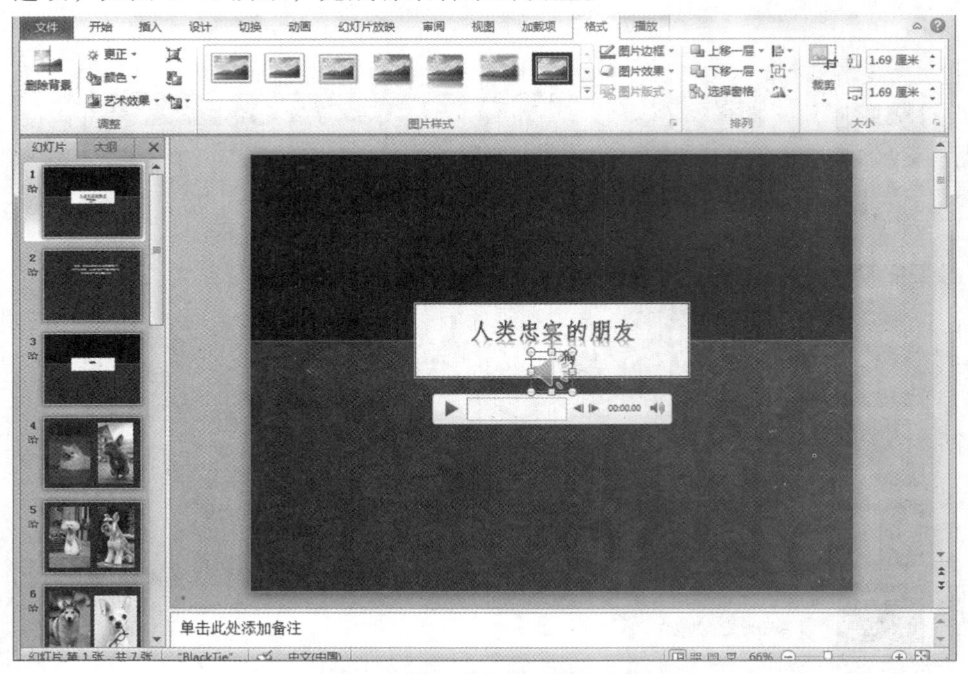

图 5-77　设置背景音乐属性的界面

6. 操作要求 6 步骤：

（1）在“幻灯片”浏览窗格中单击第 1 张幻灯片，单击“开始”选项卡“幻灯片”组中的“节”下拉按钮，在展开的列表中选择“新增节”选项，在第 1 张幻灯片前会出现第 1 节“无标题节”；如图 5-78 所示，右击“无标题节”，在弹出的快捷菜单中选择“重命名节”命令；如图 5-79 所示，弹出“重命名节”对话框，设置节名称为“标题”，单击“重命名”按钮，完成逻辑节的重命名。

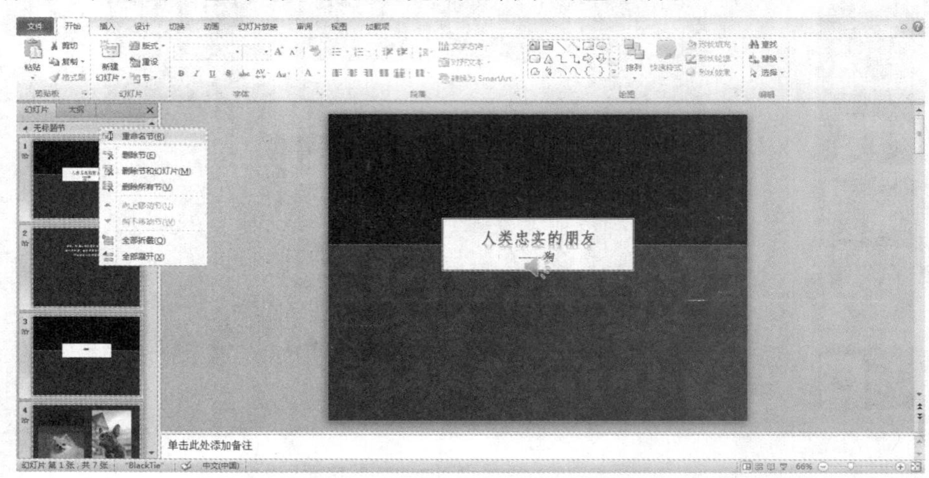

图 5-78　重命名逻辑节的界面

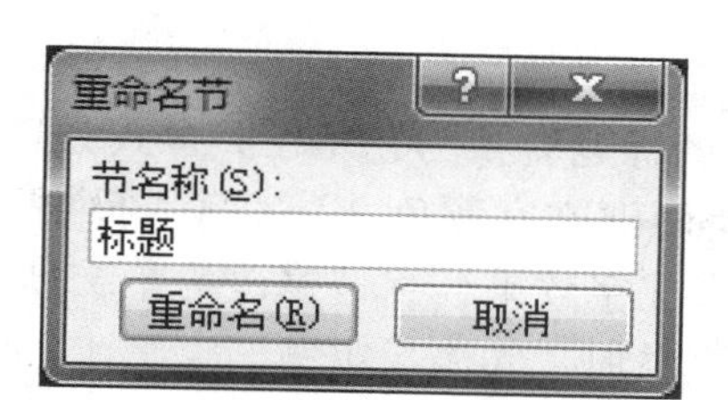

图 5-79 “重命名节”对话框

(2)通过同样的步骤，在第 2 张幻灯片和第 3 张幻灯片前分别添加逻辑节“内容”和“相册”，最终效果如图 5-80 所示。

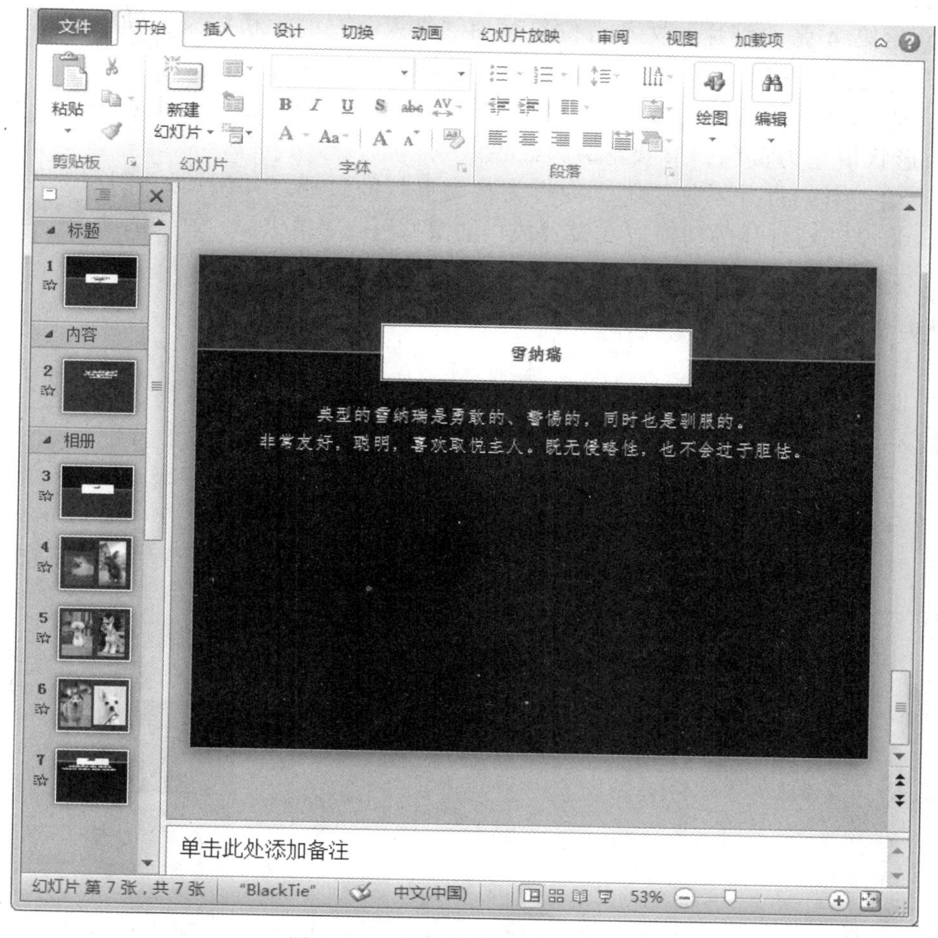

图 5-80 逻辑节设置的最终效果

四、综合练习

【综合练习 5-1】

● 涉及的知识点

艺术字，主题，版式，项目符号，动画效果，插入超链接和动作效果，插入页脚，切换效果。

● 操作要求

1. 将第 1 张幻灯片中的标题转换为艺术字，样式为“渐变填充-蓝色，强调文字颜色 1，轮廓-白色，发光-强调文字颜色 2”（第 4 行第 1 列），给艺术字添加“外部”→“向下偏移”的阴影文字效果，字体修改为华文新魏、大小为 88；

2. 给第 2～4 张幻灯片添加“气流”主题；

3. 将第 2 张幻灯片的版式修改为“两栏内容”，如样张图 5-81 所示，将文本框内文本移动到占位符内；

4. 给第 3 张幻灯片中的文本添加项目符号“✀”，项目符号的颜色由幻灯片主题默认；

5. 给第 4 张幻灯片的文本占位符添加“进入”→“随机线条”动画样式，方向“垂直”、序列“按段落”，上一动画之后开始，持续时间 0.5 s；

6. 在第 4 张幻灯片中添加一个如样张图 5-1 所示的、返回第 1 张幻灯片的动作按钮，形状填充为黄色，形状轮廓为红色线条；

7. 给所有幻灯片添加页脚，内容为自动更新的日期，并添加幻灯片编号；

8. 将全部幻灯片的切换方式设置成“细微型”→“推进”，效果选项为“自右侧”进入。

● 样张（见图 5-81）

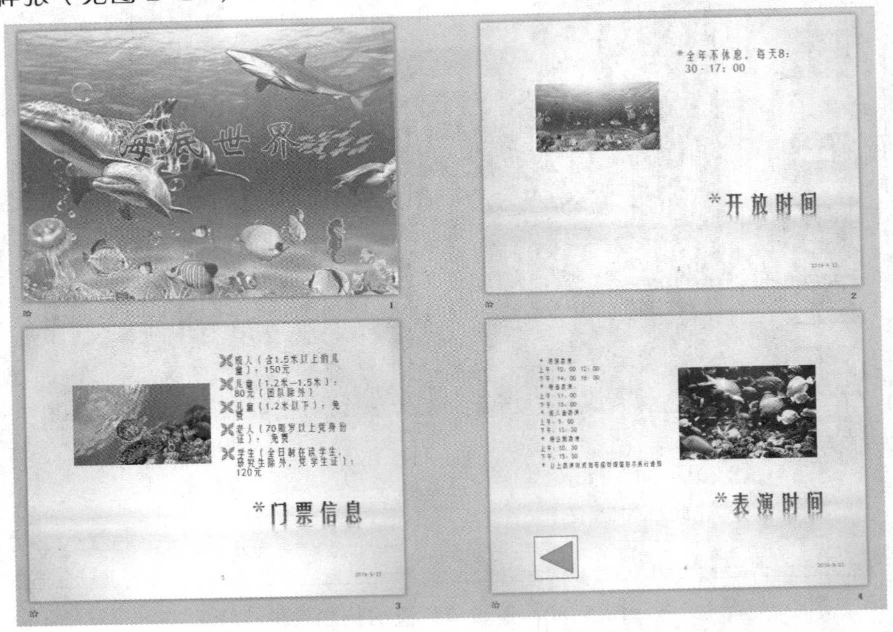

图 5-81　综合练习 5-1 样张

● 步骤提示

1. 操作要求 2，如图 5-82 所示，先同时选定第 2～4 张幻灯片，单击“设计”选项卡“主题”组右侧的“其他”按钮，在展开的列表中选择“气流”主题并右击，在弹出的快捷菜单中选择“应用于选定幻灯片”命令。

图 5-82 幻灯片主题设置

2. 操作要求 5，给文本占位符添加动画效果时，要先单击占位符边框以选中整个占位符，然后单击“动画”选项卡“动画”组右侧的“其他”按钮，在展开的列表中选择“进入”→“随机线条”，然后在“效果选项”列表中进行效果设置，如图 5-83 所示。

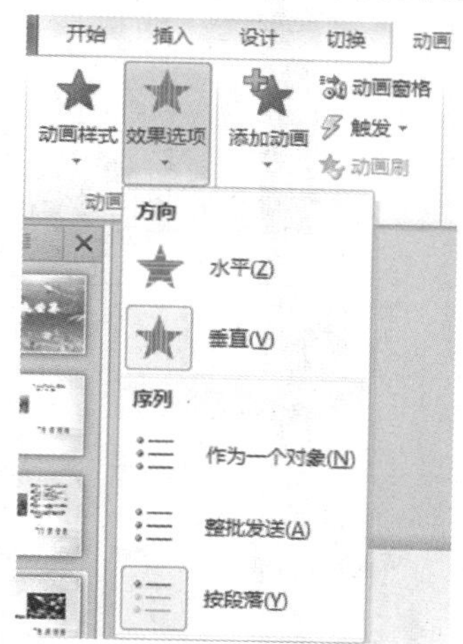

图 5-83 “效果选项”列表

【综合练习 5-2】

● 涉及的知识点

主题，背景样式，插入超链接和动作效果，版式，插入图片，动画效果，切换效果。

● 操作要求

1. 给所有幻灯片添加“华丽”主题；将第 1 张幻灯片的背景样式设置为“样式 11”；

2. 为第 2 张幻灯片中的文本制作超链接，“宝鸡擀面皮”链接到第 3 张幻灯片，“汉中米（面）皮”链接到第 4 张幻灯片，“秦镇米皮”链接到第 5 张幻灯片，“岐山擀面皮”链接到第 6 张幻灯片；将超链接颜色设置成紫色，已访问的超链接设置成蓝色；如样张图 5-84，在第 3 ~ 6 张幻灯片中制作返回第 2 张幻灯片的动作按钮；

3. 将第 3 张幻灯片的版式设置为“垂直排列标题与文本”，并适当调整图片位置（见样张图 5-84），使其不遮住文字；

4. 在第 4 张幻灯片中插入图片“凉皮.jpg”，将图片样式设置为“旋转，白色”；

5. 为第 5 张幻灯片的文本占位符添加“进入”→“轮子”动画样式，3 轮辐图案，序列“按段落”，上一动画之后开始，持续时间 1 s；

6. 将全部幻灯片的切换方式设置为“细微型”→“形状”，效果选项为“菱形”。

● 样张（见图 5-84）

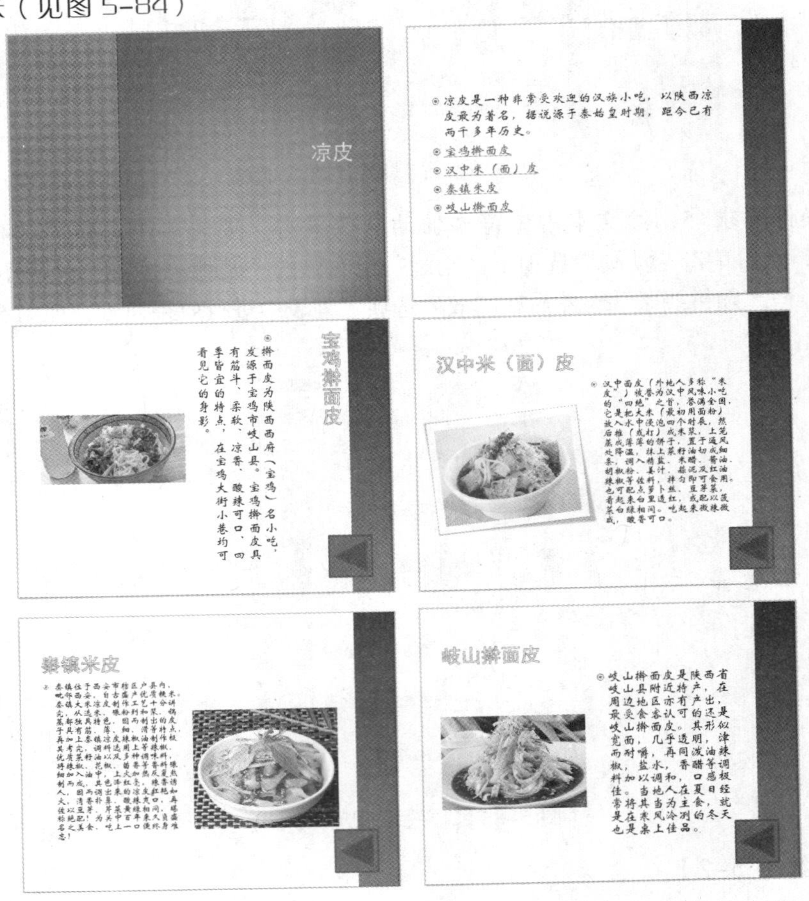

图 5-84 综合练习 5-2 样张

● 步骤提示

1. 操作要求 1 设置背景样式时，选定第 1 张幻灯片后，单击“设计”选项卡“背景”组中的“背景样式”下拉按钮，在展开的列表中选择“样式 11”并右击，在弹出的快捷菜单中选择“应用于选定幻灯片”命令。

2. 操作要求 2，创建超链接后，单击“设计”选项卡“主题”组中的“颜色”下拉按钮，在展开的列表中选择“新建主题颜色”，弹出“新建主题颜色”对话框，如图 5-85 所示，将超链接颜色设置成紫色，已访问的超链接设置成蓝色，其余默认设置，单击“保存”按钮。

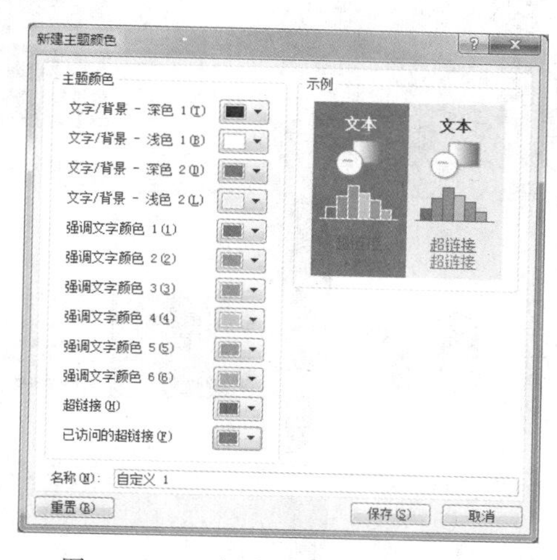

图 5-85 “新建主题颜色”对话框

【综合练习 5-3】

●涉及的知识点

插入幻灯片，艺术字，主题，背景样式，版式，SmartArt 图形，插入超链接和动作效果，插入图片，插入页脚，母版，动画效果，切换效果。

●操作要求

1. 在第 1 张幻灯片前插入一张“标题幻灯片”，参照样张图 5-86 添加标题“蘑菇”并转换为艺术字，样式为“渐变填充-橙色，强调文字颜色 6，内部阴影”（第 4 行第 2 列），文字效果转换为“腰鼓”，字体修改为方正舒体；

2. 将标题幻灯片的背景设置为 50%图案填充，前景色为紫色，其余参数默认设置；将第 2~6 张幻灯片的主题设置为“华丽”；

3. 将第 2 张幻灯片的版式修改为“两栏内容”，如样张图 5-86 所示，在右侧占位符中输入文本“形态特征”“功效”“食用品种”“贮藏方法”；将文本转换为 SmartArt 图形“垂直项目符号列表”，并为各个列表占位符插入超链接至对应的第 3 ~ 6 张幻灯片，例如“形态特征”列表占位符链接到第 3 张幻灯片，依此类推；

4. 将第 5 张幻灯片的版式修改为“两栏内容”，在右侧占位符内插入图片“蘑菇.jpg”，并修改图片样式为“映像棱台，白色”；

5. 为第 3 ~ 6 张幻灯片中的图片设置超链接，链接到第 2 张幻灯片；

6. 为每张幻灯片插入编号和页脚（标题幻灯片除外），页脚内容为“蘑菇”；将编号和页脚的字体设置为 20 磅；

7. 整套幻灯片切换方式选用垂直“门”的效果；设置第 6 张幻灯片中图片的动画效果为“进入”→“轮子”，持续时间 3 s，与上一动画同时开始。

● 样张（见图 5-86）

图 5-86　综合练习 5-3 样张

● 步骤提示

1. 操作要求 2，在标题幻灯片的空白处右击，在弹出的快捷菜单中选择“设置背景格式”命令，弹出“设置背景格式”对话框，如图 5-87 所示进行设置，单击“关闭”按钮。

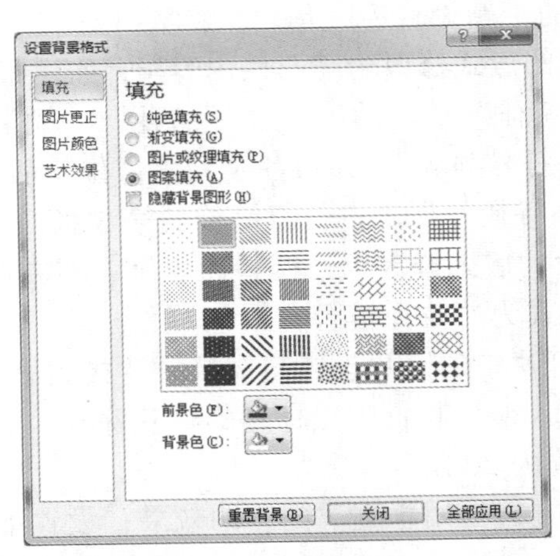

图 5-87　“设置背景格式”对话框

2. 操作要求 3，在占位符中输入文本后，如图 5-88 所示并右击，在弹出的快捷菜单中选择“转换为 SmartArt”→“垂直项目符号列表”命令，即将文本转换为 SmartArt 图形；单击“形态特征”列表占位符的边缘，使整个列表占位符被选中，单击“插入”选项卡“链接”组中的“超链接”按钮，弹出“插入超链接”对话框，在“请选择文档中的位置”列表框中选择第 3 张幻灯片，其余列表占位符的超链接插入方法相同。

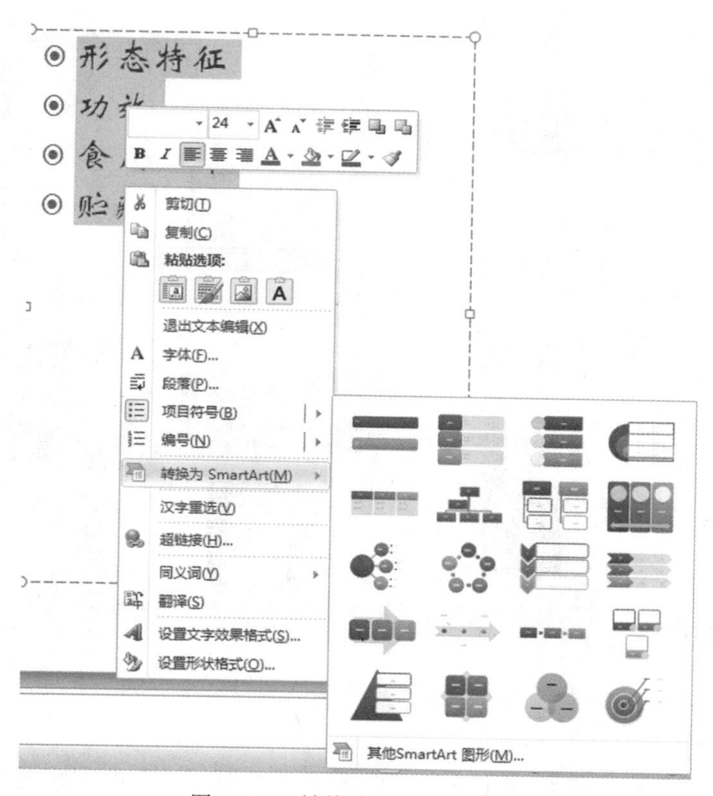

图 5-88 转换为 SmartArt 图形

3. 操作要求 6，设置编号和页脚的字体大小时，可以使用幻灯片母版进行设置。

【综合练习 5-4】

●涉及的知识点

艺术字，幻灯片移动、删除，主题，图片样式，动画效果，切换效果。

●操作要求

1. 参照样张图 5-89 将第 1 张幻灯片中的标题“世界名画”转换为艺术字，样式为“填充-红色，强调文字颜色 2，暖色粗糙棱台”（第 5 行第 3 列），文字效果为“倒 V 形”；

2. 将第 2 张幻灯片和第 3 张幻灯片的位置互换，删除第 4 张幻灯片；

3. 将标题幻灯片的主题设置为“暗香扑面”，第 2～4 张幻灯片的主题设置为“奥斯汀”；

4. 将第 2 张幻灯片中的图片样式设置为“剪裁对角线，白色”，将第 3 张幻灯片中的图片样式设置为“棱台矩形”；

5. 为第 4 张幻灯片中的四张图片设置动画，要求四张图片的动画效果同时出现，动画样式为“进入”→“缩放”，持续时间 1 s，与上一动画同时开始；

6. 整套幻灯片切换方式选用自左侧“揭开”的效果。

●样张（见图 5-89）

图 5-89 综合练习 5-4 样张

●步骤提示

操作要求 5，鼠标左键结合【Shift】键将第 4 张幻灯片中的四张图片同时选中，再在“动画”选项卡内设置动画效果；或者设置第一张图片的动画效果后，用“动画刷”将动画效果复制在另外三张图片上。

【综合练习 5-5】

●涉及的知识点

设置背景，主题，插入 SmartArt 图形，插入超链接，动画效果。

●操作要求

1. 为第 1 张幻灯片设置图片“海.jpg”作为背景图片，透明度设置为 20%；

2. 将全部幻灯片的主题设置为“纸张”；将第 2 ~ 6 张幻灯片的背景样式设置为“样式 10”；

3. 如样张图 5-90 所示，在第 2 张幻灯片中插入 SmartArt 图形“基本循环”，只保留 2 个循环流程并输入文本“历史景点”和“岛屿旅游”；设置整个 SmartArt 图形高度为 5 cm，宽度为 10 cm，放置位置如样张图 5-90 所示；

4. 为 SmartArt 图形中的两个文本框分别设置超链接，“历史景点”链接至第 3 张幻灯片，“岛屿旅游”链接至第 4 张幻灯片；分别给第 3、4 张幻灯片中的图片设置返回第 2 张幻灯片的超链接；

5. 为第 5 张幻灯片中的图片设置动画，效果为慢速 3 s“进入”→“旋转”，上一动画之后开始。

● 样张（见图 5-90）

图 5-90　综合练习 5-5 样张

● 步骤提示

1. 操作要求 1，在第 1 张幻灯片的空白处右击，在弹出的快捷菜单中选择“设置背景格式”命令，弹出“设置背景格式”对话框，如图 5-91 所示，选择“图片或纹理填充”单选按钮，单击“插入自”区域中的“文件”按钮，弹出“插入图片”对话框，选择“海.jpg”图片，插入完成后，设置透明度为 20%，单击“关闭”按钮。

2. 操作要求 2，在设置第 2～6 张幻灯片的背景样式时，只需同时选中第 2～6 张幻灯片，然后单击“设计”选项卡“背景”组中的“背景样式”下拉按钮，在展开的列表中选择“样式 10”并右击，在弹出的快捷菜单中选择“应用于所选幻灯片”命令。

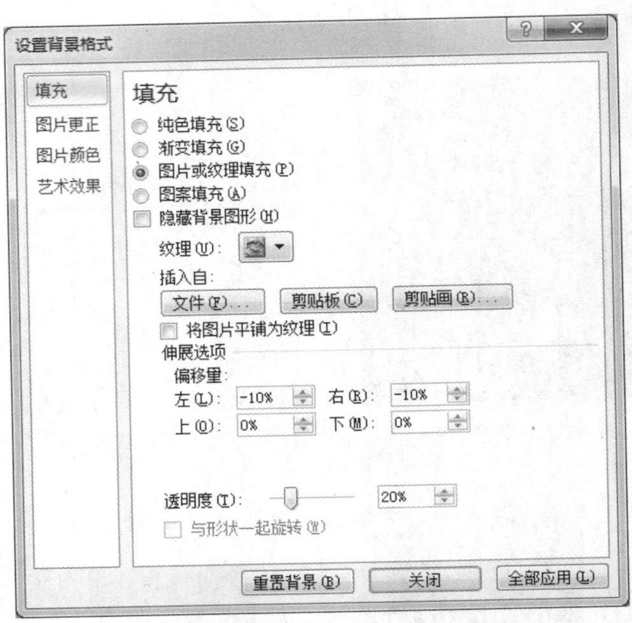

图 5-91 “设置背景格式”对话框

【综合练习 5-6】

● 涉及的知识点

主题，版式，插入超链接，母版，插入页脚，动画效果，切换效果。

● 操作要求

1. 将全部幻灯片的主题设置为“图钉”；

2. 修改第 2 张幻灯片的版式为“标题和内容”；设置“苏利羊驼（Suri）”链接至第 3 张幻灯片，“华卡约羊驼（Huacaya）”链接至第 4 张幻灯片；分别给第 3、4 张幻灯片中的图片设置返回第 2 张幻灯片的超链接；

3. 运用幻灯片母版修改所有版式的幻灯片的标题字体为幼圆、大小为 48；

4. 除第 1 张标题幻灯片外，为每张幻灯片插入编号和页脚，页脚内容为“美丽的羊驼”；

5. 设置第 1 张幻灯片中主标题动画为“陀螺旋”，逆时针旋转两周，持续时间 3 s，与上一动画同时；

6. 第 1 张幻灯片切换方式选用水平“百叶窗”的效果，第 2～4 张幻灯片切换方式选用从右上部“涟漪”的效果。

● 样张（见图 5-92）

图 5-92　综合练习 5-6 样张

● 步骤提示

操作要求 3，单击“视图”选项卡“母版视图”组中的“幻灯片母版”按钮，打开“幻灯片母版”选项卡，如图 5-93 所示，选中幻灯片母版的标题占位符中的文本，或者选中整个标题占位符框，在“开始”选项卡中设置字体为幼圆、大小为 48，然后关闭母版视图。

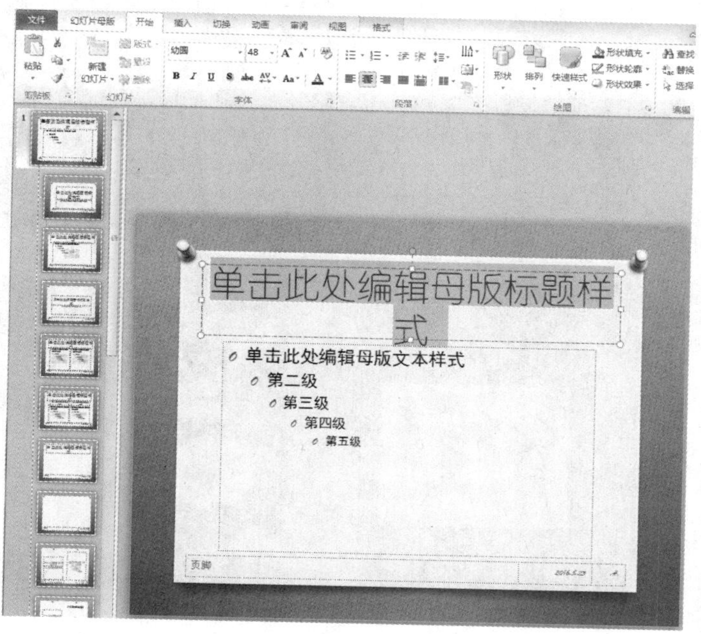

图 5-93　幻灯片母版设置

【综合练习 5-7】

● 涉及的知识点

应用文本，应用主题，设置背景，插入图片、艺术字，幻灯片切换效果，幻灯片动画效果。

● 操作要求

1. 将第 1 张幻灯片的背景设置为图片填充，图片为“牵牛花 1.jpg”；为其他幻灯片添加“顶峰”主题；

2. 将第 1 张幻灯片中的标题“牵牛花”转化成第 4 行第 5 列艺术字，设置字体大小为 66；添加副标题为“又称喇叭花、朝颜花”（红色，华文隶书，大小 32，右对齐）；

3. 将第 2 张幻灯片版式修改为“垂直排列标题与文本”，为文本添加单击时“旋转”进入的动画效果；

4. 在第 3 张幻灯片的右侧占位符中插入图片“牵牛花 2.jpg”；设置图片的动画效果为“透明”的强调效果，效果选项为 75%的数量，持续时间为 1 s；设置所有幻灯片的切换效果为“华丽型”→“蜂巢”，持续时间 2 s；

5. 为第 4 张幻灯片中的 4 张图片添加形状进入动画效果（方向：缩小，形状：菱形），动画顺序依次为左上、左下、右上、右下。

● 样张（见图 5-94）

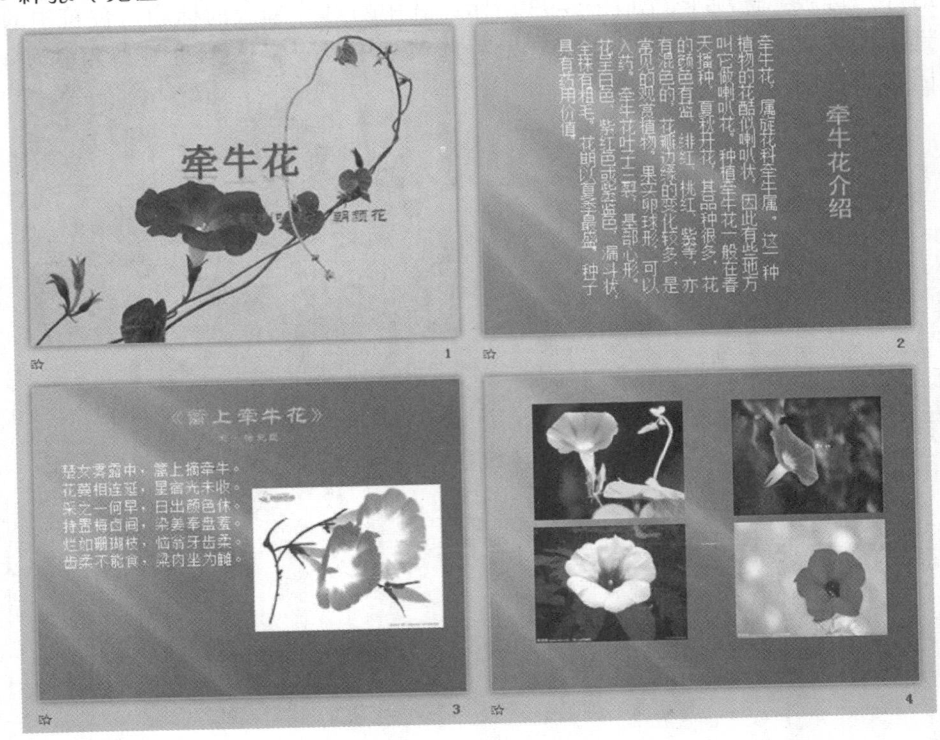

图 5-94　综合练习 5-7 样张

● 步骤提示

操作要求 5 步骤：

（1）选中第 4 张幻灯片中的 4 张图片，单击“动画”选项卡“动画”组右侧的“其他”按钮，展开图 5-95 所示的列表，选择“进入”→“形状”动画。

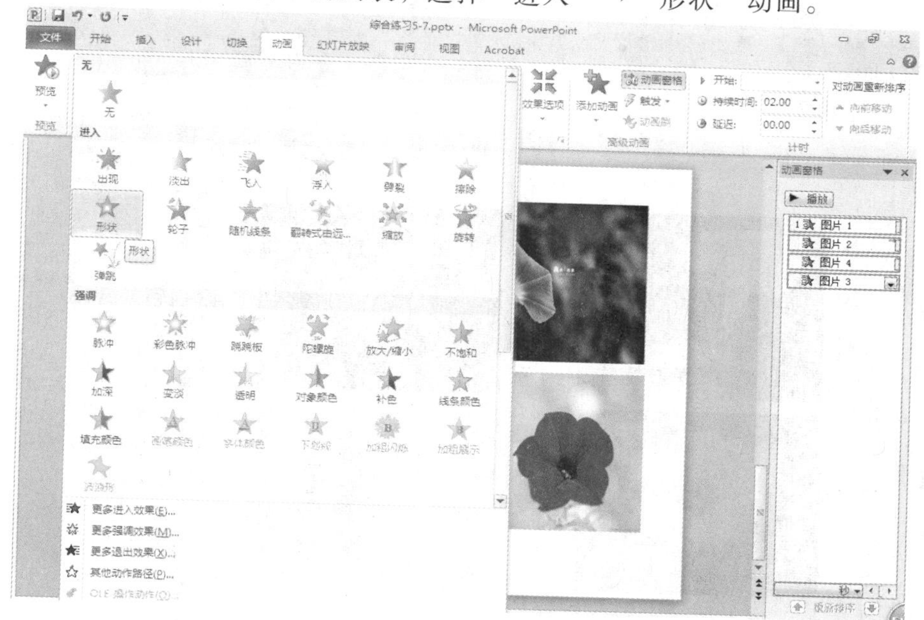

图 5-95　“动画效果列表”界面

（2）单击“效果选项”下拉按钮，展开图 5-96 所示的列表，选择“方向”→“缩小”，“形状”→“菱形”。

图 5-96　动画“效果选项”设置

（3）按图 5-97 所示，在“动画窗格”中调整图片顺序依次为图片 1、图片 2、图片 3、图片 4，选中图片 2，在“计时”组中单击“开始”下拉按钮，在展开的列表中选择“上一个动画之后”，按照上述步骤依次设置图片 3、图片 4 的播放顺序。

图 5-97　图片动画顺序设置

【综合练习 5-8】

●涉及的知识点

应用文本，应用主题，设置背景，插入图片、艺术字，插入超链接和动作效果。

●操作要求

1. 为第 1 张、第 3～5 张幻灯片添加“平衡”主题，设置第 2 张幻灯片“草皮”图案填充，前景色浅蓝色，背景色白色；

2. 将第 3、4、5 张幻灯片版式修改为“两栏内容”，分别在第 3、4、5 张幻灯片的右侧占位符中插入图片：太和殿.jpg、中和殿.jpg、保和殿.jpg；依次设置图片样式为“圆形对角，白色”“剪裁对角线，白色”“中等复杂框架，白色”；

3. 对第 2 张幻灯片设置超链接：“太和殿”与第 3 张幻灯片链接，“中和殿”与第 4 张幻灯片链接，“保和殿”与第 5 张幻灯片链接；设置超链接颜色为深蓝色，已访问的超链接为红色；

4. 在文档最后增加一张“空白”版式的幻灯片，添加第 4 行第 3 列艺术字“谢谢欣赏！”，设置艺术字“正三角”变形；

5. 按照样张所示位置，在第 6 张幻灯片上插入动作按钮：第一张，设置链接到第 1 张幻灯片，按钮大小（高 3 cm、宽 3 cm），样式为“彩色轮廓-黑色，深色 1”。

● 样张（见图 5-98）

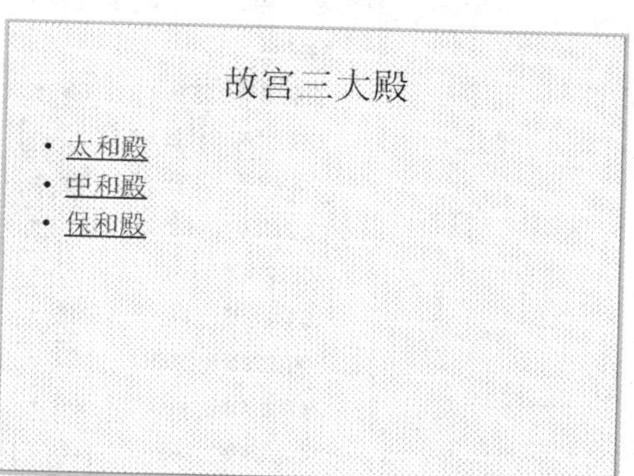

太和殿

• 太和殿俗称金銮殿，为中国古代宫殿建筑之精华，中国现存最大的木结构大殿。位于北京紫禁城（故宫）南北主轴线的显要位置，明永乐十八年（1420年）建成，称奉天殿。明嘉靖四十一年（1562年）改称皇极殿，清顺治二年（1645年）改今名。建成后屡遭焚毁，多次重建，今殿为清康熙三十四年(1695年)重建后的形制。

保和殿

保和殿是汉族宫殿建筑之精华，属于北京故宫中的一座殿宇式建筑。明永乐十八年（1420年）建成，几经焚毁、重建。现存主体梁架仍为明代建筑。明初名谨身殿，明嘉靖四十一年（1562年）改称建极殿，清顺治二年（1645年）始名保和殿。“保和”出自《易经》，意为“志不外驰，恬神守志”，也就是神志得专一，以保持宇宙间万物和谐。

图 5-98　综合练习 5-8 样张

● 步骤提示

操作要求 3 设置超链接颜色为深蓝色，已访问的超链接为红色步骤：

（1）单击“设计”选项卡“主题”组中的“颜色”下拉按钮，在展开的列表中选择“新建主题颜色”，弹出图 5-99 所示的“新建主题颜色”对话框。

（2）如图 5-99 所示，单击“超链接”下拉按钮，在展开的列表中选择“标准色”→“深蓝”，单击“已访问的超链接”下拉按钮，在展开的列表中选择“标准色”→“红色”，单击“保存”按钮完成设置。

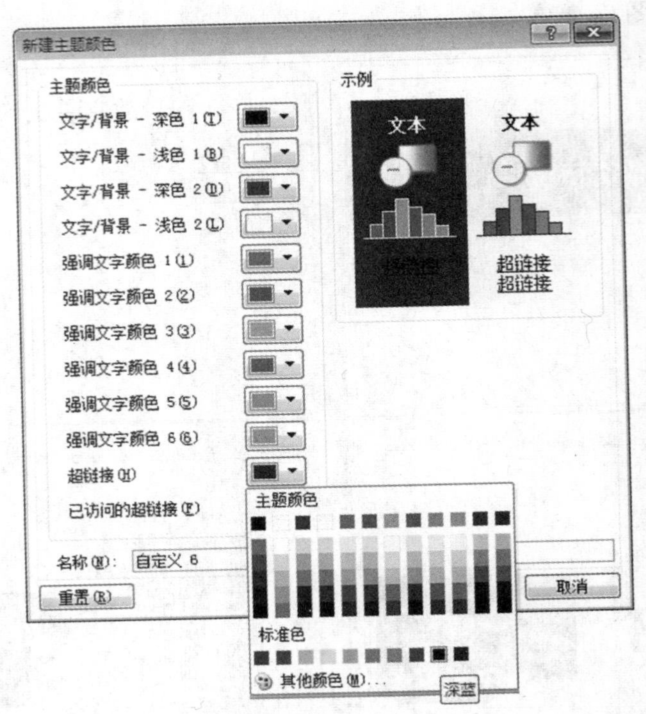

图 5-99　超链接颜色设置界面

【综合练习 5-9】

●涉及的知识点

应用文本，应用主题，设置背景，应用逻辑节，插入图片、艺术字，插入超链接，幻灯片切换效果，自定义放映。

●操作要求

1. 将第 1 张幻灯片的背景设置为图片填充，图片为“1.jpg”，透明度 40%，右偏移量为 30%；为其他幻灯片添加“都市”主题；

2. 将第 1 张幻灯片标题文字“华人骄傲——李安”设置为第 4 行第 4 列艺术字，修改字体为华文新魏，大小为 60，添加文本发光效果“紫色，11pt 发光，强调文字颜色 4”，副标题字体颜色为蓝色，添加文字阴影；

3. 复制第 2 张幻灯片，按照样张调整第 2、3 张幻灯片显示内容，设置第 3 张幻灯片中的文本“《卧虎藏龙》”超链接到第 4 张幻灯片；

4. 按照样张分别在第 4、6 张幻灯片相应位置插入图片“2.jpg”“3.jpg”；

5. 为演示文稿添加逻辑节：“标题”（第 1 张幻灯片）和“内容”（第 2 张～第 6 张幻灯片）；

6. 设置所有幻灯片切换方式为“细微型”→“形状”、效果选项“增强”，换片方式“设置自动换片时间”为 4 s；

7. 新建自定义幻灯片放映“1990—2000 年”，包含第 1 张至第 4 张幻灯片，新建自定义幻灯片放映“2000 年至今”，包含第 1、5、6 张幻灯片。

● 样张（见图 5-100）

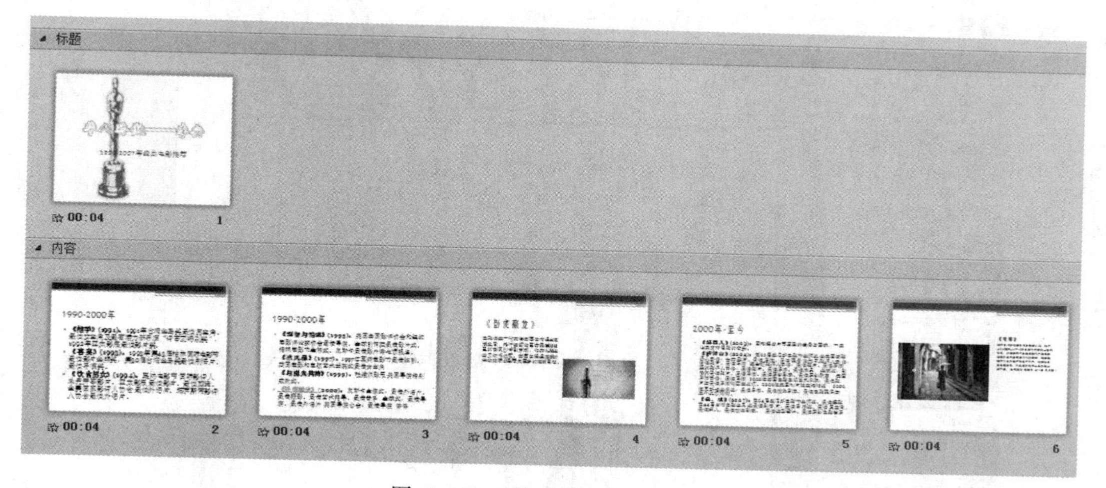

图 5-100　综合练习 5-9 样张

● 步骤提示

1. 操作要求 5 新增节设置：普通视图编辑界面下，在左侧“幻灯片”浏览窗格中选中第 1 张幻灯片并右击，弹出图 5-101 所示的快捷菜单，选择“新增节”命令，弹出图 5-102 所示界面，单击选中“幻灯片”浏览窗格中的“无标题节”并右击，在弹出的快捷菜单中选择“重命名节”命令，弹出图 5-103 所示的“重命名节”对话框，输入文本“标题”，完成“标题”节设置；在左侧“幻灯片”浏览窗格中选中第 2 张幻灯片，按照上述步骤完成“内容”节设置。

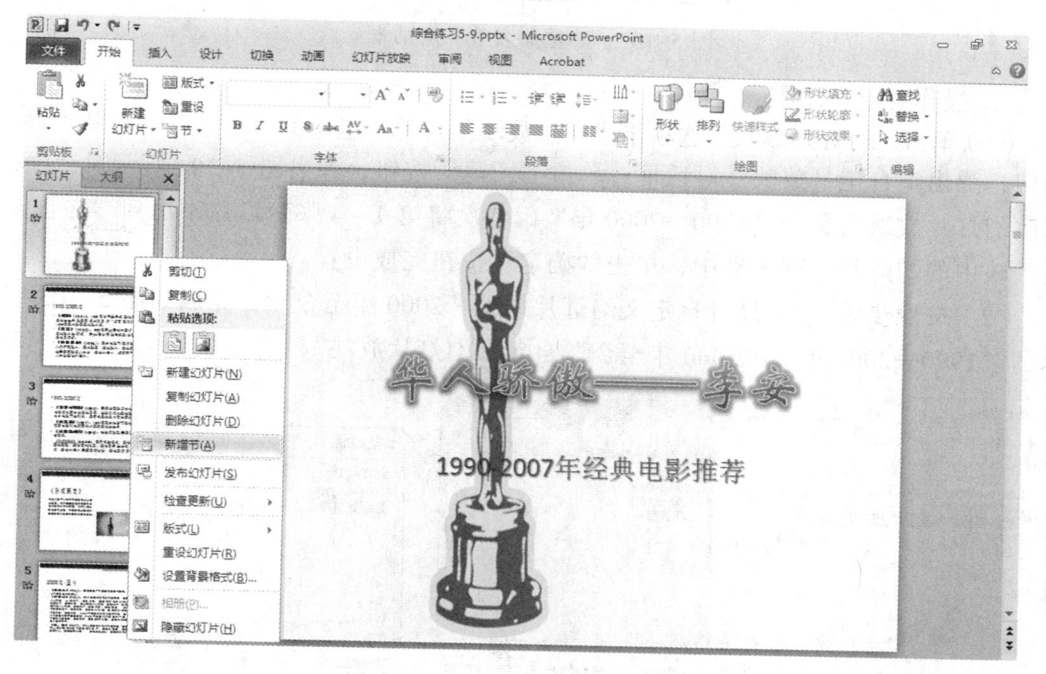

图 5-101　“新增节”设置界面

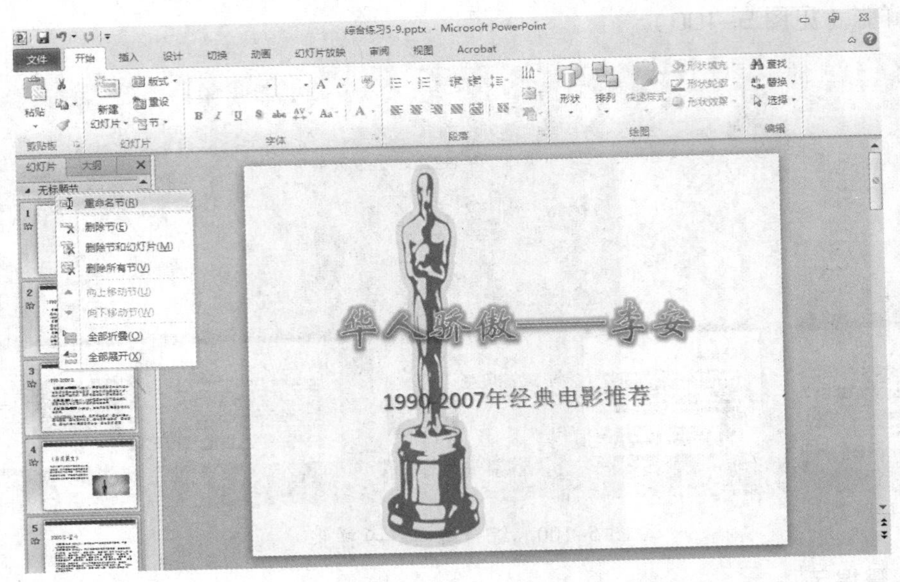

图 5-102 “重命名节”设置界面

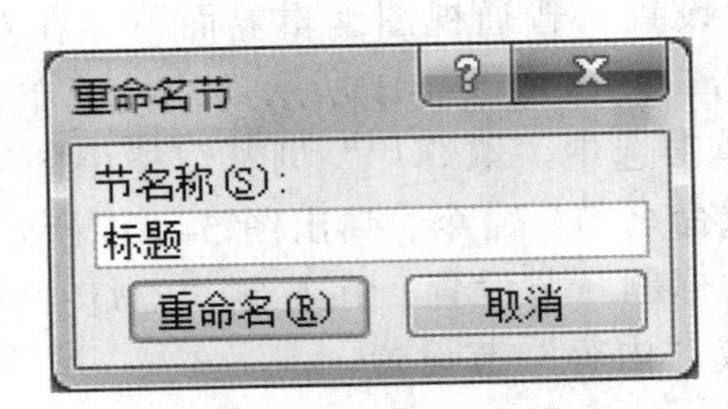

图 5-103 “重命名节”对话框

2. 操作要求 7 步骤：

（1）单击“幻灯片放映”选项卡“开始放映幻灯片”组中的“自定义幻灯片放映”按钮，弹出“自定义放映”对话框；单击“新建”按钮，弹出图 5-104 所示对话框，修改幻灯片放映名称为“1990—2000 年”，依次将第 1 ~ 4 张幻灯片添加到“在自定义放映中的幻灯片”列表框中，单击“确定”按钮完成设置。

（2）按照步骤（1）设置自定义幻灯片放映“2000 年至今”，完成如图 5-105 所示的“1990—2000 年”“2000 年至今”自定义幻灯片放映。

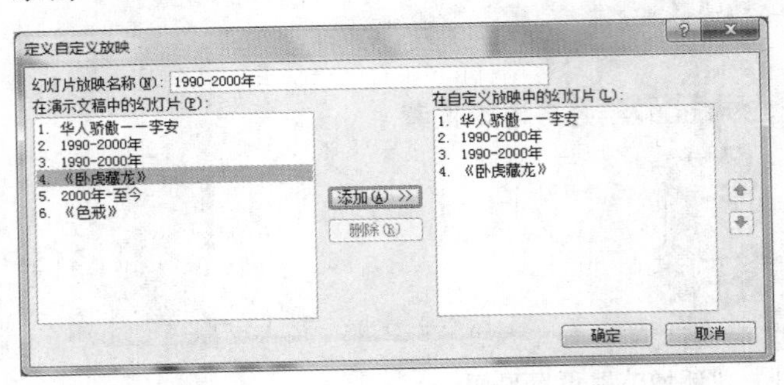

图 5-104 “定义自定义放映”对话框

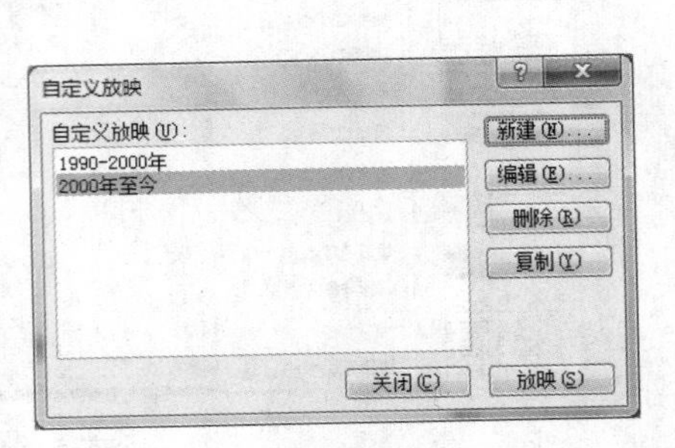

图 5-105 “自定义放映”对话框

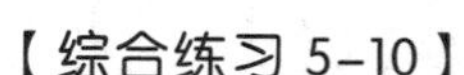

【综合练习 5-10】

●涉及的知识点

应用文本，应用主题，应用音频，设置背景，插入图片、艺术字，文本框，幻灯片切换效果，幻灯片动画效果。

●操作要求

1. 利用素材文件“伴奏.mp3”为第 1 张幻灯片添加背景音乐；设置放映时隐藏播放器、背景音乐自动开始并循环播放；所有幻灯片切换方式为“华丽型”→“时钟”，换片方式“设置自动换片时间”为 8 s；

2. 将第 1 张幻灯片的背景设置为图片填充，图片为“背景.jpg”，透明度 30%，上、下偏移量 15%；为其他幻灯片添加“时装设计”主题；

3. 将第 2 张幻灯片标题文字“一副对联”设置为第 2 行第 2 列艺术字，修改字体大小为 60；修改文本“飞雪连天射白鹿，笑书神侠倚碧鸳。”的字体大小为 40，居中对齐，修改占位符在幻灯片上的位置自左上角水平 4.5 cm、垂直 6.5 cm；

4. 在第 3 张幻灯片插入图片“11.jpg”“21.jpg”“31.jpg”“41.jpg”，设置图片大小宽 3 cm，高 9 cm，按照样张所示进行排版，图片顶部对齐、横向分布；设置所有图片同时进入动画效果为“轮子”，4 轮辐图案；

5. 在文档最后增加一张“空白”版式的幻灯片，利用文本框插入文本“THE END!”，设置字体为华文行楷，大小为 72，文本框位置自左上角水平 6 cm，垂直 7 cm。

●样张（见图 5-106）

图 5-106　综合练习 5-10 样张

●步骤提示

操作要求 3 修改占位符在幻灯片中位置的具体步骤：选中占位符并右击，在弹出的快捷菜单中选择“大小和位置”命令，弹出“设置形状格式”对话框，在左侧选择“位置”，右侧如图 5-107 所示，修改占位符“在幻灯片上的位置”自左上角水平 4.5 cm、垂直 6.5 cm 即可。

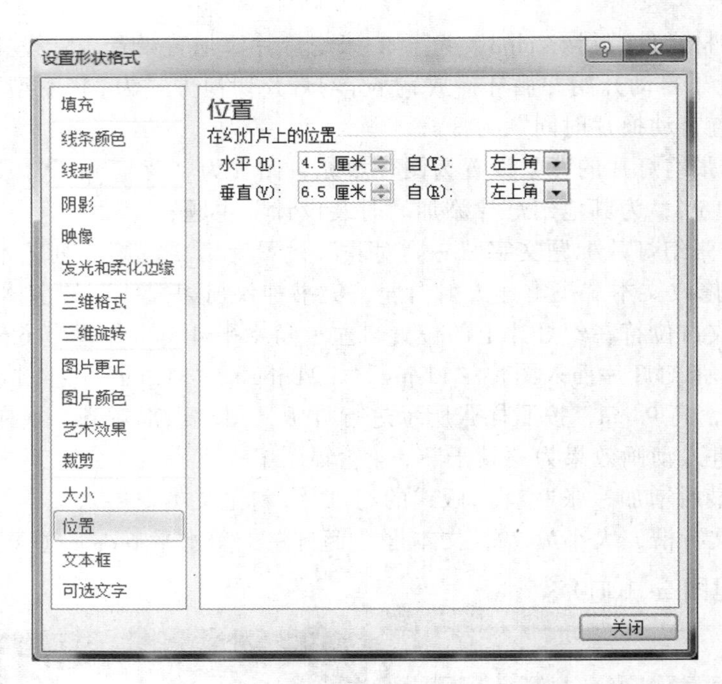

图 5-107 “设置形状格式”对话框

【综合练习 5-11】

●涉及的知识点

应用主题，插入图片、SmartArt 图形，幻灯片动画效果。

●操作要求

1. 为所有幻灯片添加“气流”主题，修改主题颜色为“跋涉”；

2. 将第 2 张幻灯片中占位符中文本转换为 SmartArt 图形：水平图片列表；按照样张所示，分别在图片占位符中依次插入图片“1.jpg”“2.jpg”“3.jpg”“4.jpg”“5.jpg”；更改图形颜色为主题颜色（主色）“深色 2 填充”；

3. 设置第 2 张幻灯片 SmartArt 图形进入动画效果为“飞入”：自左侧、逐个，持续时间 1.5 s；

4. 将第 4 张幻灯片的图片移动到第 3 张幻灯片中，按照样张所示摆放位置，设置图片样式为“圆形对角，白色”，设置图片“淡出”退出动画效果；

5. 设置第 4 张幻灯片中文本占位符内的文字强调动画效果为“放大/缩小”，效果选项：方向为“两者”，数量为“较大”，序列为“作为一个对象”。

● 样张（见图 5-108）

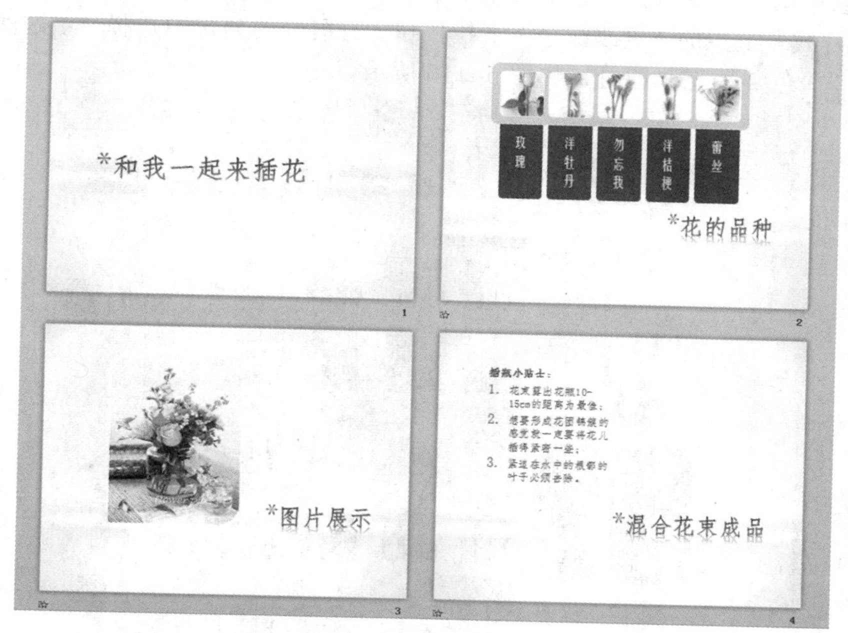

图 5-108　综合练习 5-11 样张

● 步骤提示

操作要求 2 步骤：

（1）选中第 2 张幻灯片中的文本占位符，单击“开始”选项卡“段落”组中的“转换为 SmartArt”下拉按钮，在展开的列表中选择“其他 SmartArt 图形”，弹出图 5-109 所示的“选择 SmartArt 图形”对话框，选择“水平图片列表”，单击“确定”按钮。

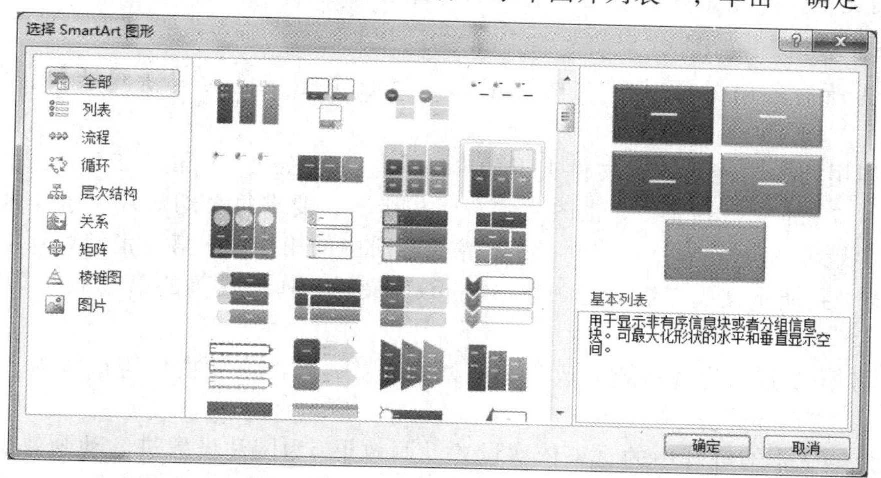

图 5-109　“选择 SmartArt 图形”对话框

（2）单击第 2 张幻灯片中的 SmartArt 图形文字“玫瑰”上方的图片占位符，弹出“插入图片”对话框，找到素材文件夹下的图片“1.jpg”，单击“插入”按钮完成插入，依次将“2.jpg”“3.jpg”“4.jpg”“5.jpg”插入到相应图片占位符；

（3）选中第 2 张幻灯片中的 SmartArt 图形，单击“SmartArt 工具-设计”选项卡“SmartArt 样式”组中的“更改颜色”下拉按钮，在展开的列表中选择“主题颜色（主色）”→“深色 2 填充”即可，如图 5-110 所示。

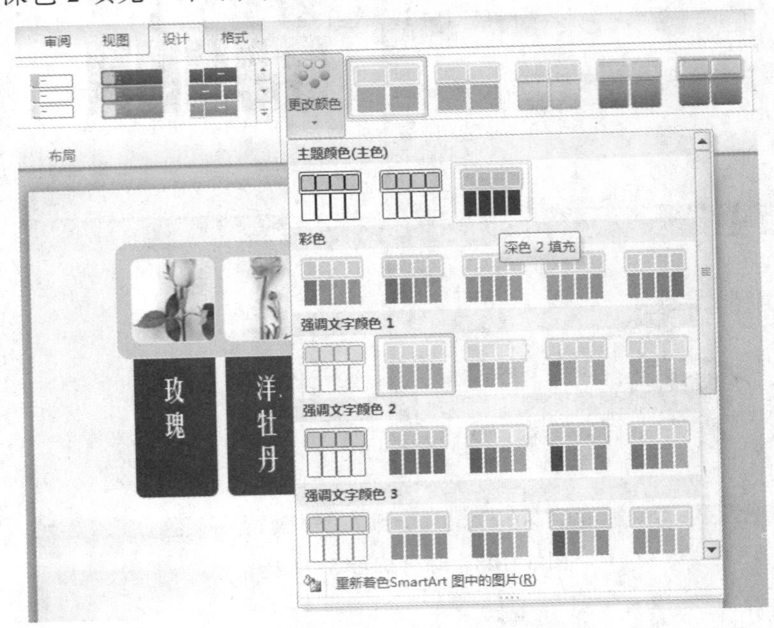

图 5-110 “更改颜色”设置界面

【综合练习 5-12】

● 涉及的知识点

应用文本，应用主题，应用相册，幻灯片的动画效果，幻灯片的切换效果。

● 操作要求

1. 为所有幻灯片添加“网格”主题，修改主题颜色为“新闻纸”，字体为“穿越”；

2. 利用相册功能为素材文件夹下的“1.png”“2.png”“3.png”“4.png”“5.png”“6.png”“7.png”“8.png”8 张图片“新建相册”，要求每页幻灯片显示 4 张图片，相框的形状为“简单框架，白色”；将生成的相册中的第 2 张、第 3 张幻灯片复制（保留源格式）到演示文稿“综合练习 5-12.pptx”最后，作为文稿的第 3 张、第 4 张幻灯片；

3. 将第 2 张幻灯片版式修改为“两栏内容”，修改右侧占位符形状为“心形”并插入图片“9.png”；

4. 为第 2 张幻灯片中的对象依次设置动画效果：为图片设置进入动画效果为“弹跳”，持续时间为 1.5 s；为左侧文字设置强调动画效果为“字体颜色”：红色、按段落，在上一个动画之后开始，持续时间为 1 s；

5. 设置所有幻灯片切换方式“华丽型”→“翻转”，效果选项“向左”，声音为“风铃”。

●样张（见图 5-111）

图 5-111 综合练习 5-12 样张

●步骤提示

操作要求 3 修改右侧占位符形状为“心形”的具体步骤：将第 2 张幻灯片版式修改为“两栏内容”后，选中幻灯片中的右侧占位符，单击“绘图工具-格式”选项卡“插入形状”组中的“编辑形状”下拉按钮，在展开的列表中选择“更改形状”，如图 5-112 所示，在右侧显示的形状列表中选择“基本形状”→“心形”即可。

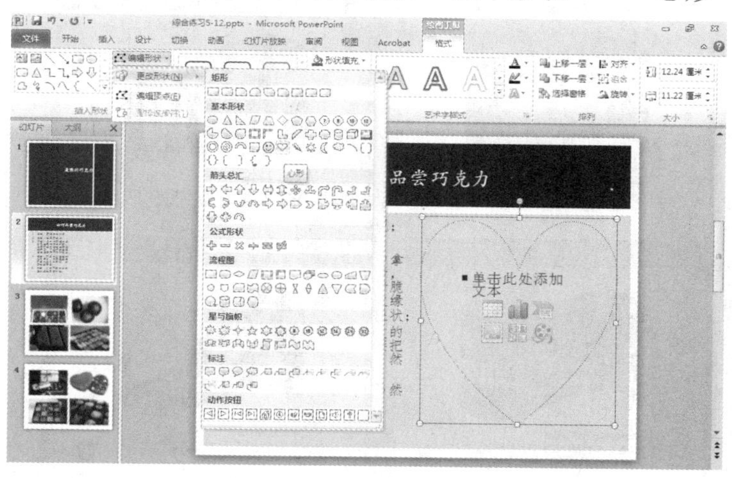

图 5-112 修改占位符形状编辑界面

【综合练习 5-13】

●涉及的知识点

设置背景，应用母版，插入页眉页脚，插入 SmartArt 图形、形状，插入超链接和动作效果。

● 操作要求

1. 通过编辑幻灯片母版，为所有幻灯片添加如样张所示的页码（第< >页，共 6 页），修改“图片与标题”版式中图片占位符形状为“波形”；

2. 将第 2 张幻灯片中的文字占位符转化为 SmartArt 图形：V 形列表，更改颜色为“彩色范围–强调文字颜色 5 至 6”，样式为三维“卡通”；

3. 分别为第 2 张幻灯片中的列表占位符设置超链接，其中“法国卢浮宫”文字列表占位符超链接到第 3 张幻灯片，“英国大英博物馆”文字列表占位符超链接到第 4 张幻灯片，“俄罗斯艾尔米塔什博物馆”文字列表占位符超链接到第 5 张幻灯片，“美国大都会博物馆”文字列表占位符超链接到第 6 张幻灯片；

4. 设置第 1 张幻灯片背景渐变填充：羊皮纸，类型“标题的阴影”；

5. 通过编辑幻灯片母版，按样张所示在第 3 张～第 6 张幻灯片相应位置插入返回到第 2 张幻灯片的动作按钮，形状样式为“浅色 1 轮廓，彩色填充–蓝色，强调颜色 1”，按钮大小为高 2 cm，宽 2 cm。

● 样张（见图 5–113）

图 5–113　综合练习 5–13 样张

● 步骤提示

操作要求 1 步骤：

（1）单击“视图”选项卡“母版视图”组中的“幻灯片母版”按钮，在母版视图界面下分析素材，如图 5-114 所示“标题幻灯片版式：由幻灯片 1 使用”“垂直排列标题与文本版式：由幻灯片 2 使用”“图片与标题版式：由幻灯片 3～6 使用”；

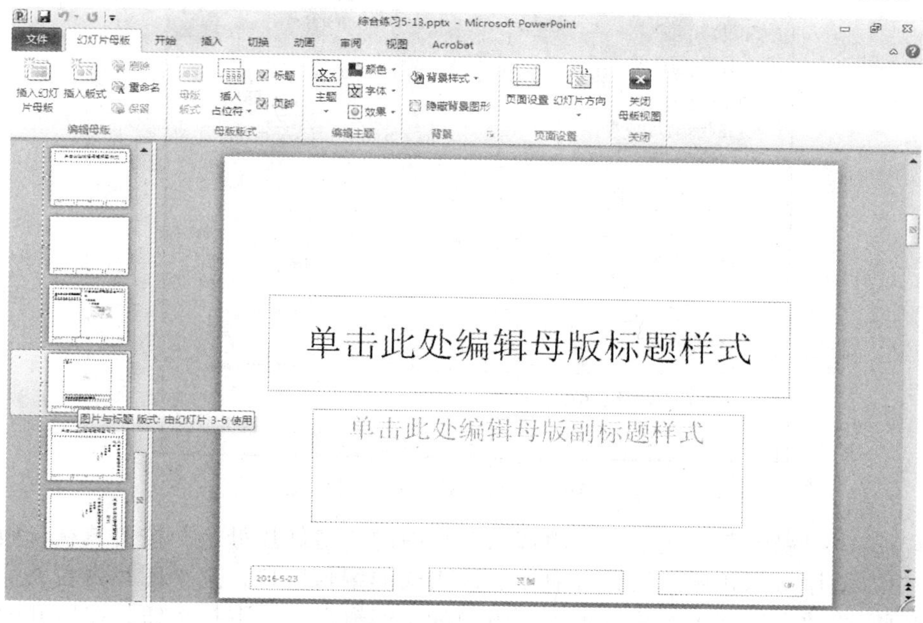

图 5-114　母版视图

（2）如图 5-115 所示，分别在“标题幻灯片版式”“垂直排列标题与文本版式”“图片与标题版式”幻灯片编号区修改为“第‹#›页，共 6 页”，单击“幻灯片母版”选项卡“关闭”组中的“关闭母版视图”按钮，返回到普通视图界面。

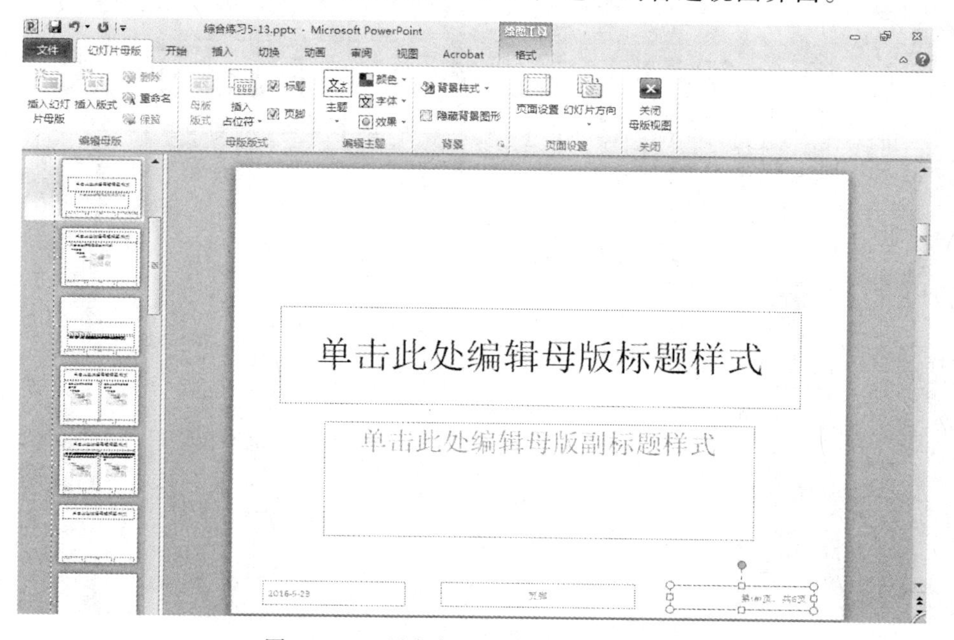

图 5-115　母版视图下修改幻灯片编号

（3）单击“插入”选项卡“文本”组中的“页眉和页脚”按钮，弹出图 5-116 所示的“页眉和页脚”对话框，选择幻灯片编号，单击“全部应用”按钮即可。

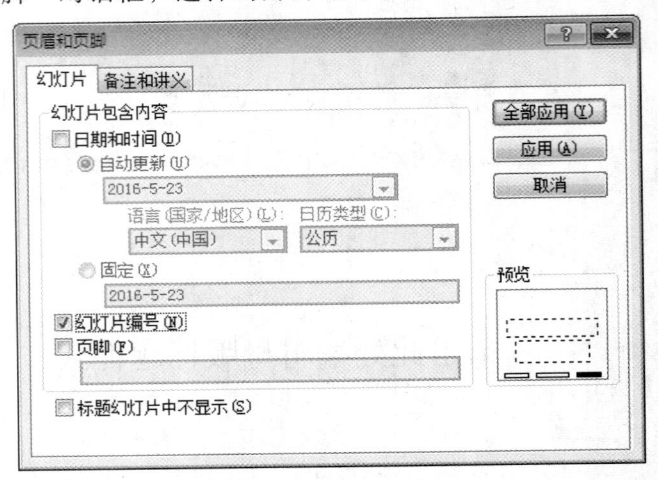

图 5-116　“页眉和页脚”对话框

（4）单击“视图”选项卡“母版视图”组中的“幻灯片母版”按钮，在母版视图左侧选中“图片与标题版式”，右侧显示该版式的编辑窗口，选中图片占位符，单击“绘图工具-格式”选项卡“插入形状”组中的“编辑形状”下拉按钮，在展开的列表中选择“更改形状”，如图 5-117 所示，在右侧显示的形状列表中选择“星与旗帜”→“波形”，此时将矩形占位符形状更改为波形，单击“幻灯片母版”选项卡“关闭”组中的“关闭母版视图”按钮，返回到普通视图界面。

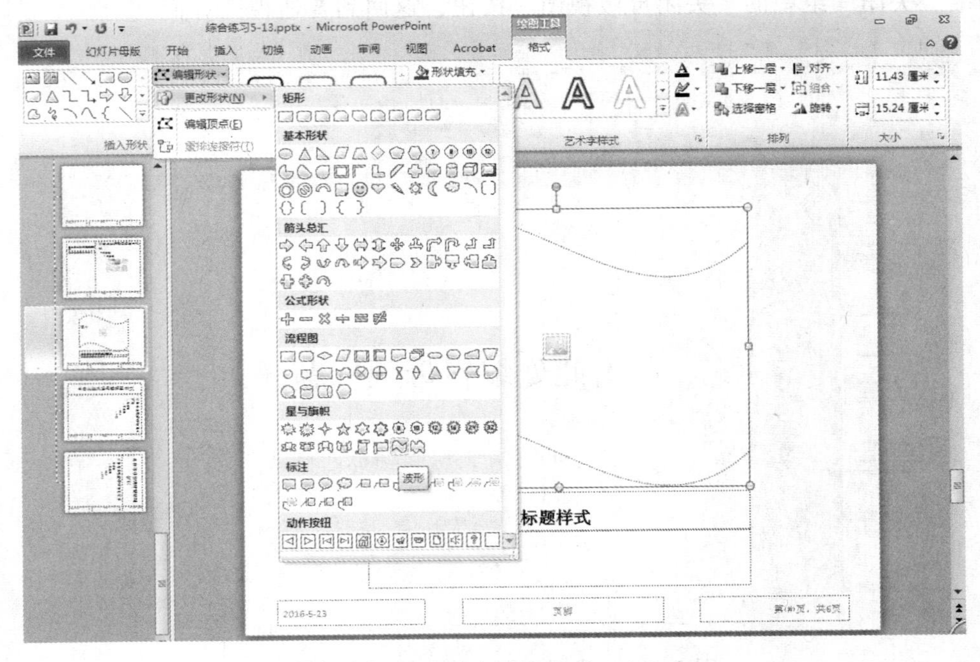

图 5-117　修改占位符形状编辑界面

第6章 因特网基础与简单应用

因特网是“Internet”的中文译名，其以相互交流信息资源为目的，应用涵盖从文件传输、信息共享到市场营销、服务等广泛领域。另外，因特网带来的电子贸易正改变着现今商业活动的传统模式，其提供的方便而广泛的互连性对社会生活的各个方面都带来了影响。

本章主要介绍因特网的基础知识和简单应用。读者通过本章的学习，应熟练掌握以下知识点：

1．计算机网络的基本概念；

2．因特网的基础知识；

3．因特网的简单应用：浏览器的使用，电子邮件的收发，信息的搜索、浏览和保存等。

一、单选题

1．广域网采用的网络拓扑结构通常是________结构。

A．总线　　B．环状

C．星状　　D．网状

2．关于WWW服务，以下说法错误的是________。

A．WWW服务采用的主要传输协议是HTTP协议

B．WWW服务以超文本方式组织网络多媒体信息用户访问

C．HTTP Web服务器可以使用统一的图形用户界面

D．用户访问Web服务器不需要知道服务器的URL地址

3．关于Internet上的计算机，下列描述错误的是________。

A．一台计算机可以有一个或多个IP地址

B．可以两台计算机共用一个IP地址

C．每台计算机都有不同的IP地址

D．所有计算机都必须有一个Internet上唯一的编号作为其在Internet上的标识

4．计算机网络系统中的硬件包括：________。

A．服务器、工作站、连接设备和传输介质　　B．网络连接设备和传输介质

C．服务器、工作站、连接设备　　D．服务器、工作站和传输介质

5. 当网络中任何一个工作站发生故障时，都有可能导致整个网络停止工作，这种网络的拓扑结构为________结构。

A. 星状　　B. 树状

C. 总线　　D. 环状

6. 域名与 IP 地址一一对应，Internet 是靠________完成这种对应关系的。

A. TCP　　B. PING

C. DNS　　D. IP

7. 计算机网络建立的主要目的是实现计算机资源的共享，计算机资源主要指计算机________。

A. 软件与数据库　　B. 服务器、工作站与软件

C. 硬件、软件与数据　　D. 通信子网与资源子网

8. 按覆盖的地理范围进行分类，计算机网络可以分为三类________。

A. 局域网、广域网与 X.25 网　　B. 局域网、广域网与宽带网

C. 局域网、广域网与 ATM 网　　D. 局域网、广域网与城域网

9. OSI 网络结构模型共有 7 层，而 TCP/IP 网络结构主要可以分为 4 层：物理层、网络层、运输层和应用层，其中 TCP/IP 的应用层对应于 OSI 的________。

A. 应用层　　B. 表示层

C. 会话层　　D. 三个都是

10. 在以下四个 WWW 网址中，哪一个网址不符合 WWW 网址书写规则________。

A. www.163.com　　B. www.nk.cn.edu

C. www.863.org.cn　　D. www.tj.net.jp

11. 某台主机的域名为 http://public.shsmu.edu.cn，其中________为主机名。

A. public　　B. shsmu

D. edu　　D. cn

12. 通过电话线拨号入网，________是必备的硬件。

A. Modem　　B. 光驱

C. 声卡　　D. 打印机

13. 关于 Internet 中 FTP 的说法不正确的是________。

A. FTP 是 Internet 上的文件传输协议

B. 可将本地计算机的文件传到 FTP 服务器

C. 可在 FTP 服务器下载文件到本地计算机

D. 可对 FTP 服务器的硬件进行维护

14. 当 A 用户向 B 用户成功发送电子邮件后，B 用户的计算机没有开机，那么 B 用户的电子邮件将________。

A. 退回给发信人　　B. 保存在服务商的主机上

C. 过一会对方再重新发送　　D. 永远不再发送

15. http://www.peopledaily.om.cn/channel/main/welcome.htm 是一个典型的 URL，其中 welcome.htm 表示________。

A. 协议类型　　B. 主机域名

C. 路径　　D. 网页文件名

16. 在 Internet 中，统一资源定位符的英文缩写是________。

A. URL　　B. HTTP

C. WWW　　D. HTML

17. 能唯一标识 Internet 网络中每一台主机的是________。

A. 用户名　　B. IP 地址

C. 用户密码　　D. 使用权限

18. 下面一些因特网上常见的文件类型，一般代表 WWW 页面的文件扩展名是________。

A. .htm　　B. .txt

C. .gif　　D. .wav

19. 在 Internet Explorer 浏览器中，“收藏夹”收藏的是________。

A. 文件或文件夹　　B. 网站的内容

C. 网页的地址　　D. 网页的内容

20. 在 IE 浏览器中要保存一个网址须使用________功能。

A. 历史　　B. 收藏

C. 搜索　　D. 转移

21. FTP 协议实现的基本功能是________。

A. 远程登录　　B. 邮件发送

C. 邮件接收　　D. 文件传输

22. 关于 IPv4 地址与 IPv6 地址的描述中，正确的是________。

A. 两种地址都是 32 位　　B. IPv6 是 128 位 IPv4 是 32 位

C. IPv4 是 128 位 IPv6 是 32 位　　D. 两种地址都是 128 位

23. LAN 是________的英文缩写。

A. 城域网　　B. 局域网

C. 校园网　　D. 广域网

24. Modem 的作用是________。

A. 实现计算机远程联网　　B. 在计算机之间传送二进制信号

C. 实现数字信号和模拟信号的转换　　D. 提高计算机之间的通信速度

25. 计算机网络中使用的设备 HUB 是指________。

A. 交换机　　B. 服务器

C. 路由器　　D. 集线器

26. 下列各项中，合法的 IP 地址是________。

A. 202.96.12.14.1　　B. 202.196.72.140

C. 112.256.23.8　　D. 201.124.38.279

27. 统一资源定位器 URL 的组成格式是________。

A. 协议、存放资源的主机域名、路径和资源文件名

B. 协议、资源文件名、路径和存放资源的主机域名

C. 资源文件名、协议、存放资源的主机域名、路径

D. 存放资源的主机域名、协议、路径和资源文件名

28. 域名和IP地址的关系是________。

A. 一个域名对应多个IP地址
B. 一个IP地址可对应多个域名
C. 域名和IP地址没有任何关系
D. 域名和IP地址一一对应

29. 电子邮件使用的传输协议是________。

A. SMTP
B. TELNET
C. HTTP
D. FTP

30. 匿名FTP服务器的含义是________。

A. 在Internet上没有地址的FTP服务器
B. 允许没有账号的用户登录到FTP服务器
C. 发送一封匿名的邮件
D. 可以不受限制地使用FTP服务器上的资源

31. 下面的IP属于C类地址的是________。

A. 125.54.32.55
B. 68.45.123.45
C. 202.120.45.201
D. 191.66.31.4

32. 在Internet中，DNS指的是________。

A. 域名服务器
B. 发送邮件的服务器
C. 接收邮件的服务器
D. 文件传输服务器

33. 在计算机网络中，表示数据传输可靠性的指标是________。

A. 传输率
B. 误码率
C. 信息容量
D. 频带利用率

34. 在计算机网络中，通常把提供并管理共享资源的计算机称为________。

A. 工作站
B. 服务器
C. 网关
D. 网桥

35. 城域网的英文缩写是________。

A. WAN
B. LAN
C. MAN
D. Internet

36. 下面不属于局域网网络拓扑结构的是________。

A. 总线
B. 星状
C. 交叉
D. 环状

37. 学校机房一般采用________网络拓扑结构。

A. 总线
B. 星状
C. 网状
D. 环状

38. ________是通过有线电视线接入上网。

A. ADSL
B. Cable
C. Modem
D. ISDN

39. 数据传输速率的单位是________。

A. 帧/秒
B. 文件数/秒
C. 二进制位数/秒
D. 米/秒

40. 信道按传输信号的类型来分，可分为________。
A. 模拟信道和数字信道
B. 物理信道和逻辑信道
C. 有线信道和无线信道
D. 专用信道和公共交换信道

41. 模拟信道带宽的基本单位是________。
A. bit/min
B. bit/s
C. Hz
D. ppm

42. 数字信道带宽的基本单位是________。
A. ppm
B. bit/min
C. bit/s
D. Hz

43. 下面不属于局域网网络拓扑的是________。
A. 总线
B. 星状
C. 复杂型
D. 环状

44. IPv4 地址的二进制位数是________位。
A. 32
B. 48
C. 128
D. 64

45. 以下 IP 地址中，属于 B 类地址的是________。
A. 112.213.12.232
B. 10.123.23.12
C. 23.123.213.23
D. 156.123.32.12

46. TCP/IP 参考模型是一个用于描述________的网络模型。
A. 互联网体系结构
B. 局域网体系结构
C. 广域网体系结构
D. 城域网体系结构

47. 如果一台主机的 IP 地址为 192.168.0.10，那么这台主机的 IP 地址属于________。
A. C 类地址
B. A 类地址
C. B 类地址
D. 无用地址

48. 在因特网域名中，com 通常表示________。
A. 商业组织
B. 教育机构
C. 政府部门
D. 军事部门

49. 一个学校的计算机网络系统，属于________。
A. TAN
B. LAN
C. MAN
D. WAN

50. 下面________不是正确的 IP 地址。
A. 202.12.87.15
B. 159.128.23.15
C. 16.2.3.8
D. 126.256.33.78

51. 以下类型的网络中，数据在网上传输速度最快的是________。
A. Internet
B. LAN
C. MAN
D. WAN

52. 计算机网络可以共享的资源包括________。
A. 硬件、软件、数据、通信信道
B. 主机、外设、软件、通信信道
C. 硬件、程序、数据、通信信道
D. 主机、程序、数据、通信信道

53. 计算机网络通信系统是________。
A. 电信号传输系统
B. 文字通信系统
C. 信号通信系统
D. 数据通信系统

54. 从系统的功能看，计算机网络主要是由________组成。
A. 资源子网和通信子网
B. 数据子网和通信子网
C. 模拟信号和数字信号
D. 资源子网和数据子网

55. 在一个计算机房内要实现所有的计算机联网，一般应选择________。
A. 广域网
B. 城域网
C. 局域网
D. Internet

56. 在 OSI 的 7 层参考模型中，主要功能是在通信子网中进行路由选择的层次是________。
A. 数据链路层
B. 网络层
C. 传输层
D. 表示层

57. 网卡是构成网络的基本部件，网卡一方面连接局域网中的计算机，另一方面连接局域网中的________。
A. 服务器
B. 工作站
C. 传输介质
D. 主板

58. 接入 Internet 并且支持 FTP 协议的两台计算机，对于它们之间的文件传输，下列说法正确的是________。
A. 只能传输文本文件
B. 不能传输图形文件
C. 所有文件均能传输
D. 只能传输几种类型的文件

59. 在计算机网络中负责各节点之间通信任务的部分称为________。
A. 工作站
B. 资源子网
C. 文件服务器
D. 通信子网

60. 在计算机网络中负责数据处理任务的部分称为________。
A. 通信子网
B. 资源子网
C. 交换网
D. 用户网

二、填空题

1. 在文件传输服务中，将文件从客户机传到服务器称为________。
2. 体系结构标准化的计算机网络称为第________。
3. 在计算机网络中，为网络提供共享资源的基本设备是________。
4. 计算机网络是计算机技术和________相结合的产物。
5. 从网络逻辑角度来看，可以将计算机网络分成通信子网和________两个部分。
6. Internet 的顶级域名分为区域名和________两大类。
7. 使用________命令可检查网络的连通性以及测试与目的主机之间的连接速度。
8. 使用 ipconfig/all 命令可显示网卡的________、主机的 IP 地址、子网掩码以及默认网关等信息。
9. 电子邮箱的地址是 shanghai@cctv.com.cn，其中 cctv.com.cn 是表示________。

10. 接收到的电子邮件的主题字前带有回形针标记，表示该邮件带有________。
11. IP 地址分为网络地址和________两部分。
12. 通过子网掩码与 IP 地址的逻辑与运算，可以分离出其中的________。
13. 除了在 Web 网页上进行电子邮件的收发，还可以使用电子邮件________软件，Outlook 2010 就是其中的一款软件。
14. HTML（Hyper Text Mark-up Language）的中文名称是________。
15. ________是指采用流式传输的方式在因特网播放的媒体，通过这个技术服务器可以向计算机用户连续、实时地传送音频或视频文件，用户可以边下载边播放。
16. 按信号在传输过程中的表现形式可以把信号分为________。
17. 无线局域网是利用________实现快速介入以太网的技术。
18. WWW 简称 W3，有时也叫 Web，中文译名为________。
19. 互连起来的相互独立的计算机的集合称为________。
20. 网络中的所有站点共享一条数据通道，且首尾不相连的是________。

习题参考答案

第1章 计算机基础

一、单选项

题号	1	2	3	4	5	6	7	8	9	10
答案	D	C	D	A	D	B	D	A	C	D
题号	11	12	13	14	15	16	17	18	19	20
答案	A	B	A	D	C	A	D	C	D	C
题号	21	22	23	24	25	26	27	28	29	30
答案	B	C	D	B	B	A	C	C	D	C
题号	31	32	33	34	35	36	37	38	39	40
答案	B	B	B	B	A	D	A	C	B	D
题号	41	42	43	44	45	46	47	48	49	50
答案	A	D	B	B	A	C	C	B	A	B

二、填空题

1. CAD
2. 巨型计算机
3. 通用计算机
4. 计算机技术
5. 信息系统技术
6. 1010101.101
7. 2^9
8. 机内
9. 255
10. 8

第2章 计算机系统

一、单选项

题号	1	2	3	4	5	6	7	8	9	10
答案	A	A	B	B	B	A	A	D	C	B
题号	11	12	13	14	15	16	17	18	19	20
答案	D	C	C	C	C	A	C	A	C	C
题号	21	22	23	24	25	26	27	28	29	30
答案	C	A	B	B	B	B	D	B	C	A
题号	31	32	33	34	35	36	37	38	39	40
答案	C	A	D	A	B	D	D	A	B	D
题号	41	42	43	44	45	46	47	48	49	50
答案	A	D	A	B	D	B	C	A	C	C

二、填空题

1. 系统　2. 汇编语言　3. 应用　4. 串行总线
5. 显示桌面　6. 列表　7. 修改日期　8. 文件管理
9. 窗口吸附　10. 扩展名　11. 文本文件　12. 树
13. 助记符　14. 内存　15. 桌面

第3章　Word 2010的使用

一、单选项

题号	1	2	3	4	5	6	7	8	9	10
答案	A	A	C	A	C	D	C	B	A	D
题号	11	12	13	14	15	16	17	18	19	20
答案	C	C	A	A	C	C	A	B	B	C
题号	21	22	23	24	25	26	27	28	29	30
答案	C	D	B	A	D	B	D	B	C	B
题号	31	32	33	34	35	36	37	38	39	40
答案	A	D	B	C	D	D	B	D	A	C
题号	41	42	43	44	45	46	47	48	49	50
答案	D	A	B	B	A	B	C	C	D	B

二、填空题

1. Delete　2. 审阅　3. .docx　4. 草稿版式
5. 撤销　6. 导航　7. 一栏　8. Shift
9. 布局　10. 斜体

第4章　Excel 2010的使用

一、单选项

题号	1	2	3	4	5	6	7	8	9	10
答案	B	B	B	C	B	D	C	D	C	A
题号	11	12	13	14	15	16	17	18	19	20
答案	A	B	B	B	C	B	D	B	C	A
题号	21	22	23	24	25	26	27	28	29	30
答案	D	B	C	A	C	D	D	C	D	C
题号	31	32	33	34	35	36	37	38	39	40
答案	B	B	A	A	A	C	B	B	A	B
题号	41	42	43	44	45	46	47	48	49	50
答案	D	C	B	D	A	B	A	B	B	C

二、填空题

1. 高级筛选 2. 单元格 3. 混合引用 4. 参数
5. 高级筛选 6. 管理 7. 打印预览
8. 填充柄/自动填充柄 9. 有效性 10. 排序
11. 相对引用 12. COUNT 函数 13. 编辑栏 14. 逻辑或/或
15. F4

第 5 章 PowerPoint 2010 的使用

一、单选项

题号	1	2	3	4	5	6	7	8	9	10
答案	A	A	A	B	A	D	B	D	A	A
题号	11	12	13	14	15	16	17	18	19	20
答案	C	C	D	C	A	C	B	A	D	A
题号	21	22	23	24	25	26	27	28	29	30
答案	D	B	A	B	C	D	A	D	C	C
题号	31	32	33	34	35	36	37	38	39	40
答案	D	B	C	D	B	D	B	B	D	C
题号	41	42	43	44	45	46	47	48	49	50
答案	A	D	C	C	C	D	C	D	A	D

二、填空题

1. 幻灯片演示文稿/演示文稿 2. F5 3. 11
4. 退出 5. 华丽型 6. Ctrl+E 7. 页眉和页脚
8. Ctrl+M 9. 幻灯片浏览 10. 幻灯片母版 11. 不能/不可以
12. 形状 13. 9 14. 日期和时间 15. 幻灯片母版
16. 隐藏幻灯片 17. Esc 18. 表格 19. 退出动画方案
20. 动画刷

第 6 章 因特网基础与简单应用

一、单选项

题号	1	2	3	4	5	6	7	8	9	10
答案	D	D	B	A	D	C	C	D	D	B
题号	11	12	13	14	15	16	17	18	19	20
答案	A	A	D	B	D	A	B	A	C	B

题号	21	22	23	24	25	26	27	28	29	30
答案	D	B	B	C	D	B	A	B	A	B
题号	31	32	33	34	35	36	37	38	39	40
答案	C	A	B	B	C	C	B	B	C	A
题号	41	42	43	44	45	46	47	48	49	50
答案	C	C	C	A	D	A	A	A	B	D
题号	51	52	53	54	55	56	57	58	59	60
答案	B	A	D	A	C	B	C	C	D	B

二、填空题

1. 上传
2. 3代计算机网络/三代计算机网络
3. 服务器
4. 通信技术
5. 资源子网
6. 类型名
7. ping
8. 物理地址/MAC地址
9. 邮件服务器
10. 附件
11. 主机地址
12. 网络地址
13. 客户端/客户机
14. 超文本标记语言
15. 流媒体
16. 模拟信号和数字信号
17. 无线技术
18. 万维网
19. 计算机网络
20. 总线网络

参 考 文 献

[1] 张彦，苏红旗，等. 计算机基础及 MS Office 应用[M]. 北京：高等教育出版社. 2014.

[2] 张彦，于双元，等. 全国计算机等级考试一级教程[M]. 北京：高等教育出版社. 2014.

[3] 于双元，张彦，等. 全国计算机等级考试二级教程[M]. 北京：高等教育出版社. 2014.

[4] 汪燮华，张世正，等. 计算机应用基础实验指导[M]. 上海：华东师范大学出版社. 2011.

[5] 周利民，刘虚心，等. 计算机应用基础实训教程[M]. 天津：南开大学出版社. 2013.

[6] 未来教育教学与研究中心. 全国计算机等级考试二级 MS Office 高级应用教程同步习题与上机测验[M]. 北京：高等教育出版社. 2015.